主体的囚笼
——对虚拟现实技术的批判与审思

孙少华　著

中国财富出版社有限公司

图书在版编目（CIP）数据

主体的囚笼：对虚拟现实技术的批判与审思 / 孙少华著. -- 北京：中国财富出版社有限公司，2024.9. --ISBN 978-7-5047-8206-9

Ⅰ. TP391.98

中国国家版本馆CIP数据核字第2024RB6662号

策划编辑 李 丽		**责任编辑** 刘 斐 钮宇涵		**版权编辑** 李 洋	
责任印制 梁 凡		**责任校对** 庞冰心		**责任发行** 于 宁	

出版发行 中国财富出版社有限公司	
社　址 北京市丰台区南四环西路188号5区20楼	**邮政编码** 100070
电　话 010-52227588 转 2098（发行部）	010-52227588 转 321（总编室）
010-52227566（24小时读者服务）	010-52227588 转 305（质检部）
网　址 http://www.cfpress.com.cn	**排　版** 宝蕾元
经　销 新华书店	**印　刷** 北京九州迅驰传媒文化有限公司
书　号 ISBN 978-7-5047-8206-9 / TP·0116	
开　本 710mm×1000mm 1/16	**版　次** 2024 年 10 月第 1 版
印　张 16.25	**印　次** 2024 年 10 月第 1 次印刷
字　数 240千字	**定　价** 68.00 元

前　言

　　虚拟现实（Virtual Reality，VR）从技术层面来说是一种囊括了计算机技术、电子信息技术以及仿真技术，可以创建和体验虚拟世界的计算机仿真系统。其基本原理是利用计算机，以人的感知系统为中心，模拟抑或创造各种知觉信号与知觉模式，进而生成一种模拟环境，使用户沉浸其中。对主体感知系统的"针对"与"欺骗"以及对知觉信号、知觉模式的生成与创造意味着VR所指向的不仅是一种技术形态，还是一种以数字媒介技术为基础的艺术形态。

　　作为一种艺术形态，VR以其卓越的仿真性与可塑性为人类构建了一个个极富艺术想象力与情境感染力的三维多元感知的虚拟世界。这些虚拟世界不同于传统影像艺术所构建的二维视听世界，它们不仅为欣赏主体提供了一个知觉层面的感知空间，同时还提供了一个身体层面的行动空间，而这也是VR在电影和游戏等娱乐领域受到疯狂追捧的原因，正如"VR之父"杰伦·拉尼尔（Jaron Lanier）所说："与其讲一个鬼故事，你不如做个鬼屋。"[1]一切似乎都印证了列夫·马诺维奇的论断：新媒体的出现在很大程度上颠覆了传统的艺术逻辑和文化逻辑。VR的出现与成熟，也将带来艺术领域、文化领域乃至人类生存领域的大震动。不仅基于VR艺术的全新影像本体论、认识论和语用学得以被构建，基于VR空间的全新虚拟存在论更将成为未来人类的核心命题之一，因为除了艺术维度上的范式更新，VR还很有可能在生存维度上成为人类新的生存空间。

　　事实上，一个个以VR技术为核心、以休闲娱乐为目的，集社交、观影、

1　拉尼尔.虚拟现实：万象的新开端[M].赛迪研究院专家组，译.北京：中信出版集团，
　　2018：52.

游戏、教育、购物等功能于一体的虚拟世界正在陆续构建，Meta 公司开发的
社交平台"Horizon"就是这样一个可以获得沉浸式体验的多功能虚拟世界。未
来，一个可供人们行动与栖居的"元宇宙"或将成为现实，而一种由麦克卢汉
所说的"电子人"（Homo Electronicus）进化而来的新人种——"虚拟人"将成
为新的生存主体。因此，VR 的出现不仅意味着一场技术革新，也意味着一次
"世界"的剧变及人类"存在"模式的转换，而这势必将在不同向度上带来人
之主体性的多重嬗变。也正因此，很多人将 VR 视为一种能够真正实现主体自
由的革命性技术，因为 VR 使人类看到了摒弃自然世界这一强加于人类的"被
抛世界"，主动"投向"虚拟"可能世界"的契机。在 VR 出现之前，小说、绘
画、电影和游戏虽然也能构建虚拟世界，但是更多的只是进行一种精神上的投
射与代入，而 VR 能在物理层面将主体的感官和思维意识置入虚拟世界。从本
质上来讲，虚拟现实支持人类的感觉器官从自然和物质中完全分离出来，[1] 它通
过 VR 头显、触感手套、触感服和触感鞋等 VR 装置对主体所有的知觉器官进行
遮蔽，在隔绝周边自然信号的同时，用数字人工信号置换所有感知源，仿佛世
界真的被替换了。如此来看，正是由于 VR 对感官和意识的封存，体验者才能
沉浸于虚拟世界，神游太虚，不为外界所扰。

　　然而，这种心灵自由只是 VR 所展露的诸多面向之一，如同电影在赋予观
众想象自由的同时也悄然对观众的意识进行了缝合与改造，VR 也存在着类似
的危机面向。例如，感官遮蔽这一 VR 沉浸的基础条件，虽然能带来意识的自
由驰骋，但也可能会使 VR 装置如同囚笼一般将主体的意识封禁于虚拟世界，
无处可逃。或许，这也正是威廉·吉布森（William Ford Gibson）会在《神经漫
游者》中把赛博网络空间比拟为"无限的牢笼"的原因，因为赛博网络空间在
摒弃主体肉身的同时也作为一个非物理的第二领域的囚禁之地将主体的意识困
陷其中。VR 致力于将主体的意识从其肉身之中抽离并予以封存，而这很可能
会导致主体出现精神分裂、欲望滋生、意识畸变以及记忆衰退等一系列问题。

1　格劳.虚拟艺术[M].陈玲，等译.北京：清华大学出版社，2007：170.

事实上，这些问题在今天已经初见端倪，很多玩家和观众都表示对VR难以适应，部分人群在观影和游戏的过程中出现了晕眩和呕吐的症状。一些人在摘下VR头显之后不仅会有种恍如隔世的感觉，还会暂时性地迷失方向甚至无法正常控制肢体。出现这种情况的主要原因是生理层面的"晕动症"或"前庭视觉不匹配"，但也有部分原因是VR对主体心灵的抽离与囚禁使其知觉失调、身心分离乃至精神分裂，进而导致主体的"现实感丧失"。我们可能没有想过，当人们自愿将感官与意识置入虚拟世界时，灵魂也许会就此被彻底地囚禁与侵蚀。所以，对VR技术进行审视性批判及对身处这一时代的人之主体性进行辩证式剖析，是我们不得不面对的重要命题。

基于此，本书从当下人们所处的媒介背景与技术环境出发，对VR媒介与VR艺术中主体所感知的时空情境、所发生的欲望畸变以及其身体、意识、精神所面临的规训与治理进行了详细的分析与论述。首先，本书从媒介背景和技术环境的维度对VR技术与VR艺术的主导性与不可逆性进行了深入剖析，通过对现实世界和虚拟"里世界"两个"世界"的构建，VR正在成为人类不可规避的存在。一旦进入虚拟现实空间，人们就会面临时空感知层面的矛盾与混乱。本书从"分裂主体"出发，详细分析了面对自然世界与虚拟"里世界"的时空冲突，主体走向精神分裂的具体原因。其次，由于世界的置换与现实的偏移，人类所面临的秩序世界遭遇了剧变，因而本书又对"面对虚拟'里世界'中象征性秩序的重构，主体的欲望如何生成和扭曲"这一问题进行了论述。最后，本书进一步深化了对VR的技术批评，详细论证了在权力的干涉下，如果VR作为一种规训工具，将如何对主体的记忆、意识、肉体乃至整个生命进行全方位的管理。通过上述分析与批判，本书的目的不是抵制或拒绝VR技术，而是希望通过对因VR技术的出现可能面临的种种潜在性危机进行较为全面的剖析与关照，以引起人们对VR技术负面效应应有的重视，从而更好地规范VR的发展。

孙少华

目录
CONTENTS

第一章
研究缘起：对"虚拟现实"的关注

第一节
选题背景

第二节
选题意义

第一节
选题背景

关于 VR 的最初设想早在 20 世纪 30 年代美国科幻作家斯坦利·温鲍姆（Stanley G. Weinbaum）的小说《皮格马利翁的眼镜》中出现了。1957 年，美国摄影师莫顿·海里格（Morton Heilig）发明了第一台 VR 设备——Sensorama Simulator。该设备在三维投影系统的基础上将立体声装置、震动装置、吹风装置和气味装置进行了整合组装，以此创造一种沉浸式的体验。不过由于其体积庞大，形状近似操作台，并且在技术层面上，该设备只是简单地将早期技术进行了捆绑，并没有将它们整合为统一的技术体系，因而海里格并没有为该设备找到一条切实可行的发展道路，仅仅生产了几台之后就销声匿迹了。1968 年，美国计算机科学家伊凡·苏泽兰（Ivan Sutherland）发明了最接近于现代 VR 设备概念的 VR 眼镜原型——达摩克利斯之剑。这台设备在今天看来与其说是 VR 设备，不如说是增强现实的设备。这台设备没有遮蔽使用者对外界的视觉感知，而是利用透视光学技术，将计算机生成的虚拟图像映现在用户面前的一块半透明玻璃上。如此一来，用户不仅可以看到虚拟影像，也可以看到真实的物理空间。20 世纪 90 年代，VR 迎来了其第一次产业热潮，作为一种娱乐产品，它引起了媒体和行业人士的极大兴趣，各大游戏产业公司都将其视为游戏产业的一次变革机会，争先恐后地推出自己的 VR 眼镜产品，但随着热度的散去，VR 慢慢地淡出人们的视野。2012 年，Oculus Rift 的问世将人们的视野重新拉回到 VR 领域，2016 年 VR 产业的迅速发展更是让人们将这一年称为"VR 元年"。2020 年，Meta 发布的 VR 一体机 Oculus Quest 2 不仅佩戴一两个小时都不会产生眩晕感，而且实现了人和机器的分离，设备与主机之间不再需要数据线连接，使很多应用和生态都有了实现的机会。

必须承认的是，在此前的数十年甚至是数年间，由于硬件价格昂贵、软件开发滞后等，能够体验VR的人很少，因而对于大多数人来说，"VR"这一概念的形成并不是来自对VR本身的体验，而是来自《头号玩家》（史蒂文·斯皮尔伯格，2018）、《天才除草人》（布雷特·伦纳德，1992）、《黑客帝国》（沃卓斯基兄弟，1999）等电影所呈现的虚构叙事。尽管这些电影成为人们认识和理解VR的重要渠道，但是这也导致"虚拟现实"始终只是一个未来式的科学幻想，而非真切的媒介现实。不过，这一现状正在发生转变，因为在技术与资本的双重推动下，VR又一次迎来了爆发期，它不仅重新进入大众的视野，还开始大规模地进入大众的日常生活。现在，每年有几百万个VR头显从不同的制造商——索尼、Oculus、HTC和其他公司出货，包括苹果、谷歌、Meta、三星、华为、字节跳动、小米在内的各大投资公司和科技巨头纷纷入驻VR市场，并在该领域迅速布局。据招商证券统计，2020年我国VR/AR市场产业规模已经高达278.9亿元，同比增长达到88.9%。根据互联网数据中心（IDC）的数据，2020年全球VR/AR市场规模约为900亿元，2025年VR设备出货量将达到2960万台。以VR技术、AR（Augmented Reality，增强现实）技术、5G/6G技术、Web3.0技术、大数据技术、区块链技术、云计算技术以及人工智能技术为核心的"元宇宙"可谓2021年最火热的概念。越来越多的视线与资本投向VR领域，VR技术与VR产业得以持续发展。显然，VR领域不仅极具艺术潜力，也极具市场潜力，并且很可能迎来了技术更新和产业发展的重要"拐点"。虽然VR技术还有很大的进步空间，VR艺术还有很长的拓展道路，VR产业也还有很大的成长空间，但VR已经不再是一种"电影现实"，而是一种技术现实、产业现实、社会现实及生存现实，它正切切实实地渗透进大众生活的方方面面，成为人们（尤其是年轻人）的一种日常体验。

不可否认的是，在元宇宙效应及虚拟化生存希冀的影响下，包括VR电影在内的VR艺术和VR娱乐撕开了"重生"的口子。在艺术领域，VR技术已经被广泛地应用于绘画、雕塑、设计、电影、游戏、装置艺术、展览艺术等领域，“VR+艺术”这一概念正在走入人们的视线。一方面，通过与传统艺术的结合，VR技术改变了这些作品的线上欣赏方式，使其不再作为一张张平面的图片或一段段影像呈现在人们的面前。事实上，VR艺术品的虚拟展示已经成为时下最时尚的线上浏览博物馆的一种方式。例如，阿姆斯特丹设计工作室CapitolaVR就为莫瑞泰斯皇家美术馆制作了AR（增强现实）应用Rembrandt Reality，让画迷们能够走近伦勃朗，近距离体会伦勃朗高超的作画才华，并理解他的艺术作品。另一方面，基于VR技术创作的艺术作品完全跳脱出空间的局限，将可感知与可情景化的“时空”纳入艺术创作的维度。“行为艺术之母”阿布拉莫维奇（Marina Abramović）便创作过一个可以与欣赏者互动的情境性VR作品Rising。在2019年的西南偏南电影节（South by Southwest Film Festival）上，Meta公司利用AR技术，帮助艺术家创作了200余平方米的壁画，莎士比亚剧团也采用MR（Mixed Reality，混合现实）技术表演了莎士比亚著作《皆大欢喜》的篇章。在电影艺术领域，戛纳电影节、威尼斯电影节、北京国际电影节、釜山电影节、翠贝卡电影节及美国艾美奖都引入了VR竞赛单元，越来越多的电影导演开始转向VR电影的创作，以《血肉与黄沙》（伊纳里图，2017）、《钥匙》（崔卡特、布拉德伯里，2019）、《球体》（麦克尼特，2018）等作品为代表的众多VR电影开始源源不断地出现。在国内，爱奇艺公司在研发出VR相关的硬件设备的同时，推出了《神探蒲松龄VR》等VR影片。除此之外，腾讯公司也开始开发与Oculus Rift搭配使用的VR电影，优酷公司则推出了VR版平台。2018年，我国一些知名导演也加入VR电影的内容制作，《烈山氏》等三部国产VR作品更是入围了2018年的威尼斯国际电影节。可见，VR的诞生与发展，为艺术家们提供了一种全新的艺术呈现形式，这种全新的艺术呈现形式不仅打破了传统艺术的欣赏界限，构建起了一种全新概念的展览空间，还为艺术的发展带来了诸多的可能与活力。

当然，VR的蓬勃发展不仅体现在其市场规模的极速扩张及其在艺术等个别领域中的普及应用，更体现在这一媒介技术对人类生活的全面渗透。因此，VR市场的这般活力，实质上是社会各行各业对VR技术需求日益旺盛的最好印证。众所周知，自从VR作为一种娱乐产品被创造至今，其应用场景早已不再局限于游戏领域，而是被广泛应用于旅游、教育、科研、医疗、工业制造等多个领域，并取得了傲人的成绩。以我国的天翼云VR为例，其产业布局就囊括了VR+文化旅游、VR+智慧教育、VR+智慧医疗等多个领域。除此之外，VR+地产营销、VR+购物、VR+设计及VR/AR+展示等应用场景也是产业关注的重点。未来，VR+社交将是重点布局之地，可供人们沉浸式体验的虚拟社区将不再是一种科学幻想。不难想象，随着相关技术的研发和产业规模的持续加速，VR产业将持续推进这种跨领域、多场景的发展模式，并积极拓展其行业影响力与技术应用覆盖面。届时，不仅其硬件生产、内容生产及生态系统有望出现跨越式发展，其整个产业链也将不断调整、重构。

可以预见的是，伴随VR技术和VR产业的持续发展与广泛应用及人类对虚拟世界、虚拟生存的持续渴望，VR终将真正实现普及化和平民化，并如同手机、计算机一样，全面进入人类的日常生活，改变人类的生活方式，甚至重塑主体的各种观念体系。事实上，"可生活化的VR"正是目前业界和学界的关注重点。终有一天，人们穿戴VR设备的时间将会超过不穿戴它的时间，"脑机接口技术"和"芯片植入技术"的出现甚至有可能让"虚拟"直接内化进主体的意识。或许，尼葛洛庞帝的"数字化生存"已经过时，"虚拟化生存"才是人类不可规避的未来。也正因此，学界对于VR的关注在不断升温。越来越多的学者开始投身这一领域，并试图对VR的艺术潜力、文化症候及相关人文价值做出详细剖析。

需要指出的是，在这种虚拟化生存的大趋势中，一直有一条潜藏于其中的主线引导着VR技术、VR艺术及VR产业的发展路径，那就是娱乐。尽管VR的应用领域已经非常广泛，但是VR娱乐仍将是未来虚拟社会的主旋律之一。回顾其发展史，VR在发明之初除了作为一种引起观众震惊体验的新奇玩物，还主要应用于各种场景模拟与情境复现，美国军方很早就意识到这项技术可以应用于飞行员的训练，逼真的虚拟环境不仅能够有效提高飞行员对战斗机的操作熟练度，多样化的模拟场景还能训练他们对各种突发情境的认知能力和应变能力。但这种针对单一领域的专项化应用并不能为VR产业带来足够的关注度和产业活力，于是，这种模拟训练在资本的诱导下迅速转向了游戏行业，虚拟驾驶、虚拟飞行很快成为众多VR游戏的核心玩法。今天，我们之所以能迎来一个"VR元年"，游戏引擎的不断成熟起到了很大的推动作用，正是Epic、Unity等游戏公司的技术开发使虚拟现实中的数字建模不断趋向完满。2022年1月18日，美国微软公司以687亿美元的全现金交易收购了美国游戏巨头"动视暴雪"。针对此次收购，微软公司首席执行官表示，收购动视暴雪的主要原因是为了推进微软公司的元宇宙战略。很显然，在微软和动视暴雪双方看来，游戏娱乐将在未来的"元宇宙"进程中扮演一个非常重要的角色。预测VR行业未来（五年或十年后）的公司普遍认为，游戏和娱乐将继续占主导地位（Business Wire 2018，Markets and Markets 2019，PR Newswire 2018）。除此之外，目前主流的几个VR社区VRChat、Horizon以及Imvu基本也是以打游戏、看电影、养宠物、购物、聊天为核心功能的娱乐化平台。在未来的虚拟化生存中，"VR+娱乐"虽然可能不会像今天这样在VR市场占据绝对的主导份额，但它仍将是虚拟世界的内核。

在全民娱乐的时代，娱乐已经不再只是人类的一种行为活动，它甚至具备了某种本体论的高度，因为它已经晋升为一种新的范式，或者说一种新的存在程式，它决定了什么能够掌控世界，什么不能掌控世界。当然，也决定了什么最能掌控世界。这样，现实就作为娱乐的一种特殊结果，呈现在世人面前。[1]如此看来，VR与娱乐的融合是娱乐泛化的一个必然结果。但不可否认的是，VR与娱乐之间存在着一定的内在关联。海德格尔曾指出，娱乐与消遣实质就是一种沉沦，一种与实际生活的背离，它使"此在"（Dasein）从"本真生存的可能性"中滑落。娱乐媒介的功能在于灌输"公共的展开性"，因为"常人"的行为与诠释模式通过令人快乐的生理和心理频道被"此在"内

1　韩炳哲.娱乐何为[M].关玉红，译.北京：中信出版集团，2019：4.

在化了，这也是为什么电视、电影及游戏等娱乐作品能够通过提供预制的意义构成物来"卸除存在的重担"的原因。在这层意义上，人们在VR媒介中的感官沉浸其实就是一种沉沦，一种对虚拟世界的陷入及对真实世界的逃离。相较于传统娱乐艺术，VR无疑是最容易让人沉浸其中的，因而它也是最容易让人"沉沦"、最容易娱乐化的。由此可以预见，VR时代的信仰缺失针对的将不是上帝或彼岸，而是现实本身。或许，潜藏在VR娱乐背后的不是狂欢，而是因"存在"的匮乏而引发的紧张、烦躁甚至疯狂。总之，以上的种种原因决定了VR娱乐已经是一个我们不容忽视的生活面向和研究面向，而这也是为什么本书会在综合性地审视VR技术和VR文化的基础上将视点重点聚焦于VR娱乐。韩炳哲提到，阿多诺曾认为娱乐的世界是伪装成天堂的地狱[1]，这意味着VR娱乐需要我们投去审思的目光。

综上所述，在娱乐泛化这一大时代背景下，VR市场高速发展、VR技术不断更迭及VR设备销量激增，"虚拟化生存"引发人类生产生活的变革，改变人类的生存形态，学术界围绕VR娱乐、VR文化、VR技术、VR伦理及主体性等相关理论问题的热议持续升温，是本选题的综合选题背景。

第二节
选题意义

随着VR市场的持续发展及VR技术的应用深化，人们逐渐发现，VR这一全新媒介所能做的绝不仅仅是模拟情境、复制现实，它还能通过数字影像技术改造现实乃至创造现实。人类的认识空间不仅被极大拓展，人类的想象空间也因此得以被开发，世界的呈现仿佛拥有了无限的可能，人对世界的认

1　韩炳哲.娱乐何为[M].关玉红，译.北京：中信出版集团，2019：49.

知与想象也发生了巨大变化。因此，人们应该利用虚拟现实这种新的技术手段，打破现有的技术限制，突破人类已有的认识空间，扩大人类认识和改造世界的方法空间，以协调和统一认识空间与方法空间作为进一步深化虚拟现实技术甚至一切技术的正确方向。[1]不仅如此，VR对虚拟空间的构建很可能会将人类带入"虚拟化生存"的全新阶段，并使人的自由得到前所未有的拓展。VR不仅让人类如上帝一般拥有了"创世"能力，还让人类看到了摒弃"被抛世界"，投向"可能世界"的生存新境遇。现实不再是他们神游九霄的限制，肉体也不再是他们心灵驰骋的窒碍，何况在大多数的VR电影和VR游戏中，肉体反而以一种行动载体的姿态加深了主体的感官沉浸。更重要的是，当主体沉浸于VR之中时，人类第一次能够在本体层次上直接重构我们自己的存在，[2]因为这种"虚拟化生存"不是艺术欣赏一般的精神投射，而是真正意义上的"在世存在"，即人类在自己所创造的世界中操劳与生存。种种迹象表明，VR作为一种媒介技术不仅提高了人的认识能力、延展了人的知觉水平、提升了人的创造能力，还有可能使人类在虚拟世界中获得更好的生存体验、更强烈的幸福感，并最终为人的自由全面发展起到促进作用，这些都是对人之主体性地位的有力确证。

但是，如果所有人都以这种盲目乐观的姿态去拥抱VR，迎接尚未到来的虚拟化生存时代，那么我们必定陷入VR技术为人类所埋下的陷阱之中。可悲的是，在VR技术蓬勃发展的今天，在关于元宇宙的"话语"喧嚣中，人们大多缺乏对VR技术与VR娱乐的清醒认识，忽视了其可能潜藏的威胁。关于VR及元宇宙等虚拟世界相关命题的批判锋芒和反讽基调，几乎消弭于人们无法抑制的技术幻想与未来梦境之中。那么如今我们对VR媒介的态度，同德国哲学家韩炳哲对数字媒体的评价如出一辙，因为在今天，我们对VR技术趋之若鹜，但它却在我们的主观判断之外，极大地改变着我们的情感、

1　汪成为，祁颂平.灵境漫话：虚拟技术演义[M].北京：清华大学出版社，1996：113.
2　翟振明.有无之间：虚拟实在的哲学探险[M].孔红艳，译.北京：北京大学出版社，2007：33.

我们的思维、我们的生活。如今，我们痴迷于VR技术，却不能对痴迷的结果做出全面的判断。这种盲目，以及与之相伴的麻木即构成了当下的危机。[1]

尽管许多人对VR及元宇宙的未来充满了美好的希冀，但戏谑地说，未来并不因为我们的谈论和幻想就能成为现实，甚至现实的走向往往与期望相悖。纵观人类社会发展史，技术总是一种矛盾性的存在，因为技术在提升生产力、改善人类生活水平、推进人类文明发展的同时存在着技术异化的风险，而这种技术异化往往伴随着人的异化。恰如大工业时代人们利用机器大幅度提高社会生产力的同时，将其自身彻底禁锢在机器之前，最终成了机器的奴隶，彻底丧失其主体性地位。因此，技术在成就人的主体性的同时，随时可能成为麻痹人、控制人乃至奴役人的危险工具。事实上，在很多学者看来，现在的技术其实比以往任何时候都更为邪恶，因为它正以一种前所未有的强力和效力掩藏自身的一切操控痕迹，进而压制、扼杀着各种别样的可能。以智能手机为例，尽管智能手机给人类带来了诸多方面的便利与自由，但是它产生了一种灾难性的强迫，即交流的强迫。如今人们与数码设备及数字媒介之间便存在着一种近乎迷恋的、强制性的关系，在这种关系中，自由也化身为一种强迫。VR也是如此，在VR艺术媒介不断地构建着一个个"自由"的梦幻国度的同时，不仅我们的身体正在被VR装置一层层束缚，我们的心灵也正在被一步步地侵蚀与囚禁。所以，当我们对VR技术及VR产业的蓬勃发展喜不自胜时，当我们对虚拟化生存的未来前景无比期待时，需要有人站出来，如同法兰克福学派当年对文化工业的无情批判一样，狠狠地给人们泼一下冷水。

马诺维奇曾在其《新媒体的语言》中指出："电影诞生一百年之后，以电影式的方法观看世界、构建时间、讲述故事和连接人生体验，成为计算机用

1　原句为"我们对数字媒体趋之若鹜；它却在我们的主观判断之外，极大地改变着我们的情感、我们的思维、我们的共同生活。如今，我们痴迷于数字媒体，却不能对痴迷的结果做出全面的判断。这种盲目，以及与之相伴的麻木即构成了当下的危机。"参见韩炳哲《在群中：数字媒体时代的大众心理学》。

户获取文化数据并与之互动的基本方法。"[1]而随着VR的出现与成熟，也许在未来的虚拟化时代，VR将成为人类关照世界、审视世界、理解世界乃至改造世界的新范式。其实对于大多数的现代文化理论学者来说，"符码的非透明性"（non-transparency of the code）已经成为一个不争的事实，大家都很清楚，符码不仅仅是一个中立的传输机制，它还会直接影响其所传输的内容。简单来说，符码也可以提供其独特的世界模式、独特的逻辑体系或者意识形态。[2]因此，一个时代的主流媒介与主流媒介符码的转变必然意味着人的思维范式及主体性的嬗变。

总之，VR带来的虚拟化生存所涉及的绝不只是技术问题和市场问题，它更涉及主体性的嬗变问题。当人类从自然世界进入虚拟世界后，马克思所说的实践主体——"现实的个人"就变成了赛博空间中的"虚体"，现实空间中的生产实践也将变成一种"虚拟实践"，这一系列的变化势必将改变主体一直以来的思维模式及认知方式。如果说电影和电视作为一种窗口式的界面潜移默化地框定了人们看待世界的目光，那么VR媒介作为一种新的方式，直接重构了人与世界之间的存在关系，让现实世界在某种限度上成为无数躯体的空间"容器"。在未来的VR时代或元宇宙时代，所有的"此在"都将是观众式的"此在"，所有的主体都将是虚拟化的主体。这不仅是对主体认知范式和存在范式的改变，也是对主体自我认知的重塑，因为在感官与意识的包裹、遮蔽状态中，自我、他者与社会都以一种影像形态虚拟式的在场，而不再是原来真实的存在面貌。尤其在VR电影、VR游戏等VR娱乐中，存在的社会性与现实性被进一步消解，时间与空间以一种全然陌异的姿态呈现，观众/玩家彻底化身为一个虚拟的他者，而现实秩序的隐退让许多主体的欲望发生了畸变。现代社会，人们在现实与网络之间的穿梭与转换已经导致"交替世界综合征"和"交替世界紊乱"的出现。在未来的VR世界，人们不仅

---

1 马诺维奇.新媒体的语言[M].车琳，译.贵阳：贵州人民出版社，2020：79.
2 马诺维奇.新媒体的语言[M].车琳，译.贵阳：贵州人民出版社，2020：65.

要区分"现实世界的我"和"虚拟世界的我",还要区分"虚拟社会中的我"和"虚拟游戏中的我",这无疑是对主体人格的进一步分裂。

是以,VR所带来的绝不仅仅是人类生活方式的变更,这一数字媒介在重构主体"生活世界"的同时重构着主体自身,主体的人格、记忆、意识乃至身体都将因VR的出现发生变化。这一变化是隐秘且意义含混的,它可以是积极的,也可以是极具威胁的,因为VR完全可以通过对视觉机器的改造、对虚拟时空的重构、对知觉内容的构建以及对意识形态的编码来干涉、引导主体的认知方式与认知内容,从而影响主体的自我认知,最终把控人类的存在状态。"我是谁?""我能是谁?""我在哪?""我能到哪里去?"这类问题或许将是未来每一个VR主体心中自然萌发的自我叩问。毋庸置疑的是,人的主体性问题终将成为悬在VR时代所有生存主体头上的达摩克利斯之剑,随时可能刺穿沉浸在虚拟世界中的我们。因此,对VR时代人类的主体性问题进行研究和批判将是学界和业界乃至这个时代的题中之义。

有必要指出的是,本书对VR技术的批判不是为了排斥它、"捣毁"它,而是为了正视它、规范它并且完善它,以此规避其潜在的各种风险。批判只是一种方法,而不是一种态度,批判的目的是分析、推理与解构,是在一种警觉的意识中对VR技术进行解蔽,而不是用盲目的主观态度遮蔽它。事实上,VR的前景与未来没有人可以预知,因为如今所有对VR技术的解读都基于一种不甚充分的理解,而VR自己也在继续摸索其自身独特的"语法"表达。或者说,如同电影艺术随着技术的发展几经变化一般,VR或许根本不存在所谓的终极形态。目前所有对VR技术的推演与预测只是一种推演与预测,恰如哈耶克批判笛卡尔时所述,事物的发展往往并不会遵循人之理性的逻辑推演,而总是自由生长、超乎预料的,因为世界超越了人类理性的范畴,认为"我思"和理性能够推演一切,不过是一种理性的自负。总之,对VR技术进行定性(积极的、消极的或中性的)还为时尚早。我们不应高估人类对技术的控制力,也不应低估技术自身的动力学模式。况且,当技术、文化和人性进一步地相互纠葛后,其产生的社会效应将更加难以预测。它也许不会像人们期望的那样乐观，也不会像本书所描述的这般悲观。但可以肯定的是，VR的未来发展与社会影响必定是复杂多元的，本书所展现的只是其中的一个面向或一种可能。无论如何，面对VR在发展过程中所展露出的诸多技术弊端与潜在威胁，我们绝不能忽视，应该给予应有的重视，这也是本书的研究目的之所在。

第二章
"世界"的构建：虚拟现实的
不可抗性分析

主体的囚笼
——对虚拟现实技术的批判与审思

第一节
作为技术座驾的"环世界"

第二节
作为艺术创造的"里世界"

加拿大著名政治经济学家哈罗德·伊尼斯（Harold Adams Innis）认为技术是整个文化结构的动因和塑造力量。一种新媒介的长处，将导致一种新文明的诞生。[1]VR作为一种全新的媒介技术与艺术形式，正推动着一种"虚拟文明"的诞生。在CGI（通用网关接口）技术、计算机信息技术、人工智能技术以及VR技术正在成为这个世界的主导性技术的时代，"虚拟"悄然进入了人类的日常生活，并成为这个时代乃至这个文明的关键词之一。一直以来，虚拟指的都是想象捏造的事与不符合实际的事，虚拟若非背离现实，至多也只是如许多艺术作品那般，是对现实的一种仿拟或复制。但在如今这个时代，虚拟已经成为现实的一种基本形态，成为世界的一种存在方式。这不仅是德勒兹那种在哲学意义上对虚拟的实在性的论证："我们已将潜能（virtuel）与实在（réel）对立起来。现在，这一不甚精确的术语应当得到修正。潜能并不与实在对立，而只与现实（actuel）对立。潜能之为潜能具有充分的实在性。"[2]在实践层面上，虚拟正在作为一种艺术形态、技术形态乃至文化形态切切实实地改造着、构建着人类的生存世界。催化这种"虚拟文明"成熟的核心技术正是VR，这也正是为什么大多数人都认为未来"元宇宙"的构建必须基于VR技术的原因。可见，作为未来人类虚拟化生存的主导力量，VR不仅缔造着文明，更构建着"世界"。

与其他媒介技术及艺术形式不同，VR所构建的"世界"是双重意义上的世界，这个"世界"既是现实生存的自然世界，又是虚拟生存的虚拟"里世界"。一方面，VR这一媒介技术的快速发展与迅速普及使其在自然世界中为人类构建了一个技术性的"环世界"，并将主体环绕其中。这个"环世界"不仅直接构成了主体的生活世界，还作为一种技术性塑模直接形塑主体的所感所知。不仅如此，这一"环世界"还有可能成为一种政治层面的区分机制，使主体不得不主动接纳VR，否则就将变成现实世界中的"赤裸生命"。另一方面，VR为人类构

1　伊尼斯.传播的偏向[M].何道宽，译.北京：中国人民大学出版社，2003.
2　德勒兹.差异与重复[M].安靖，张子岳，译.上海：华东师范大学出版社，2019：353–354.

建了一个在实在论层面相仿于现实，但在创意和审美层面上相异于现实的虚拟"里世界"。由于主体的感知器官已被VR装置所遮蔽，主体所接收的知觉信号也被人工数字信号所置换，进而主体意识也被抽离至虚拟"里世界"。因此，从感知层面上来说，虚拟"里世界"与现实世界都是实在世界，并没有存在论上的显著差异。但在视觉呈现与内容构建上，虚拟"里世界"却超越了现实，它比现实世界更具审美创造力与艺术想象力，因而也更具诱惑力。

事实上，VR的不可抵御性正是来自它与"世界"的这种双重整合关系。它与现实世界的整合使一种以VR为核心的新型"媒介社会"或"技术社会"开始倾轧和改造"此在"的现实空间，它与虚拟"里世界"的整合直接为主体开辟出一个全新的生存空间，"在世存在"逐渐由现实开始向虚拟转移。也就是说，包括VR与AR在内的虚拟现实技术不仅与我们日常生活的方方面面发生着迷宫式的关联，还超越了人类生命发生于其间的地理空间或历史时间，构建了一种新的体验维度。简单来说，不仅现实世界的一部分正在转变为虚拟世界，人们的日常生活世界也已经不可避免地与虚拟空间和虚拟时间交织在一起。总之，"虚拟世界对现实世界的殖民化"与"移居虚拟现实空间（元宇宙）"不仅并行不悖，还相辅相成。

VR与世界的这种双重耦合关系是其他媒介形态与艺术形态完全不具备的。绘画、文学、舞蹈、雕塑、摄影、音乐以及戏剧等传统艺术根本不具备构建"环世界"的物质条件，与技术之间的弱连接关系使它们主要作为一种艺术形式，而非媒介形态对主体发生效用。这意味着，它们更多地表现为一种艺术性的呈现形式，而非构成性的技术基质，并不具备全面渗透并重构人们日常生活形态的能力。与此相比，VR不仅是一种艺术形式，还是一种媒介形态，它不仅可以使自身"艺术化"，还可以使艺术乃至世界"VR化"。也正因此，VR空间具备侵占现实空间，成为一种"元空间"的潜质。也许在未来，VR和AR将作为一种"元媒介"取代其他媒介，所有的叙事体验、学习体验、视觉体验等都可以在VR空间中获得。

再者，就虚拟"里世界"的构建来说，传统艺术所呈现和营造的虚拟艺术世界要么纯粹是非实存的想象世界，要么是嵌套在现实世界中的暂时性的艺术时空。这样的虚拟世界不仅需要观众进行持续性的意识与想象的投射才能确保和维持自身的有效性，而且由于空间的开放性，它们实质上已与现实世界深度融合，"里""外"不分了。或者说，"里"其实并不存在，因为这样的艺术时空只是一种意识性的假想时空，并不具备实存性与独立性，难以构筑具有相对独立存在意义的虚拟"里世界"。虽然电影艺术与电视艺术由于与媒介技术的深度联结在一定程度上具备了构建环世界的潜力，但它在与虚拟"里世界"的嵌合上依然存在前述传统艺术的问题，因此并不具备构建持续性虚拟世界的能力。当然，也正因为这些艺术时空只是一种依托于或寄存于现实时空的意识时空，主体才能够随意地"出""入"其间，并在艺术感知与现实感知之间自由切换。电视艺术在这方面表现得尤其明显，正是艺术空间与家庭空间的同一才使人们可以一边进行家务劳作，一边观看电视。入戏与出戏依靠的不是物理空间的区隔，而是主体感知与意识之间的游移与切换。但VR通过其对主体感官的遮蔽，在物理层面隔绝出了一个独立的、不受现实干扰的虚拟"里世界"。这便在物质维度上区分出了"里"与"外"，"彼"与"此"，进而将虚拟世界与日常世界分割开来，使VR空间成为一个可以独立于或超然于现实空间的虚拟世界。人类自然也就具备了脱离现实生活、进行虚拟化生存的可能。正是在这种空间维度上，我们才说，只要VR头盔将我们与物理世界隔离开来，这将仍然是一种技术上的需要。[1]

总之，当人工生产已经逐渐转向数字生产和虚拟生产，当娱乐已经从一种对象化的观看与操作变成了存在论式的虚拟行动，当生活的中心空间开始偏向虚拟空间时，VR便不再仅仅是一种技术工具或艺术呈现，还是人类沉沦的新世界。因此，在未来，对VR的追逐和依赖不是一种偶然，而是主体生存之必然。

---

1 BOLTER J D, ENGBERG M, MACINTYRE B. Reality Media:Augmented and Virtual Reality[M]. Cambridge: The MIT Press, 2021: 77.

第一节
作为技术座驾的"环世界"

    "环世界"[1]（Umwelt）这一概念最早由生物学家雅各布·冯·威克斯库尔（Jakob von Uexküll）在其《动物的"环世界"与"内部世界"》一书中提出，用以表征那些"包裹"着生物且由不同感觉域（sensoryspheres）构成的感官世界。根据 2009 年《牛津英语大词典》的概念界定，"Umwelt"与英文"Environment"基本同义，意指一个对栖居于其中的有机体产生影响的外在世界或现实。很显然，这样的"环境"或"世界"是一个独立于主体、具有客观性的物质环境。但在威克斯库尔看来，我们日常生活中的"环境"或"世界"其实是感官性的，因为每一种生物都因其感官系统的不同而感知到不同的"世界"。也就是说，不同的生物物种乃至生物个体都会根据它们所接收到的不同知觉信息构筑出自己的"世界"。威克斯库尔在其著作《在动物和人类的"环世界"中探险》中指出，即便是普通的木蜱虫也有着自己的"世界"。虽然木蜱虫没有视觉器官和听觉器官，但是它可以根据丁酸（由哺乳动物皮肤腺分泌）的气味扑向猎物，进而根据其落于宿主时产生的震动爬

1　在中文学术界，关于"Umwelt"的译法有很多种，根据不同的理论框架，"Umwelt"可以翻译为"周围世界""主体世界""主体环境域"等。在威克斯库尔生物符号学的理论框架中，"Umwelt"更接近于一种感官性的主观世界，因此有学者将其翻译为"感觉世界"。方明生教授则根据《在动物和人类的"环世界"中探险》的日译版（由日高敏隆·野田保之翻译）将"Umwelt"翻译为"环世界"，此后，蓝江、柳亦博、郭明飞等学者也都沿用了这一译法。在笔者看来，威克斯库尔所说的 Umwelt 不仅是感官性的，也是符号性的，生物感官只是 Umwelt 的构建基础，而在这种生物性认知基础上形成的符号性认知才是构建 Umwelt 的核心。更重要的是，从感觉向符号的延展体现出了人与动物的根本性不同，那就是"人是可以使用符号的动物"。因此，比起"感觉世界"，本文更倾向于采用"环世界"的译法。

上毛发，然后通过对猎物皮肤温度的判断来吸食其血液。因而对于木蜱虫来说，"世界"就是一个弥散着丁酸气味，并且有着震动和温度的信号空间，它虽然"贫瘠"，但对于木蜱虫来说，这就是"世界"，一个经过感官中介过的世界。基于此，威克斯库尔把"环世界"比喻成一个个由感觉（senses）构成的包裹着各种生物物种的透明罩，每一个物种都各自生活在自己的"环世界"中。

虽然我们并不否认存在着一个普遍性的时空，也仍然可以假想一个潜在的共同的实体性世界，但必须承认，在不同物种各自的"环世界"（感觉之罩）中，世界的显现（reveal）实质上是由生物各自的感觉域所决定的。当不同的知觉信息被我们的感官所接收时，世界与客体的不同面向便得以逐一显露。当事物离我们很远时，它仅仅是一个视觉客体，当我们慢慢靠近它时，它逐渐变成了一个听觉客体与嗅觉客体，而当我们触碰它时，它又变成了一个触觉客体。所以，所谓客体总是特定感官系统的产物，它们之所以能够作为一种事物出现在人类及动物的"世界"中，实质上是因为我们已经为它们装备上了带有感觉特征的外衣，用威克斯库尔的话来说就是"它们仅当足够靠近以到达人的感官，被人的感官覆盖的时候才成为我们面前的事物。"[1]换言之，事物是可变的，它们在不同的"环世界"中有着截然不同的显现与意义。威克斯库尔以花茎为例：在人类的"环世界"中，花茎是花朵的支撑物，在蚂蚁的"环世界"中，花茎是连接洞穴和食物的梯子，而在牛的"环世界"中，花茎是可以大快朵颐的食物。由此可以推断，事物与"世界"的呈现及其内涵其实是各种动物不同的知觉作用的结果，它们各自有着特殊的意义。

事实上，在这种行动的维度上，威克斯库尔的"环世界"已经初具海德格尔"周围世界"的雏形。或者说，海德格尔的"周围世界"实质上就是受到威克斯库尔的"环世界"的启发。虽然学术界普遍认为"周围世界"

---

1 UEXKÜLL J V. An Introduction to Umwelt[J]. Semiotica，2001, 134(1/4): 107–110.

这一概念应该溯源至胡塞尔的"视域"(Horizont)概念,但其真正的源头其实是威克斯库尔的"环世界"。海德格尔曾经在其著作《形而上学的基本概念》中明确指出:"自从威克斯库尔起,谈论有关动物的某个周围世界就变得流行起来。"[1]显然,海德格尔正是在"环世界"的基础上结合胡塞尔的"视域",从现象学与诠释学的角度赋予了"Umwelt"这一概念在"存在"维度上的新内涵。在海德格尔的理论体系中,"世界"被划分为了"自身世界"(Selbstwelt)、"周围世界"(Umwelt)与"共同世界"(Mitwelt)。它们彼此关联,并构成了作为整体的"生活世界"(Lebenswelt)。在这几个"世界"中,"日常此在的最切近的世界就是周围世界"[2],因而对于"此在"来说,世界其实是我们日常生活中不断与之打交道、不断操劳于其中的周围世界,"在世存在"也是在这个由"此在"的交道行为所构筑的"周围世界"中存在。虽然海德格尔一直主张,"动物是缺乏世界(weltarm)的"[3],并且其"周围世界"已不再囿于一种感官世界,而是延展为了一个将工具(锤子)与思维(阐释)也纳入其中的存在世界,但是不难发现,从主体与"世界"的认知关系层面来看,海德格尔的"周围世界"非常接近于威克斯库尔的"环世界"。

总之,无论是威克斯库尔的"环世界"还是海德格尔的"周围世界",这两个独特的世界概念都使我们认识到,每一个物种都拥有它们自己的Umwelt,而这个Umwelt也正是它们理解世界、解释世界以及存在于世界的"中介"。毫不夸张地说,一切生命活动都是发生在"环世界"中的生存活动,"每一个此在,只有在自己的环世界或周围世界里,才具有生存论的意义"[4]。正是从这种"环世界"的层面来看,对于VR时代的所有观看者与

1 海德格尔.形而上学的基本概念[M].赵卫国,译.北京:商务印书馆,2017:283.
2 海德格尔.存在与时间[M].陈嘉映,王庆节,译.北京:生活·读书·新知三联书店,1999:78.
3 海德格尔.形而上学的基本概念[M].赵卫国,译.北京:商务印书馆,2017:263.
4 蓝江.环世界、虚体与神圣人——数字时代的怪物学纲要[J].探索与争鸣,2018(3):66-73.

生存者来说，"世界"已经不再是原先的世界了，就像摄影和电影媒介的出现将世界图像化了一样，VR这一全新媒介的出现将世界虚拟化了。全新的电子信息技术、计算机技术、数字影像技术、VR技术以及先进的VR设备已然重构了主体的感知能力和感知环境，因此，人们的"环世界"已经不再是原先那个依靠肉眼所感知到的世界，也不再是那个由望远镜、显微镜、放大镜等传统光学设备所感知到的世界，甚至不再是那个通过照片、电视、电影以及计算机等矩形窗口界面所感知到的世界，而是一个由电子感知装备所感知到的无界面的数字化虚拟世界。在这个由VR技术构建的"环世界"中，主体的感知能力及其感知活动中的关系网络都将被重构。更重要的是，主体所解蔽的对象也将因此发生翻天覆地的变化。世界本身不再是纯然实体的物质世界，而是借助数字技术和影像技术的虚拟世界。在VR媒介时代，人们直接"交道"和"操劳"的对象更多的其实是由"0""1"编码而成的虚拟存在。

一、感知器官的虚拟现实设备——以谷歌眼镜和VR头显为例

人的"环世界"与动物的"环世界"的不同之处在于前者不只是由生物性的感知器官构建的，也是由工具和技术构建的，人类完全有能力通过技术来改造或延伸自己的认知能力。因此，虚拟现实技术对人类"环世界"的重塑首先体现在其对人类感知器官的颠覆与重构。在VR时代，我们已经不再仅仅依靠肉身去感知这个世界，而是开始更多地使用Google Project Glass、Spectacles AR、Think Reality A3、HTC Vive Cosmos、Oculus Rift、Oculus Quest、触感手套、触感服等虚拟现实设备去看、去听、去触摸、去感知。这些虚拟现实设备作为一种感知中介或一种"人的延伸"拓展着此在感知的界限，但与望远镜、显微镜等传统辅助感知设备不同，虚拟现实设备不仅是一种感知的延伸，更是彻底的感知补充与感知重构。它们已经不是让我们看得更远或者听得更清晰，而是直接让我们看到真实世界中并

不存在的事物，甚至在很多情况下可以直接替换我们所有的知觉信号，这是对人类的感知模式和感知对象的一种彻底改造。这也是 VR 能突破某种艺术类型或娱乐类型成为人类未来的生存形态的原因，因为它已经不像传统艺术一般，仅仅创建或改造主体感知的艺术对象，而是直接干涉或改造主体的感知器官，从信号接收端处解决问题。这就使艺术与现实、真实与虚拟的界限被消解了，绘画、摄影、电影、游戏等影像艺术中那个显在的，并不断强调自己艺术身份的边界（界面）彻底消失了，世界呈现的面貌也被改变了。

考虑到"看"在虚拟现实中占据的核心地位及本书后续将涉及对虚拟触感装置及芯片嵌入式的"视界"技术的诸多讨论，本小节主要以谷歌眼镜和 VR 头显来阐明虚拟现实装置对人们感知模式的改造。

（一）谷歌眼镜：认知的一体化与世界的属性化

以谷歌眼镜（Google Project Glass）为例，这款由谷歌公司于 2012 年 4 月发布的"拓展现实"眼镜不仅能作为正常的眼镜使用，还能作为一种智能辅助设备协助佩戴者接收、存储和处理各种视听觉信息。用户不仅能用它来拍照、录像和进行视频通话，还能用它进行信息搜索、地图指示、收发邮件，甚至观看视频。用户只需对着麦克风说一句"OK，Glass"，一个虚拟菜单就会在用户右眼上方的屏幕中出现，并显示多个应用图标，方便用户进行选择。显然，这样的智能眼镜已经不是对主体视觉能力的简单调整，而是成为一台穿戴式的计算机，直接给主体带来新的体验。

然而，它又与计算机不同，因为谷歌眼镜并不仅将画面显示在镜片上，还利用光学反射投影原理（HUD）使用微型投影仪先将光影投射到一块反射屏上，然后通过一块凸透镜折射到人体眼球，从而实现所谓的"一级放大"，最终在人眼前形成一个足够大的虚拟屏幕，以显示简单的文本信息和各种数据。这种投射技术与传统的"看屏幕"截然不同。看手机、看电视、看电影其实都是在看一个背景"界面"，尽管我们在实际的观看经验中会自动忽视界面本身而只关注内容，但实际上观看者必须先看到屏幕，然后才能看到屏幕上的显像。以影院电影为例，对于电影艺术来说，其界面就是矩形的白色银幕，无论界面外是静谧的黑暗影院，还是嘈杂的市民广场，都无碍界面内虚构故事的不断上演。矩形的界面如同一个通往更大空间的窗口，而界面内的虚构世界也仿佛可以延展到画框以外更广阔的世界去。莱昂·巴蒂斯塔·阿尔伯蒂（Leon Battista Alberti）曾指出，绘画的画框就是通往世界的窗口。法国电影理论家雅克·奥蒙（Jacques Aumont）也曾提出："屏幕空间通常被习惯性地理解为更广阔的图景空间（scenographic space）的一部分。"[1]

尽管界面会如同窗户一般将许多艺术欣赏者的心灵与思绪牵引至窗外的世界，但我们必须清楚，这个"界面"的界限与尺度不仅是一个显现的边界，还是现实与虚拟的楚汉之界，它将实在世界与荧幕世界进行了分割。这也是为什么影院电影必须关灯的原因，因为现实空间的黑暗使界面的分割更加清晰，它仿佛在不断地提醒观众，那个闪耀的银幕上所呈现的是一个截然不同的世界。因此，界面既是载体，也是窗口，同时还是一条"警戒线"，时刻提醒观众对不同世界的辨认。但谷歌眼镜采用的眼部直接投射技术打破了界面的存在，使影像成为直接看到的视觉对象。初看之下，这与屏幕的观看效果并无二致，但眼球投射这一功能实际上将现实与影像进行了绑定。对于传统影像，观看者能通过将视线移至界面之外而规避虚拟影像的感知"摄取"，但眼球影像投射使观众仅能通过闭眼这种"不看"的方式来隔绝虚拟和现实。当所有的"看"都是包含着双重影像的"看"，而不是某一特定情境、特定空间中的"看"时，人类传统的视觉感知便从根本意义上被改变了，因为当虚拟与现实被深度绑定，且只能同时感知的时候，虚拟与现实的界面便变得模糊不清了。

如同X光技术使医生的"环世界"向人体内部延展，显微镜使细胞、细

---

1 AUMONT J, BERGALA A, MARIE M, et al. Aesthetics of film[M]. Austin:University of Texas Press,1992: 13.

菌等微生物进入生物研究者的"环世界"之中，哈雷望远镜使整个宇宙进入人们的"环世界"一样，谷歌眼镜也对我们的"环世界"产生了重大影响，它完全改变了我们的常规"环世界"，使各种视觉化信息乃至虚拟影像进入我们的日常。虽然就设计结构而言，谷歌眼镜实际上是微型投影仪+摄像头+传感器+存储传输+操控设备的结合体，但它作为一件辅助感知和显示设备已经彻底改变了主体的感知方式和感知习惯。谷歌眼镜增强了拓展现实功能。谷歌眼镜的主要功能就是其影像显现功能，辅助视觉图像的直接显现使用户可以在行动感知中接收到肉眼根本无法看见的信息。例如，摄像头自动识别系统和地图定位系统的配合可以使用户看到不同地点、不同建筑物的详细信息。假如我们来到巴黎旅游，谷歌眼镜便可以通过其全球定位系统识别我们的具体位置，并通过摄像头的信息采集和图像识别功能鉴别出我们正在看的建筑物。于是，眼镜的微型投影仪便开始向我们的眼球投射关于此建筑物的一些信息，如名字、高度、特点甚至当天该建筑物的客流量和其三维视图。再如，当我们来到卢浮宫看到了一幅精美绝伦的人像画时，谷歌眼镜便开始向我们投射影像。于是，"蒙娜丽莎的微笑""达芬奇""意大利""文艺复兴"等字眼便开始出现在镜片上。

略加审思就会发现，这些信息实质上是属于"知"而非"认"的类别下的内容，因而它们是需要我们进行查询、学习乃至熟知以后才有可能获得的。纯粹的视听感知只是"认"，即单纯的信息获取。然后才是信息识别，即通过我们的各种记忆来进行比对工作。对于陌生的事物，我们的记忆库根本无法起到任何作用。即便我们对某些事物有所认知，但人类的大脑记忆库和网络记忆库之间的储存量差异仍然是非常巨大的。更重要的是，认知原本所囊括的"认"与"知"两个过程现在全部统一到了"认"这一过程，"知"已经由电子感知设备帮我们代劳了。当我们在"认"事物时，"知"的内容便随着我们的感知过程一同出现了，仿佛这些知识就像颜色和形状一样，可以被人们的感知器官直接获取。于是，看世界和理解世界就完成了同步，主体所看的每一眼都会伴随信息与知识的收获，这无疑是对人类感知效率的一种巨大提升。显然，谷歌眼镜的这一拓展现实功能不仅可能会造成视觉的绝对化，还可能引发主体记忆与认知的一系列变化。

所以，拓展现实功能并不仅仅是辅助认知那么简单，它实质上带来了更深刻的思维变革。

首先，该功能带来的便是记忆的衰退。刚才已经说过，"认"是纯粹的感官知觉，但"知"却需要在"认"的基础上进行回忆和分析比对。可见，如果没有记忆过程，那么所有的认知都将仅是"认"而没有"知"。知识的形成必须依靠记忆对经验的存储，因为最原始的知识都是一种归纳类的经验总结，而归纳便是一种对记忆的回溯。这也是远古人类必须依靠壁画和结绳记事的原因。事实上，在第三持存普及之前，人类的记忆是相对发达的，因为如果你不记得昨天那只极具攻击性狮子的体貌特征，那么今天你再次遇见它时不会撒腿就跑；如果你不记得你把之前多余的粮食藏在了哪个洞穴，那么你将面临死亡。即便在第三持存高度发达的今天，记忆在我们应对日常生活中的经验知识时也起到了重要作用，毕竟我们不会把对亲戚的称呼这类日常经验进行存储。但谷歌眼镜这类增强现实设备的出现却使"认"与"知"不再是相继的两个过程，而是彻底同一的过程。这其实便是第一持存与第二持存的同一。在胡塞尔看来，我们当下对事物的感知属于第一持存，我们对这一感知的记忆便属于第二持存。当我们听音乐时，第一持存和第二持存同时运作。如果没有第二持存，我们的大脑根本不会形成一首连续的曲子。但是，增强现实这些虚拟现实设备所实现的这种同一可能意味着人类自身的第二持存将失去存在的意义。网络辅助信息与现实的绑定虽然使我们进行着更"全面"和更"深入"的认识，但记忆却开始显得不那么重要，因为机器正在帮助我们记忆。或许，"认"与"知"的同一所带来的最终结果将是生物记忆的无限衰退。

其次，该功能所带来的另一个变化便是世界的属性化或认知属性的"存在化"。对于海德格尔来说，"此在"的世界首先是存在的世界，而非存在者这层意义上的世界。因此，世界中的存在者对于"此在"来说首先意味着生存论意义上的"上手"。对事物具体属性的条理分析在海德格尔看来其实是一种存在者层面的认识，只有当"此在"停止生活的操劳，处于一种静观的状态中，"此在"才能"客观"认识事物的属性。例如，锤子的价值判断对于"此在"来说首先是是否趁手，如果趁手，那这就是把好锤子，只有当锤子不再趁手时，"此在"才会注意到这把锤子的各种形态属性。换句话说，在日常生活的操持中，存在物的属性更多起到的是实用功能，而非认知功能。当我们使用锤子时，"重"这一属性对于使用者来说更多是实用价值，而非认知价值。只有当我们挑选锤子或停下手头的工作观察锤子时，锤子的"重"才是一种认知意义上的属性。再如，当我们进入某一大楼时，楼房对于我们来说首先是居住和办公，只有当我们停驻观望时，该房屋的地标性和历史意义才会在我们脑中浮现。但是，谷歌眼镜这类虚拟现实设备显然已经使原来作为存在者层面的属性认知"存在化"了。作为静观的物质属性开始"上手"并直接发挥实用功能，"属性值"成为主体的直接认知对象。Spectacles AR 和Think Reality A3等虚拟现实设备完全有能力使用户在看见一个人的同时，看到其年龄、出生地、血型等信息。于是，每一个佩戴者都成了虚拟社会中的信息猎人，而"这种数据处理眼镜代替了旧石器时代猎人们的矛、弓和箭。它将人眼直接与互联网联通。佩戴者仿佛能洞穿一切"[1]。

在前谷歌眼镜时代，性别、年龄、出生地和血型除了在人口统计方面发挥了一定的生命政治功用外，其具体信息在日常生活中并无太多实用价值。年龄在日常生活中更多体现为体貌、身体素质、健康状况方面的特征，"青年""中年""老年"等年龄划分在日常生活中具有实用和文化的双重意义，年纪小意味着稚嫩和生产能力强，年纪大意味着成熟和生产能力弱，但年龄的具体数字我们无法用肉眼观察，它本身也没有过多实用价值，出生地和血

1　韩炳哲.在群中：数字媒体时代的大众心理学[M].程巍，译.北京：中信出版集团，2019：63.

型同样如此。出生地更多的是通过话语习惯和文化习俗显现出来，血型则在生病时具有实际意义，两者的实际内容在日常生活中并无太大用处。但谷歌眼镜却使这些属性值直接与存在者进行绑定，使存在与信息实现了完全同步，存在者变成一种数字化的存在，仿佛"此在"的存在就是年龄、地域、单位等属性信息。甚至在很多时候，信息与数据直接覆盖甚至湮灭了存在本身，如现在的股市和金融，数字已经掩盖了真实的货币。在这种趋势下，信息将代表一切，而"信息以外的东西是不存在的"[1]，因为不在信息范畴内的事物都将被主体忽略，不会成为其狩猎的对象。更值得审思的是，当这些数值直接出现在现实中并和对象绑定时，它们便将在使用中日益"上手"，世界也将因为这些属性的直接呈现而有所"去远"。那么，当存在首先是属性化的存在，当世界日益属性化，当生存必须依靠这些数字"上手"时，本真的生存是否正在日益远去？人之主体性又是否发生了剧变？

作为虚拟现实设备，谷歌眼镜不仅具备拓展现实的功能，还具备感官共享功能。2014年7月，谷歌眼镜正式开放了直播功能，使用者通过电子眼镜便可以分享自己在讲座、音乐会、足球赛的视听体验，从而实现感知共享。荷兰奈梅亨大学附属医院便利用这一功能以第一视角向学生直播了一场手术，以此起到辅助教学的作用。表面上看，这与视频直播并无二致，但其实两者在操作模式上有巨大差异。视频直播所使用的手机、摄像机本质上仍属于工具，与直播者的感官其实是不一致的。直播者可以通过手来控制拍摄的内容，其自身的感知内容与拍摄内容完全可以是独立的，但谷歌眼镜所分享的视听内容是使用者真实的所听所观。使用者微小的头部转动都将被真实记录，这意味着即便是分心的感知也将被直接共享。这便在某种意义上实现了更进一步的感知互联，从而将"共在"拓展为不仅是在场之"共"，也是感知之"共"。如此一来，所谓的周围世界不仅是共在的周围世界，也是"此

1　韩炳哲.在群中：数字媒体时代的大众心理学[M].程巍，译.北京：中信出版集团，2019：63.

在"的周围世界。作为个体的"此在"所领会和解蔽的周围世界永远是个别的，因为每个"此在"的感知方式和文化体验并不相同，但这种视听觉的共享在某种意义上使共在与"此在"的周围世界实现了共融。需要注意的是，这种感知互联的背后也许潜藏着主体异化的危机，因为当个人感知都被他者感知所替代甚至覆盖时，我们很难确保被共享者对自我和他者的认知是否会有所扭曲，其人格是否会因此而异变。试想一个极端场景，假如一个被终身囚禁在一个小房间的人每天都佩戴谷歌眼镜来观看另一个人的所见所闻，那么对自由的渴望是否会让他在某一天将自己误认为是那个人？

（二）VR头显：知觉的封闭与界面的覆盖

除了谷歌眼镜这类虚拟现实设备，现实生活中常见的虚拟感知设备还有HTC Vive Cosmos、Oculus Rift、Oculus Quest、PSVR、Pico Neo等。一般来说，我们所谓的VR眼镜并不是常规意义上的眼镜，它其实是一种VR头显——虚拟现实头戴式显示设备。VR头显的工作原理是利用头戴式显示设备将佩戴者对外界的视觉、听觉封闭，为用户营造一种身在真实环境之中的"错觉"。VR头显的结构大多为"透镜+屏幕"。在影像呈现上，VR头显会配备两个凸透镜，以此将佩戴者的左、右眼所看的图像各自分开。由于人的左右两眼有间距，因而两眼分别看到的视觉信息会有细微的位置和角度上的差异。人的大脑便巧妙地利用这种视差将两眼分别看到的图像进行融合，进而产生有空间感的立体视觉效果。VR头显的立体成像也是利用这种原理，它一般通过交错显示模式将一个画面分为两个图场：单数描线所构成的单图场与偶数描线所构成的偶图场。然后将左眼图像与右眼图像分别置于单图场和偶图场（或相反顺序）中，以此产生带有深度感的立体视觉，进而营造一个颇具真实感的立体世界。显然，与谷歌眼镜等拓展现实设备通过计算机技术，将虚拟的信息应用到真实世界相比，VR头显是直接利用计算机图形系统和各种信息接口设备生成虚拟世界，并用虚拟置换现实的电子媒介装置。

尽管在功能与性能上有所差异，但与拓展现实设备将虚拟与现实进行绑定不同，VR头显是隔绝了对现实世界的"摄入"。从界面的视角来看，绘画、电影等"经典屏幕"（classical screen）致力于被界面框住的虚拟空间放置在我们的生活空间里，并使两个空间达到既隔绝又共存的特殊状态。拓展现实设备的主要功能则是消除传统意义上的屏幕界面，将现实本身变成一块屏幕界面。在这个无限宽广的显示界面上，虚拟化影像与现实世界实现了合一。从某种意义上来说，界面其实消失了。当影像直接投射在眼球上时，眼球便成为唯一的界面，现实的表象与数字虚拟影像在眼球上都归于一种视觉形象。相较于"经典屏幕"与拓展现实，VR对界面的处理更加激进、更加极端化，因为它不是将现实变成界面，而是将界面变成现实。马诺维奇曾指出："随着虚拟现实的发展，屏幕完全消失了"[1]，因为那个矩形的界面不复存在了。但是，屏幕的消失不是因为边界的消除，而是因为屏幕本身变成了现实。也就是说，屏幕与现实之间不再是承载或呈现的差异性关系，而是两者完全融合的同一性关系。

对于VR头显的使用者来说，包裹式的头戴设计和入耳式耳机（或覆耳式耳机）彻底隔绝了现实世界在视觉和听觉上的"闯入"，荧幕成为唯一的感知对象。在传统的观影体验中，界面的作用是承载影像，观影者仅仅是将其注意力从现实空间集中于荧幕上而已。就实际的观影经验来说，屏幕这块界面的大小和清晰程度直接影响观影者的沉浸程度，界面越大，观影者越容易集中注意力。此间道理显而易见：当我们的视域中掺杂着太多来自现实的信息干扰时，观影者的注意力便容易从荧幕上抽离。如果一切外界干扰都被隔绝，那么在精神高度集中的状态下，眼前的影像就不只是影像了。1800年，法兰西学院设立的一个委员会就曾对全景画做出如下判断："眼睛一旦忘记自然光的颜色而习惯全景画里的光线，绘画便不知不觉地实现了它的效果。当人注视愈久，就愈无法相信所见的只是一个简单的幻像。"[2]可见，艺术界面对自然世界的隔绝，对欣赏主体的审美感知与沉浸体验起到了关键作用。IMAX和巨幕制式的应用不也是如此吗？它们不也是通过银幕（界面）

---

1 马诺维奇.新媒体的语言[M].车琳，译.贵阳：贵州人民出版社，2020：97.
2 格劳.虚拟艺术[M].陈玲，等译.北京：清华大学出版社，2007：48.

的最大化来加强观众的观影体验吗？IMAX公司的宣传口号——"看电影？还是进入一部电影？"印证了界面对于沉浸体验的直接影响。如果成本和技术条件允许的话，未来的影院电影很可能如18世纪的全景画一般，直接用360°的环绕影音将观众包裹于其中，以此实现更好的沉浸体验，环幕影院的出现便是对这种"自然界面"理念一个很好的例证。

VR头显设计理念的巧妙之处就在于它直接隔绝了现实，使影像成为唯一的视觉来源，使显示屏成为唯一的界面。在视觉感知上，界面的边界消失了，但它并非将界面融入现实，而是将界面无限扩展，使界面彻底覆盖用户的视域。现实被彻底隔绝在了界面之外，即便你转头、移动，视域也永远被界面覆盖。不仅如此，在交互技术的作用下，界面上的影像还会跟随用户的视线移动而做出相应的变化，仿佛"世界"真的就在那里，一动不动，移动的只是我们自己的视界。于是，视界与界面实现了同一，而界面所呈现的一切便成了现实。总之，VR的沉浸体验很大一部分是由于界面的这种无限延伸和彻底覆盖。

一旦VR设备实现了界面的覆盖，完成了对现实世界的隔绝，那么VR设备便彻底成了用户的感知中介。使用者的"环世界"不再是真实的世界，而是一个虚拟的世界。因此，VR设备与传统光学设备及AR、MR设备有很大的不同。这些感知装置多是作为人类感知器官的延伸和拓展而对人类的"环世界"进行改造，尽管在成像方式和感知延伸上存在差异，但它们实质上都在将人类原先无法感知到的内容增补进我们的感知系统中，前文所提及AR和MR设备便是将各种信息、属性乃至虚拟内容以视觉形象的方式纳入我们的视觉。但VR与这些完全不同，VR不是纳入或增补，它是直接的置换，即直接用影像的虚拟世界置换了我们的真实感知。这种置换操作意味着现实的感知经验和感知模式可以完全被更改，如VR游戏用户可以在虚拟世界中直接看到角色的"血量""魔法值"和"战斗值"，这些属性根本就不是生活世界中实际存在的生命属性，而是虚拟游戏世界的创意产物。VR用户甚至可以在虚拟世界中产生完全相悖的感知体验，如玩家奋力一跃，虚拟角色却下蹲；玩家向左转，虚拟角色却向后退；玩家使劲捶打虚拟物体，物体却纹丝不动；玩家轻轻触碰，物体却被捶打变形；玩家眼神聚焦，游戏画面却渐渐拉远。在VR世界中，所有的感知都仅是一种设定，可以被任意更改。

更重要的是，一旦现实被界面所覆盖，一旦自然感知被人工信号所置换，一旦"虚拟"成为一种现实，便意味着现实不再拥有牵制虚拟的底牌，也不再具备唤醒主体的力量。由此看来，与威克斯库尔所提及的木蜱虫没什么两样，VR时代的我们对世界的感知同样是虚无和模糊的，视镜向我们涌现的与其说是世界的景观，不如说是纯粹的信号，它与木蜱虫"环世界"中所弥漫的丁酸气味并没有什么不同，无非是人类"环世界"的信号收集更加丰富而已。

二、虚拟现实时代的"赤裸生命"生成学

如果说生命的存在样态及其存在意义离不开"环世界"的筑造，或者说，如果一个物种的生成与界定总是依赖于某一特有"环世界"的构成，那么，当这一与生命彼此共存的"环世界"被强制性地剥离时，生命本身的存在样态会发生什么样的性质变化呢？更极端一点，如果一个"人"被从其熟知的公共"环世界"中驱逐了出去，那么在"人类学机器"所构建的政治叙事中，他/她还是一个"人"吗？因此，"环世界"不仅是生物进行存在活动的意义空间，更是一种政治性的区分机制，成为一种对"人"与"非人"、"正常"与"异类"进行界定的生命政治手段。在这一区分机制中，"人"不再是对某一物种的认定，而是对一种合法性身份的判定。它不再追问什么天赋人权或理性的价值，而仅仅关注其特定"环世界"的有无。面对存在世界从现实空间向虚拟空间的大迁移，那些不能进行虚拟化生存的人实际上便成了一群被剥夺了虚拟世界的现实流放者，一种以被排除的方式重新纳入人类共同体的"神圣人"。他们虽然与其他人共存于地球之上，但却因被虚拟现实世界的弃置而失去了合法性身份，甚至不再被承认为"人"，只是一群可

以被"人"随意处置的"赤裸生命",其存在仅是为了以"非人"的"不同"姿态制造"人"的族群内部的"同"而已。为了避免这一可能性的发生,主动地拥抱VR技术似乎成了一种必然。

(一)虚拟现实与"技术社会"

严格来说,包括VR、AR以及MR在内的虚拟现实技术本质上是"此在"解蔽世界的一种手段,它们使世界的虚拟维度及可能性维度得以向主体敞开。但当它们成为主体的一种日常性感知装置之后,或当"此在"所有的感知对象都经由虚拟现实装置中介和改造以后,由VR和AR所构建的新型虚拟"环世界"很可能会开始阻碍世界向"此在"的继续敞开,因为这个媒介化和技术化的"环世界"在发展到一定的规模之后便具备一定的稳定性和自主性,不再是一个任由主体拓展的无边之地。当代法国著名技术哲学家雅克·埃吕尔(Jacques Ellul)就曾在其《技术社会》(*The Technological Society*)一书中宣称:"技术已成为自主的;它已经塑造了一个技术无孔不入的世界,这个世界遵从技术自身的规律,并已抛弃了所有的传统。"[1]因此,技术已经不是机器及其相关活动的复杂网络那么简单了,它实质上已经成了一种本体论的机器,具备了一定的自为特性。所以,当VR技术成为一种主导性技术之后,它便可能会作为一种反向压迫的力量,倒逼着"此在"和世界予以"虚拟化"。这实质上就是美国技术哲学家兰登·温纳(Langdon Winner)所说的"反向适应"[2],即技术不再是一种被动的工具,它不仅开始为社会"立法",还促使人类反向去适应技术本身。海德格尔所说的技术的"座架"(Ge-Stell)作用亦是如此。在技术的框架中,世界被摆置在此在面前,现实本身变成了一种相对于主体的"持存物"(Bestand),"座架"于是成了"此在"解蔽世界的主导方式。技术的本质应该是对事物真理的显现,

---

1　JACQUES E. The Technological Society[M]. JohnWilkinson, trans. New York: Vintage Books, 1964: 26.

2　温纳.自主性技术:作为政治思想主题的失控技术[M].杨海燕,译.北京:北京大学出版社,2014:203.

但"自主性技术"如今却反向地命令着人类以特定的方式解蔽现实，导致人类逐渐丧失了对现实进行自由解蔽的能力。

这并非危言耸听，因为现代技术不仅规约着世界的显现，甚至还直接规约着人类自身的生成与进化。技术虽是主体创造的产物并受主体的控制与使用，但当技术开始成为日常生活中重要的一部分时，主体自身也在受到技术的形塑甚至控制。显然，技术不仅仅是一种外化的工具或者"人的延伸"那么简单。法国哲学家贝尔纳·斯蒂格勒（Bernard Stiegler）就曾指出，"技术生成"（Technogenesis）和"人类生成"（Anthropogenesis）是两个并置且直接相关的概念，因为"技术"和"人类"是同源共生、共同发展的观念。斯蒂格勒相信，自"新人"[1]以后，人类的生成进化就开始"沿着生命以外的方式继续"[2]，即沿着技术的方式继续进化。因此，在"新人"之后，人的进化过程其实就是技术发展的历史过程，人类的历史也是技术的历史。这实质上已经将技术提升到了一种关乎"人类生成"的本体论高度。在其理论体系中，技术成为人类的一种"后种系生成"，即在生物种系进化完成之后，促进"人类生成"的最重要因素不再是来自生物性的遗传，而是来自非遗传性的积淀，技术便是这种"后种系生成"的核心。很显然，其中蕴含着一个基本的洞见与原则，那就是人类在发明技术的同时其实也在被技术发明。

也就是说，VR技术不仅重新构序和塑形着人类的生存环境，也在加速人类的进化，因为VR这一数字媒介技术（艺术）正在成为人类生存和生成的先天综合架构。恰如张一兵教授对斯蒂格勒的解读："在我们遭遇世界之前，这一已经无法摆脱的数字化先天综合筑模已经通过自动整合座架了我们可能

1　人类学家把人类发展的过程分为三个阶段，即猿人阶段、古人（早期智人、尼人）阶段和新人（晚期智人、克罗马农人）阶段，后来又将这三个阶段划分为直立人（猿人）阶段、早期智人（古人）阶段、晚期智人（新人）阶段。

2　斯蒂格勒.技术与时间：爱比米修斯的过失[M].裴程，译.南京：译林出版社，2000：158.

看到、听到和触到的世界和一切现象。"[1]康德所谓的"自然以一定形式向我们呈现",现在被改写成"存在以数字化虚拟现实的构序形式向我们呈现"。在今天,虚拟现实本身已经成为一种新的世界编码程式,一种新的先天综合座架。数字化虚拟现实几乎可以为人们提供一个"完整的世界",包括理性的知识和感性的现象,现实世界仿佛已经被一个虚拟的影像世界所中介乃至置换,世间万物似乎都得经过VR的重新编码才得以向人类呈现。早在电影和电视普及之后,日常生活中的大部分经验就已经通过影像而被人类所感知,世界已经逐步"影像化",影像已经让屏幕上可见的世界取代现实世界成为人们的直接经验。随着VR的出现与普及,世界又一次或者说更进一步地被虚拟化了。在传统影像时代,人类至少希冀着世界的真实呈现,而在VR时代,人类已经自愿沉浸于虚幻之中。套用居伊·德波的一句话:"景观就是人的一切社会生活被商品所殖民",显然,由虚拟现实所构建的虚拟景观是"人的一切社会生活开始被幻象所殖民"。

不难发现,在虚拟化生存的时代,VR等虚拟现实技术作为一种"立法性"的媒介技术,实质上构成了一张巨大的规范化之网,将所有的主体和事物都网罗其中。因此,我们已经不能将虚拟现实简单地视为一次媒介技术更迭,就像微信、抖音、支付宝、腾讯会议、淘宝等数字技术的应用并非单纯的技术演进,它们已经彻底改变了"此在"的生活方式。海姆就曾指出:"虚拟实在就是这么一种技术,它可以用于人类的每一种活动,而且可以用来中介人类的每一个事物。由于你全身心沉浸在虚拟的世界之中,所以虚拟实在便在本质上成为一种新形式的人类经验——这种经验重要性之于未来,正如同电影、戏剧和文学作品之于过去一样。"[2]虚拟现实虽然仍处于发展阶段,但该项媒介技术正如数字技术一般用数字虚拟影像为"此

1 张一兵.斯蒂格勒《技术与时间》构境论解读[M].上海:上海人民出版社,2018:136.
2 海姆.从界面到网络空间:虚拟实在的形而上学[M].金吾伦,刘钢,译.上海:上海科技教育出版社,2000:序言.

在"构建全新的"环世界"，从而彻底改造"此在"的生活世界。这种变革意味着在VR时代，我们在前VR时代所熟悉的"环世界"将被改造甚至剥除，面对数字界面和虚拟世界的扩张，除了适应和纳入，"此在"并无他法，因为作为"常人"，"此在"最关注的就是生存本身。面对生活世界的虚拟化，大多数人只能主动地去学习这一技术、适应这一媒介。从这种意义上来说，VR事实上已经不是一个简单的技术事实或媒介产品，在当今时代及不远的将来，VR或许将成为一种埃吕尔所说的自治性的"集体机制"，整个社会都可能因为虚拟现实这一新的技术律令的出现而做出调整："技术对人类的内在影响变得具有决定性。从此以后，文明的每一个组成部分都受制于技术本身就是文明的法律。"[1]在这样一个以虚拟性为主导的媒介化"技术社会"中，所有不符合虚拟特征的事物都将在VR的规范下重塑，所有不能进入虚拟世界中的事物都必须经过虚拟化才能进入其中。即便是这一媒介技术的创造者，最终也只能选择屈服，因为这个"环世界"中的一切"除非由技术媒介介导和审查，否则不可能进行人类活动。这是技术社会的伟大法则"[2]。

当然，"虚拟化生存"并非只是虚无的未来学式预测，它实质上是一个正在不断接近的事实。VR作为一种计算机仿真技术事实上已全面进入电影、游戏、教育、医疗、军事、航天、工业等多个领域，并有成为一种日常性工具的趋势。在过去，"VR"是一个科幻概念，但时至今日，"liveable VR"已经成为业界和学界的关注重点，以VR为核心技术的"元宇宙"更是成为不少人展望并构建未来的标准模型。因此我们可以说，"虚拟"已经成了我们日常生活中必不可少且无从逃避的一部分。以VR教育为例，由于虚拟现实的仿真性和沉浸性特点，VR被广泛应用于各种学习场景，如体育竞技培训、灾

1　JACQUES E. The Technological Society[M]. JohnWilkinson, trans. New York: Vintage Books, 1964: 130.

2　JACQUES E. The Technological Society[M]. JohnWilkinson, trans. New York: Vintage Books, 1964: 418.

害预演学习以及基础教育培训等。在很多城市，VR已经进入中小学课堂，并卓有成效地帮助学生开阔视野，提高学习专注度，并加深对知识的形象化理解。在疫情防控期间，VR线上教学更是成为很多学校的首选方案，因为沉浸式教育不仅具有课堂教学的现场氛围感，还能使历史事件、山川地貌、分子结构等书本知识可视化，促进学生理解。在未来，地理课将不再是书本的学习，而是一场场身临其境的冒险，山川、大海、峡谷、雪地，没有什么比亲身所感更能让学生牢记于心。

VR目前已经开始相对成熟地应用于医学领域，不仅医学生可以通过VR学习各种病理知识，患者还能通过它了解病情，甚至进行康复训练。除此之外，VR还可以用来治疗恐高症、焦虑症等心理疾病，阿根廷裔心理学家费尔南多·塔诺戈尔为此开发了一个叫作Phobos的VR软件平台，专门用来治疗各种恐惧症状，患者可以在这个平台上通过情境模拟来克服各种心理障碍。远程手术和远程医疗也是VR技术的重点应用板块，2019年，国内首台虚拟现实协同远程手术在深圳顺利完成，主刀医生全程佩戴AR全息眼镜，一边手术，一边借助可视化的3D模型精准定位。在手术进行的同时，北京的专家通过AR眼镜以第一视角全程观看了手术过程，并及时给予了相关意见。在未来，医生甚至可以直接利用VR在虚拟空间中对三维人体模型进行手术模拟，触感手套等辅助设备的配合使用甚至能够让医生感觉到手术刀划过皮肤的细微触感。

除了医学领域，VR在设计领域同样有着广泛应用。就房屋设计来说，设计师在完成相关的三维视图设计后，便能够戴上VR眼镜"亲身"体验房屋的设计效果，甚至能够感受到房间的采光和通风效果。在电商领域，阿里巴巴早已推出了VR试衣室功能，买家可以直接通过VR影像在线试穿衣服，就在一定限度上避免了买家收到实物才知道合适与否的烦琐。此外，娱乐、体育、建筑、金融、航天等领域也都开始广泛应用VR技术。

当然，虚拟现实不仅局限于个别领域的技术应用，它早已开始构建现实，甚至在功能上替代现实，越来越多的VR社交平台、VR虚拟社区等VR虚拟共在空间正在迅速涌现。例如，Meta开发的VR社交平台Horizon、网易投资的3D社交平台Imvu及国内暴风魔镜公司开发的VR游戏平台"极乐王国"，在这些VR平台上，用户不仅可以定制自己的专属角色，还能与其他用户一起打游戏、看电影、养宠物、购物、聊天。事实上，目前几个主流的VR游戏平台，如Rec Room和SteamVR，大有发展成为社交网络平台的趋势。除此之外，Horizon等个别平台还能够让玩家在这一虚拟空间中筑建自己的"家"，VR空间正在成为一个真正的大众生活空间。一些机构已经开始构想并设计所谓的虚拟公司，这样的公司没有真实场地，员工只需在家中头戴VR设备并创建自己的虚拟形象便可以在数字空间中实现"虚拟共在"的状态。工作交接、开会、任务分配甚至实际工作都可以在这个虚拟公司中进行。在未来，类似于谷歌这样偏重创意生产和软件生产的公司将会成为社会生产的重点，而这意味着虚拟共在将逐渐成为一种必然趋势。

在这个虚拟现实已经成为一种生存技术的时代，一切现实都将被裹挟进虚拟现实空间中，一切存在都将被计算机进行数字转化。在未来的虚拟现实世界中，所有的"此在"都将面临被迫影像化和虚拟化的命运，因为只有数字化的虚拟存在才能在这个虚拟世界中运动、交往、互动。当大家都开始使用虚拟现实设备时，那些不使用这些设备的人不但会面临很多不便，而且可能无法正常参与社会生活。在未来，我们今天的购物、交友、工作、学习、娱乐、旅游等现实活动都可以转移到虚拟空间中进行，人类的一切存在行为要么被虚拟空间所中介（遥距手术），要么直接在虚拟空间中进行（VR电影）。否定世界的这种虚拟化进程，只是自欺欺人罢了。

如此一来，虚拟现实设备便成为我们进入虚拟"环世界"的钥匙，如若没有这把钥匙，人们必将举步维艰。也许有一天，我们忘记携带自己的VR头显会像我们今天忘带手机一样，陷入空虚和惊慌，因为这可能意味着生活世界的缺失及个体虚拟人格的隐匿，也就是说，构成其完整人格和完整存在的虚拟世界消失了。由此，我们可以发现，随着虚拟现实技术的持续推进，符码化的虚拟体验成为生命活动中的一种"本真"体验，其主导性力量也将随着虚拟现实空间的无限蔓延而越发强大。

（二）世界的放逐与"赤裸生命"的生成

对"环世界"的分析与探讨无非是想弄清楚一件事：当虚拟现实开始构建我们的感知，当我们熟悉的"环世界"被虚拟环世界所替代，我们是否能够或者有可能依然滞留在现实世界中，做那个实在空间的守墓人？事实上，这已经不是什么新鲜问题，因为它早已在吉布森的小说《神经漫游者》中显露出来了。吉布森在为读者描绘了一个个沉浸于赛博空间的漫游者时，也给读者留下了一组内在地与计算机基质保持距离的人的形象——郇山人。郇山人在宗教上是部落民族，他们喜爱音乐甚于计算机，偏好直觉的忠贞甚于计算。我们很难说是他们拒绝了赛博空间，还是赛博空间排斥了他们，但可以肯定的是，他们成了一群游离于主流社会之外且不被人理解的离居者，一群被赛博空间隔离在外的"流民"。虽然他们依然"存在"，但不再与这个世界的大部分人一起"共在"。例如，亚马逊丛林里的原始部落，他们没有被上帝所抛弃，但却又仿佛被世界所驱逐，在整个地球的现代化进程中被遗忘了，成了被"抛弃"的异类。所以，上述问题的答案很可能是消极的，因为拒绝虚拟现实技术及虚拟现实空间很可能意味着某种限度上的被驱逐及主体的"流民化"甚至"非人化"，成为一种被剥夺合法性身份的"赤裸生命"。

也就是说，在未来拒绝或没有能力使用虚拟现实设备和被剥夺使用虚拟现实设备的人可能将面临一种全新的政治"流放"。在中国古代，刑罚可分为五种，分别为笞、杖、徒、流、死，其中"流"即是流放，是一种仅次于死刑的刑罚。凡是被施以流放之刑的人都会被强制性地剥离他们熟悉的"环世界"，并在衙役的押送下前往陌生的贫瘠之地，进行进一步的劳动改造或直接成为披甲人的家奴。从表面上看，流放者似乎比被囚禁者拥有更多的自由空间，不必蜷缩于暗无天日的狭小牢房。实际上，流放者比被囚禁者更加悲惨，因为流放其实是对有罪之人个体"环世界"强制性的彻底剥夺，是对其所有熟悉之人与熟悉之物的根本性清除。因此，被流放之人的苦难不仅在于流放之地的极端生存状况，更在于其所"去远"世界的剥夺。面对全然陌生的新环境，大部分原先已然"上手"之物将不再趁手。人们总是感叹生活的操持，但人们一旦因为陌生而从这种熟知的操持状态进入惊恐的"被抛"状态时，就陷入了无从操持的惊愕，一切都将在生存的逼迫下重新上手。如果说被囚禁者可以通过亲人的探视来维持其与原有"环世界"的联系，那么流放者则彻底从熟悉的"环世界"中消失了，尽管他还活着，但他的家人与朋友基本当他去世了，因为流放之人除非等来大赦，否则基本不再可能重回原有"环世界"。因而在大部分情况下，流放实质上就是一场被驱离故土（"环世界"）的慢性社会死亡，这对于注重地缘与血缘、讲究落叶归根的中国人来说是极为残酷的。

而在 VR 时代，流放不再是将人驱逐出原先的"环世界"，而是使其滞留在原先的"环世界"，即现实世界。当大多数的娱乐、交际、办公都开始向虚拟"里世界"转移时，那些还滞留于现实空间中的"此在"将只能孤独存在。与古代的流放刑罚不同，这些"流民"原先所熟悉的"环世界"并不是被暴力剥夺的，而是在"共在世界"与"生活世界"从"外"向"里"的大转移过程中被逐渐消解的。1986 年 4 月，切尔诺贝利核电站发生事故，在随后的几个月内，30 万居民撤离了该区域。直至今日，切尔诺贝利仍被认定为"无人区"，并被冠以"鬼城"之名。但据美联社 2021 年 4 月的报道，切尔诺贝利核电站周边 30 千米的区域内仍然有 100 多人居住，尤其是一些本地老人，他们自事故以来便坚持居住在当地。对于这样一群人来说，虽然他们仍生活在故土上，但随着大多数人的撤离，他们的原有的"环世界"实际上已经不复存在。这不仅仅是因为原来丰饶的土地变成了核污染之地，更是因为他们此前的社会关系及意义空间如今都化为乌有。在今天这样一个几乎所有人都利用各种媒介技术来追求一种全球性"共在"的星球上，我们甚至可以说，他们其实已经彻底地被"世界"所隔绝，不复"存在"，因为在所有人的认知中，这个地区已经成了遗弃之地，乌克兰禁区管理局也直接在官方回答中表示，这个地区并没有人。所以，与共在世界的脱离或隔绝往往意味着一种存在模式上的"去社会化"与"去世界化"。

可以想象，当身边的人都已经放弃了现实这个"环世界"之后，虚拟现实世界便成为人类新的"生活世界",所有个体的周围世界都将在数字化虚拟里世界中被重新构筑。如同今天的互联网技术一样,明天的虚拟现实技术或将整个世界都卷入另一个维度。在未来,即便最偏远的地区最终也将主动申请加入一个世界性的虚拟现实世界,因为虚拟与现实本体地位的倒置可能致使一个看似荒唐的可能,那就是进入虚拟世界的人因为他们对虚拟秩序的服从而获得合法性身份,而身处现实之人反而沦为了"世界"的流放者。这便是人类走向"非人"的开始,因为一个被强制性剥离了"环世界"的人已经在一定限度上丧失了其作为"公民"的合法性权利,成了意大利政治哲学家吉奥乔·阿甘本(Giorgio Agamben)所说的"神圣人",即一种虽然身处人类共同体之中,但却已经被"非人化"的人类。或许,切尔诺贝利地区并不是真的没人居住,而是在乌克兰禁区管理局这些官方机构看来,这群规避了权力监视,仍固执地生活于"禁区"的人已经不能被称为"人",而是一群违背禁令,只能游离于这个世界的幽灵罢了。

事实上,阿甘本在其《敞开:人与动物》中也关注了威克斯库尔的"环世界"理论,不过他在审视"环世界"的同时将目光放到了威克斯库尔曾经提到过的一只与众不同的木蜱虫身上。根据威克斯库尔在其《在动物和人类的"环世界"中探险》中的介绍,木蜱虫往往会在没有接收到丁酸信号的情况下选择蛰伏,以此减少机体的能量损耗,不过这种蛰伏一般不会持续太久。但在德国洛斯托克的一个实验室里,有一只木蜱虫在没有任何进食的情况下生活了十八年,也就是说,这只木蜱虫与其生存环境隔绝了十八年。[1]不过阿甘本没有关注这只木蜱虫惊人的生物特性,而是提出这样几个问题:"在长达十八年的休眠状态里,这只蜱和它的世界会变成什么样?对于一个完全依赖于它与周遭环境的关系的生物来说,在被完全剥夺这种环境的情况下它怎么可能存活?在没有时间、没有世界的情况下,我

1　阿甘本.敞开:人与动物[M].蓝江,译.南京:南京大学出版社,2019:56.

们谈'蛰伏'意味着什么？"[1]虽然阿甘本在书中没有对这些问题做出明确回答，但根据其全书的主旨——人类机制不难推断，阿甘本真正想追问的是：如果对生物的界定依赖于"环世界"的构成，那么这只蛰伏了十八年，脱离了原有"环世界"的木蝉虫在其蛰伏期间是否还可以被界定为一只木蝉虫？又或者说，如果存在一个木蝉虫的种群，那么这只蛰伏的木蝉虫是否还具备其合法性身份呢？

很显然，这只木蝉虫不过是指向人类生存境遇的一个隐喻，因为阿甘本对这只木蝉虫的关注实质上是为了将其引申至对主体政治身份的思考，其真正的潜台词应该是：一个失去了或者说被剥夺了"环世界"的人还能算是一个"人"吗？一旦人们脱离了主导性的"环世界"，是否就意味着他们同时失去了政治的合法性庇护，只能沦为"人类学机器"的牺牲品？对于这一问题，阿甘本的回答是消极的，一个失去了"环世界"的人可能不再是"人"了。那些被施以流放之刑的犯人，除了原有"环世界"被强制性剥夺，流放之人的真正悲惨之处在于他们在被剥夺"环世界"的这段时间里，其生命安全实质上毫无保障。要知道，流放之行的死亡率是极高的，由于古代交通不便，犯人又必须穿戴手铐脚镣步行至流放地，加之一路崇山峻岭，烟瘴遍地，野兽频现，犯人在路途中死亡是极为寻常的。更重要的是，由于这些犯人已经彻底脱离了原有"环世界"，失去了其曾经的社会关系网，根本不可能会有人庇护他们，因而负责押送流放犯的差役大多不把他们当人看，死于折磨和拷打的流放犯比比皆是，一个几十人的流放队伍，即便无一人生还也属稀松平常。之所以如此，是因为在公共性的"环世界"之外，政治与律法也就失去了效力，在一个无法之地，根本不存在什么"天赋人权"，存在的只有阿甘本所说的"赤裸生命"，即一群可以被随意残杀与践踏的"神圣人"。

在《神圣人：至高权力与赤裸生命》一书中，阿甘本区分了两种生命

---

1 阿甘本.敞开：人与动物[M].蓝江，译.南京：南京大学出版社，2019：56.

形态："bios"与"zoē"，前者指政治层面上的共同体生活，后者指生物学层面上的自然生命。所谓的"神圣人"则是一种同时被俗世法和神法抹除，一种被剥除了政治生活的自然生命，即阿甘本所说的"赤裸生命"。这些赤裸生命虽然身处人类共同体，但却并不被承认是"人"，这些"人"可以被杀死但不会被献祭[1]，而杀死他们的人却不会遭受任何政治共同体的惩罚。从某种意义上来说，他们已经如同牲口一般，是可以被随意处置的"非人"。或许，这也是国内很多学者之前都将"Homo Sacer"翻译为"牲人"的原因。在那些押送他们的差役的眼里，这些犯人无非是与牲口一般的劳动力而已。如果差役因为犯人死于途中而受到责罚，那这绝不是因为触犯了人权，而是因为他们造成了劳动力的损失，使流放之地少了几头"耕牛"。这也是流放者与囚禁者最大的不同，囚禁者虽然短暂地隔绝于"世界"，但他们仍然是"人"，仍然受到俗世法的保护，衙役必须在权力机构的授意下才能对他们施刑。而流放者却因为失去了"世界"而被彻底动物化，成了一种被标记在"人"这一族群之外的"牲人"。在清代，为了防止流放犯逃跑，朝廷甚至要在犯人的脸上印上烙印，以此生成一种鉴别"人"与"牲人"的区分机制。

这种区分机制得以运作的关键就在于阿甘本所说的"人类学机器"（anthropological machine）。尽管这台"机器"并非具备物理性质的真机器，而是一套话语性的虚构叙事，但它却在我们的日常生活中永不停歇地"轰鸣"运转，并几乎在每个人的大脑中都植入了一个极为自然且毋庸置疑的生物等级观念：植物—动物—人。在这套虚构叙事的紧密编织下，智人仿佛直接摆脱了其生物性基础，变成了一种完全不同于动物的新物种，并理所当然地成为万物乃至世界的中心。于是，人与动物作为两种不同维度的物种便被鲜明地区别开来。虽然我们从未认真思考过这种生命等级的划分依据，"但

1　阿甘本.神圣人：至高权力与赤裸生命[M].吴冠军，译.北京：中央编译出版社，2016：13.

我们却习以为常，并视之为正常、正当，或者说'自然'。造成这种'本体论效应'的，便正是人类学机器的'魔力'之一。"[1] 不过需要注意的是，人类学机器的存在实际上意味着这样一个事实，即"智人不是一个可以清晰界定的物种，也不是一个实体，而是一个产生人的认识的机器或装置"[2]。也就是说，"人"的出现实质上是因为我们开始对"人是什么"这一问题有所认知，因而"人"在某种限度上是一种认识论的结果。

正因为"人"的内核是认识论的，是话语性的，因而在"人类学机器"所造就的生物等级区分机制的效用下，"人"这一物种内部可以进一步地分为"正常的人""动物化的人"以及"人化的动物"。这些类别无关生物基础，只关乎政治认同。例如，奴隶一直都被视为一种"人化的动物"，尽管他们也生活在人类共同体之中，但并没有所谓的"人权"。这意味着，"人类学机器"的核心目的不仅是对"人"这一特权阶级的合法性维护，也是在通过一种所谓的生命等级机制不断巩固、维护着"人"的内部某种特定群体的权力结构和经济结构。也就是说，利用"人类学机器"，作为权力阶级的人便可以通过污名化甚至动物化，将一部分在生理层面上毫无差异的人活生生地在话语层面上进行"非人化"，以此将其驱逐出现有的公共"环世界"，变成任人宰割的"赤裸生命"。

面对虚拟现实世界的疯狂扩张，人们似乎陷入了赤裸无根的生存状态。这或许意味着，人们唯有主动接纳这种新兴媒介技术，重新在新的技术环境与媒介环境中将虚拟现实世界日渐"去远"，才能寻回自我生存的根基和意义。那些不愿、无法甚至无权进入虚拟世界中的人很可能在"人类学机器"的运作下成为被滞留于现实世界中的一群仍用肉身游荡的"赤裸生命"。当虚拟"里世界"越来越架空这个现实世界，当现实的"交道"逐渐

1　吴冠军.神圣人、机器人与"人类学机器"——20 世纪大屠杀与当代人工智能讨论的政治哲学反思[M].上海师范大学学报（哲学社会科学版），2018，47（6）：42-53.

2　阿甘本.敞开：人与动物[M].蓝江，译.南京：南京大学出版社，2019：33.

转向虚拟影像空间时，此在存在的原初空间——现实世界终将塌陷为无意义的废墟。那些仍然固守这片废墟，不愿遁入虚拟世界的一切存在者，都将面临被非人化的风险。正如当代社会中仍然不会使用网络的老人被互联网空间所隔绝一样，那些被流放于现实世界的"神圣人"实际就是被虚拟"里世界"拒绝与驱逐的对象，而这些无法被化约的新型流民便成为世界虚拟化进程中最后的残余——郐山人。因此，技术无知者的流民化和被驱逐者的非人化其实是一致的，都是逐渐被社会和政治边缘化的"赤裸生命"。或许，这也是VR时代主体性危机最显在的一个面向——合法性身份的崩坏。

如此看来，虚拟现实"环世界"就不是一个简单的"交道"世界那么简单了。这个"环世界"实质上已经成为一种区分机制，它不仅区分了"可感知"和"不可感知"，还区分了"自己人"和"其他人"，而这个"其他人"既可以是进入这一"环世界"的"异乡人"，也可以是被放逐出"环世界"的"非人"。也就是说，VR时代的"赤裸生命"很可能是一群被剥夺了"环世界"的可怜人。因此，在VR时代，作为非人的"赤裸生命"不仅是一群丧失了合法性身份的被流放者，也是一群无法被规训并且不遵守"环世界"秩序的叛逆者。正因为他们不符合"环世界"所设立的规范，所以从"人"的内部被排斥出"世界"之外。一旦他们被放逐出他们所熟知的"环世界"，他们也就失去了作为"人"的合法性保护，成为可以被屠戮的"赤裸生命"，那么，他们和木蜱虫在地位上又有多少不同呢？

更为可悲的是，"世界"之外在很多情况下意味着存在者根本不再能够被感知。也就是说，被放逐出"环世界"的"赤裸生命"甚至连"非人"的标签都将不再被给予，彻底成为不存在的人。对于木蜱虫来说，嗅觉之外的一切都是不存在的。对于人类不也是如此吗？如果一个存在物不再能被感知，它们终将会被淡忘，会从每一个人的记忆中消除。于是，这样的"消失者"便被彻底地流放于世界之外，不再被任何话语言及。从某种意义上来说，尽管他可能还在环世界之外生存着，但对于世界内的人来说，他已经不

存在了。电视剧《黑镜·圣诞特别篇》（卡尔·蒂贝茨，2014）就描述了这样
一个"消失者"。在未来世界，人类拥有了一种植入眼球的虚拟现实视觉系
统，通过这个系统，用户可以直接将某个人"拉黑"，让他成为一团雪花噪
点，不再能够被拉黑他的人所感知，甚至连其声音也能够被屏蔽。这些被拉
黑者不正是那些被放逐的怪物吗？他们已经彻底被放逐出个别用户的"环世
界"，即便他们就站在他面前，他们也无法进入其中。在这样的技术社会中，
对待犯罪者的酷刑不是肉体上的折磨，而是在系统上让他被所有人拉黑，没
有人可以再感知到他，即便他就在街道上游走，即便他仍在现实维度上与其
他人一起"共在"，但对于所有人来说，他已经消失于这个世界之中，被彻
底放逐了。没有人再认识他，慢慢地，也不再会有人记得他。于是，他便真
正地"死了"。

这或许颇为讽刺，因为在一个致力于将虚拟视为实在，致力于让虚拟形
象逐步进入我们的感知、言说和认知系统的 VR 时代，真实活着的生命却可
能不再被人们感知。如果按照海德格尔的存在论来看，对虚拟现实的依赖和
对虚拟世界的沉沦是无法避免的，因为当生产都有可能变成一种数字生产和
虚拟生产时，虚拟"里世界"又如何不成为人类沉沦的新世界？更何况这个
新世界中还充斥着大量娱乐。因此，面对一个已经转化为生活世界的虚拟
"里世界"，我们根本无法逃避，除非我们选择游离于世界之外，既无法被认
可，也无法被这个技术性的体制社会所监控。如此看来，VR 技术的成熟或许
意味着一个无法规避并且正在不断迫近的灾祸性未来。

然而，当这一天真正来临时，或许作为残存者与游离者的郇山人才是
人类真正的希望，因为他们永远不会成为虚拟漫游中的迷失者与主体异变
者，永远不会忘记真实生命的温度与厚度，永远不会背离人类存在的根
底——现实。因为比起虚拟的符码交互，他们更关注真实的心脏跳动。正
是这群仍然扎根于地球能量的"俗人"们的存在，不断提醒着正纷纷涌入
虚拟之中的我们："中了毒的银色天空下"那被遗弃废渣和炼油厂锈铁罐中
仍在萌发着爱。

第二节
作为艺术创造的"里世界"

　　虚拟现实对现实时空的侵占与弃绝及其对真实生命的纳入不仅是一个由外向内的压迫过程，也是一个由内向外的自主扩张过程。虽然某一"环世界"的确立背后往往有经济、政治和文化力量的推动，但是就媒介技术本身的发展周期和效力作用情况而言，媒介环境的形成必然是一个循序渐进的过程，它必定涉及多股力量的复杂纠葛，虚拟现实也不例外。事实上，VR时代"合法公民"的吸纳及"赤裸生命"的生成往往是两股力量的合谋，一股是媒介技术本身的牵引力量，另一股是人类内部的自然分化。"环世界"和周围世界的意义与功能不仅是存在论意义上的，也是政治学意义上的。"环"与"周围"本质上是一个范围概念，因而"环"的核心意义在于环内与环外的划分。这种内外之分便产生了差异，"神圣人"和"非人"从这种层面来看其实就是所谓的"圈外人"。虽然虚拟现实本身会通过技术研发、产业布局、产品推广等方法引诱圈外人进入，并一步步将"圈"的范围不断外延。但圈与环的构建在很大程度上来自人类内部分化的力量，总有一部分人会最先选择进圈。随着圈内人数的增多，这个由虚拟现实所创造的引力圈的牵引力便越来越强，越来越多的圈外人开始被这个引力黑洞牵扯进圈内。

　　但问题在于，究竟是什么力量形成了这个虚拟现实之圈的最初引力呢？除了政治、经济和文化力量之外，很大程度上是由于虚拟现实自身的吸引力。虚拟"里世界"其实非常接近美国科幻作家尼尔·史蒂芬森（Neal Stephenson）于1992年在其小说《雪崩》（*Snow Crash*）中提出的"元宇宙"（Metaverse）这一概念。"元宇宙"这一虚拟"里世界"的魅力不仅在于它为人类开辟了一个虚拟的空间，还在于这个数字虚拟宇宙无论是在感知层面上，还是在主体实践层面上都与现实世界一致，甚至尤有胜之。人类在现实世界中可以做的一切在虚拟"里世界"中几乎都可以做到，而且很多人类在物理空间中不可以做及做不到的在虚拟"里世界"中依然可以做到。更重要的是，这个虚拟"里世界"在抽象层面上维持了现实世界的基本底层逻辑，保证了"世界"的稳定性，但在具象层面上超脱了现实世界的束缚，以极具想象力和艺术表现力的姿态向每一个主体敞开怀抱。一切似乎都印证了格劳当年对虚拟现实艺术的评价："虚拟图像的形成依靠计算机对现实的复制或对想象世界的模拟，但是同时又指向一个包含各种可能性的理想世界。不过，这些复杂的环境系统的表现依旧是基于可理解的规则和逻辑类比的幻象。"[1]

一、感知实在：虚拟"里世界"与自然世界的同构性

当人们认为"元宇宙"将成为人类的下一个生活世界的时候，大多数人只关注到"元宇宙"相较于现实世界的异构性与超越性，而忽略了二者之间的同构性，但这恰恰是"虚拟"能够成为"实在"的关键。事实上，"元宇宙"这一虚拟"里世界"与物理宇宙在一定限度上的同构性正是人类进行虚拟化生存的基础，它主要表现为感知层面上的同构性与抽象逻辑层面上的同构性。前者依靠数字影像技术、传感技术、交互技术、触感技术以及信息传输技术（5G/6G）等仿真技术使主体在虚拟"里世界"的感知体验与在现实世界中获得的感知体验基本一致，仿佛所有的虚拟影像都是真实存在的。因此，这样的"元宇宙"对于主体来说并非唯一的宇宙，而是平行于现实世界的宇宙。事实上，所谓"里世界"也正是因为存在着一个"外世界"，才会有里外之分，因而"里世界"在很大限度上直接映射了现实世界。这便意味

1　格劳.虚拟艺术[M].陈玲，等译.北京：清华大学出版社，2007：186.

着，所谓的虚拟空间实质上"是一个基于现实世界种种原则的虚拟图像机器"[1]，而"里世界"的构建必须遵循一定的基础逻辑。如此一来，主体才能在"里""外"之间自由穿梭。

（一）"缸中之脑"：虚拟现实与"可欺骗的大脑"

如果有人告诉你虚拟现实世界与自然世界是一样的，那你一定觉得他精神错乱，因为只有神志不清的人才无法区分虚拟与真实的差异。无论虚拟现实为人类生活提供了多大的便利，无论它所构建的虚拟景观多么逼真，虚拟现实终究是虚像，它永远无法成为现实。但事实果真如此吗？自然世界真的是不可替代的吗？或者说连部分替代的可能也没有吗？答案显然并非如此，当我们回顾影视作品时会发现，也许虚拟现实并非虚拟，我们的现实也可能并非现实，它可能只是由数字虚拟影像所编织的假象。一切可能都印证了居伊·德波的图像本体论思想：一切都是假象，所谓真相本身是假象的一个瞬间。尽管这种观点显得过于虚无主义，但如果我们重新审视"缸中之脑"这一思想实验就会发现，这一切也许并非危言耸听。1981年，希拉里·普特南（Hilary Putnam）在他的《理性、真理与历史》（*Reason，Truth，and History*）一书中描述了以下情境：

设想一个人（你可以设想这正是阁下本人）被一位邪恶的科学家做了一次手术。此人的大脑（阁下的大脑）被从身体上截下并放入一个营养钵，以使之存活。神经末梢同一台超科学的计算机相连接，这台计算机使这个大脑的主人具有一切如常的幻觉。人群，物体，天空等，似乎都存在着，但实际上此人（阁下）所经验到的一切都是从那架计算机传输到神经末梢的电子脉冲的结果。这台计算机十分聪明，此人若要抬起手来，计算机发出的反馈就会使他"看到"并"感到"手正在被抬起。不仅如此，那位邪恶的科学家还可以通过变换程序使得受害者"经验到"（幻觉到）这个邪恶科学家所希望

1　格劳.虚拟艺术[M].陈玲，等译.北京：清华大学出版社，2007：186.

的任何情境或环境。他还可以消除脑手术的痕迹，从而使该受害者觉得自己一直是处于这种环境的。这位受害者甚至还会以为他正坐着读书，读的就是这样一个有趣但荒唐至极的假定：一个邪恶的科学家把人脑从人体上截下并放入营养钵中使之存活。神经末梢接上了一台超科学的计算机，它使这个大脑的主人具有如此这般的幻觉……[1]

这一实验向所有人抛出了这样一个问题：你如何担保你自己不是在这种困境之中？事实上，"缸中之脑"这一关于知识论和认识论的思想实验在即将到来的 VR 时代有着重要的意义，因为 VR 用户所面临的情境不正是"缸中之脑"所面临的情境吗？在美国学者弗兰克·拜尔卡（Frank Biocca）关于虚拟实在技术的理论中，所谓的"虚拟认识"就是借助于媒介来实现的感觉认识过程。在虚拟环境里，物理媒介所产生的各种知觉信息和效应直接反馈到我们主体的感知觉器官，形成新的感知觉，虚拟实在技术可以被看作与使用者感觉运动频道相联系的一组可能的输入和输出装置的矩阵。每一个输出装置服务一个感觉频道，每一个输入装置则链接到神经运动或者自主神经系统的频道。[2] 如此来看的话，如果人类的一切感知信息都可以由 VR 设备进行生产和输送，那么人类是否还有能力区分虚拟现实和自然世界呢？或者换一种说法，如果 VR 设备向我们大脑所输送的感知信息几乎和自然世界的知觉信号并无二致，那么对于主体来说，虚拟世界和现实世界是否具备了某种等效性？美国科幻作家斯坦利·温鲍姆于1949年创作的小说中首次提出了虚拟现实这一概念，书中的"皮格马利翁的眼镜"便是一款全息影像护目镜。通过它，佩戴者可以在视觉、听觉以及触觉三个感官层面上沉浸于虚拟世界。这让我们不禁感叹，在虚拟现实还是一种科

1　普特南.理性、真理与历史 [M].童世骏，李光程，译.上海：上海译文出版社，2016：6–7.

2　BIOCCA F，DELANEY B，Immersive Virtual Reality Technology [C]// Communication in the Age of Virtual Reality, 1995.

学幻想的时候，人们就已经抓住了虚拟现实的核心：对主体知觉信息的替换。虽然到目前为止，VR仍然没有办法相对成熟地模拟出嗅觉和味觉，但已经有很多公司和机构正在致力于开发这两种知觉模拟技术。新加坡国立大学的电气工程师和首席研究员拉纳辛哈（Nimesha Ranasinghe）及其团队就正在攻克"味觉信息的数字化"这一课题，他们试图通过电流、频率和温度在内的不同性质的刺激来模拟味觉信息：酸、咸、苦的感觉是电刺激模拟的，薄荷味、辣味和甜味是通过热刺激模拟的。Feelreal创业公司则研发了一套可提供真实嗅觉信息的虚拟现实头盔"Nirvana"，虽然其所提供的嗅觉信息是依靠存储于头显中的香精瓶，而并非真正的嗅觉模拟信号。尽管目前的VR设备在模拟自然信号方面尚处于起步阶段，但很显然，这一技术的终极目的就是模拟出人类的所有知觉信息，并以此创建出一个唯有主体可以感知的伪现实。

当然，VR的这一"宏愿"必须建立在一个基础之上，那就是"大脑是可以欺骗的"。可以发现，无论是虚拟现实，还是"缸中之脑"，"虚拟"的构建都是围绕人的大脑展开的。事实上，包括脑科学、生物学以及心理学在内的现代科学已经证明，"感觉"（sensation）的生成实质上是人的大脑对各种刺激的一种反应结果，因而严格来说，大脑是一个可以进行信号接收和信号处理的高性能"计算机"。那么，如果有人像"缸中之脑"的实验者一般，直接向大脑传输信号，其信号来源是否就变得不再有意义？自然世界是否就变得不那么重要了？当我们将大脑认定为一个信息处理中枢之后就会发现，所谓感觉的生成其实是信号输入的结果。我们的感官就是信号接收器，眼睛是光学信号的接收器，耳朵是音频信号的接收器，皮肤是触觉信号的接收器。自人类出生开始，这些接收器就每时每刻地接收着来自自然世界的各种知觉信息。如果从这一视角来看的话，人们目前之所以还不会将虚拟世界误认为真实世界，很可能只是因为目前VR所生成的模拟信号太过粗糙，远未达到以假乱真的程度。

（二）感觉的真实：虚拟现实的知觉等效性原则

"缸中之脑"虽然只是思想实验，但它实际上说明了一个问题：如果所谓的"实在观念"建基于主体感知的基础上，那么"真实的"和"虚拟的"具有同等的实在性。康德曾经主张，科学研究应该悬置本体论研究而转向认识论研究，在他看来，本体论层面上的"物自体"是无法认识的，主体所能认识的只是感官系统获取到的各种信号。这便意味着，经验性的感知其实从来都不关涉本体论的"真实"问题，而只关涉知觉信号的"真实"与否。也就是说，"意识"所获得的"现实感"，跟"现实"本身是否"真实"这个本体论问题完全无关，只跟现象是否可感、可知这一事实有关。如此一来，西方哲学传统一直以来关于现实与幻象之间的等级制二元对立也就被消解了，因为在全新的数字艺术的逻辑下，我们可以大胆地说："在虚拟实在和自然实在之间不存在本体论的差别。"[1] 所以，VR作为一种媒介早已不是柏拉图所说的那样，是对现实的复制及对理念的再复制，它完全可以是一种现实。

当然，这绝非唯心主义或怀疑论的又一次翻版，因为即便是马克思所说的"客观实在"也必须经由人类器官的感知才能得以确证，更何况虚拟现实所生成和输送的模拟信号确实是实存的。只不过这种模拟信号是对自然信号的一种仿拟，而非真的源自客观事物。在朴素实在论者看来，"感觉"就是主体外部的事物对主体进行刺激所产生的某种结果。现代认识论者则指出，主体的认识过程应该表现为一种主体与客体之间的相互作用的关系，而这种相互作用关系必须建立在主体的现实感性活动基础上。结合这两种观点，我们可以发现，对"实在"的"认识"终究还是要建立在感知的基础上，正是主体的感知证明了自然对象的存在。这并非说主体的感知决定自然对象的实在与否，而是说主体对自然对象的识别与认定是离不开感知的。因此，这种看似"唯感觉论"的观点绝不是唯心的，而是对知觉现象的一种描述。

---

1 翟振明.有无之间：虚拟实在的哲学探险 [M].孔红艳，译.北京：北京大学出版社，2007：2.

　　既然如此，我们就可以明确，主体对"真实"与"虚拟"的判断其实在很大限度上依赖于大脑对知觉信息及刺激源的判断，拉尼尔曾说过："实际上，VR与模拟现实无关，而是与刺激神经预期有关。"[1]也就是说，认知活动得以实现的重点不是自然对象的真实与否，而是刺激的真实与否。即便自然对象并不存在，但如果我们接收到了相关的知觉信号，我们也会误认为其存在。从"感知"这一视角来看的话，部分写实艺术其实也都在一定限度上遵循着这一原则。写实主义的绘画、摄影、电影其实都在试图用非实在的视觉对象来模拟真实的感知体验，而这也是为什么宙克西斯（Zexie）画的葡萄能够吸引小鸟前来啄食，因为在视觉上，它已经欺骗到了小鸟。只不过对于人类来说，画框的存在正在不断彰显着自己的艺术身份，并以此提醒我们：那个逼真的葡萄其实是画出来的。但是，如果画框被巧妙地隐藏或直接消失呢？那人类可能并不比小鸟聪明多少，因为宙克西斯自己就被巴尔修斯（Parrhasios）所画的"幕布"给戏耍了[2]。

　　显然，虚拟现实的基本运作原理也是基于这种感知论，只不过它比传统艺术贯彻得更为彻底，因为相较于个别的甚至单一的感官刺激，VR所追求的是一种多感官、全方位、持续性的动态感官刺激，是利用各种知觉模拟信号"通过一种'自然的'、'直觉的'和'身体上密切接触'界面，最大限度地激活人的多种感官"[3]。根据拉尼尔对VR的多年研究，一旦佩戴者的神经系统得到足够的线索将虚拟世界视为预期的基石，那么VR就能够开始提供真

1　拉尼尔.虚拟现实：万象的新开端[M].赛迪研究院专家组，译.北京：中信出版集团，2018：57.

2　普里尼(Pliny)曾在其《自然史》中记载了这样一段故事：画家宙克西斯和巴尔修斯展开了一场绘画竞赛，宙克西斯展示的那幅描绘葡萄的画如此地逼真自然，以至于鸟儿飞到舞台的墙上。巴尔修斯随之拿出来的是一幅描绘幕布的画，它是如此的写实，以至于已经因为鸟儿的确证而得意扬扬的宙克西斯大声地喊道："现在到了我的对手拉开幕布，让我们看一看画的时候了"。在发现自己犯了错误后，宙克西斯就把奖品拱手让给巴尔修斯，并坦率地承认自己只是欺骗了鸟儿，而巴尔修斯却欺骗了他——作为专业画家的宙克西斯。

3　格劳.虚拟艺术[M].陈玲，等译.北京：清华大学出版社，2007：10.

实的感觉。神经系统作为一个整体，会在某个时间点选择一个让人信服的外部世界。VR系统的任务则是将神经系统提升到超过一个阈值，使大脑在一段时间里相信这个虚拟世界，而不是物理世界。[1]因此，这种知觉对象的"置换"在大多数情况下并不会引发主体的感知障碍或消解主体的存在体验。拉尼尔的研究及这么多年来关于VR应用的使用经验已经向所有人表明，逼真的感官刺激依然能够使主体在VR所创建的虚拟环境中全身心地沉浸，进而产生真实的在场感。VR一直致力于借助各种现代科学技术和媒介技术，尽可能逼真地模拟自然信号，模拟人类多感官、多方向、多层次的动态知觉过程，以此置换真实的自然信号。当用户穿戴上VR头显之后，自然对象便完全被虚拟对象所遮蔽，模拟立体声、质感和触感、温度，气味甚至动觉的感官全部在这一装置中得到整合。于是，主体所直接面对的不再是真实世界，而是不断映现各种虚拟影像的显示器和不断提供各种模拟信号的头显装置。

张怡教授曾在《虚拟认识论》中指出，虚拟认识的基本特点是感官沉浸，那么何为"沉浸"？拜尔卡是这样解释的：当今的虚拟实在系统已经跨越了一个门槛，这是一个心理学的门槛，在这一点上我们的感觉系统如此地沉浸在模拟之中，以至于使用者开始有种存在在那里的感觉。[2]因此，所谓虚拟"沉浸"实质上指的不仅仅是主体精神的全神贯注，更是指主体在虚拟环境中产生了一种认识对象"存在在那里"或"就在那里"的精神状态。从拜尔卡的这一解释来看，"存在"在某种意义上来说也是主体的一种主观心理感觉，因而主体的实际存在和其所以为的存在并不冲突，"神游太虚"说的不就是"身之所在"与"心之所在"的背离吗？我们甚至可以说，主体和认识对象实际在哪或许并不是关键，关键的是主体认为它在哪。

需要注意的是，感官沉浸所产生的那种"存在在那里"的主观心理感觉

1　拉尼尔.虚拟现实：万象的新开端[M].赛迪研究院专家组，译.北京：中信出版集团，2018：60.

2　BIOCCA F，DELANEY B，Immersive Virtual Reality Technology [C]// Communication in the Age of Virtual Reality，1995.

绝不只是针对认识对象的，同样也是针对认识主体的，即所谓的虚拟沉浸不仅能让主体感觉到"它在这"，更能让其感觉到"我在这"。毫不夸张地说，恰恰是"我在这"的错觉让主体产生了深度沉浸的感觉。VR艺术与传统艺术的一个重要差异就在于它们对"我在这"的处理。在绘画、摄影和电影艺术中，"我在这"仅仅是一种幻想，是主体通过加强情感投入，减少审美距离而获得的一种精神状态。艺术对象的内容呈现实质上与主体并无关联，观众在画面/影像中其实是无形的，因而也就不可能真的在场了。但在很多VR艺术作品中，观众是有形的。这种"有形"不是传统意义上的角色带入，而是利用交互技术将观众的身体与真实行动整合进虚拟之中。以VR游戏《半衰期：Alyx》（Valve Coporation，2020）为例。游戏中，玩家需要扮演女科学家Alyx去对抗邪恶的外星种族，但这种扮演不是传统计算机游戏的那种"上下上下，左右左右"的按键操作，而是真实的"身体力行"。当玩家抬起手时，我们就会看见Alyx的手也在视野中被抬起；当玩家低头走路时，我们就会看见一双脚正在前后交替地前进。也就是说，玩家不仅在游戏中有了一个可以精神带入的"虚体"，其身体表现也被直接整合进了游戏中。如此一来，这种身体行动的一致性或者说肉体行动与图像显示的一致性便让玩家与Alyx这个虚拟角色实现了同一。

除此之外，交互技术的应用还让玩家与这个虚构的世界发生了逼真的互动。在格劳看来，"在一个数字技术创作的虚拟艺术作品中，'存在'意味着'过程'"[1]。这一"过程"对于玩家来说就是交互的过程，因为正是在与虚拟世界的持续交互中，玩家感觉到了自己的存在。《半衰期：Alyx》之所以被称为史上最真实的VR游戏，就是因为在游戏中，几乎每一个被设计出来的角色，玩家都可以与之交互。当玩家在现实空间中准备伸手去拿游戏中的武器时，武器就真的被拿起来了；当玩家奋力挥动拳头打击敌人时，敌人也真的被击倒了。在这个VR游戏中，一片叶子都是可以真的摘下来的，几乎现

1　格劳.虚拟艺术[M].陈玲，等译.北京：清华大学出版社，2007：253.

实空间中的一切行动都能在这个虚拟世界中得到反馈！仿佛玩家不是在玩游戏，而是以"遥在"的形式真实地对一个陌生的世界进行探索。于是，玩家成了"世界"的一部分。难怪拉尼尔会说"可以游览的虚拟世界不如用户的身体重要"[1]，因为身体才是虚拟沉浸的关键。正是对玩家身体行动的图像整合使主体产生了"我在这"的错觉，也正是玩家身体与虚拟对象的准确交互才让主体产生了"它在这"的误判。虽然很难说清楚，到底是"它在这"的心理感觉引起了"我在这"的错觉，还是"我在这"的自我认定引发了后继的"它在这"的存在体验，但可以肯定的是，"沉浸"一定是二者的同时在场，一定是主体对自我及对认识对象存在的同时确认。

如果按照此逻辑继续推理的话，我们会惊奇地发现，自然世界就是人类最大的沉浸之地，因为我们每时每刻不在确认自我的在场和自然对象的在场，以至于我们从未对这一在场本身产生过任何怀疑。或者说，在自然世界，人类根本无须特意地营造"我在这"或"它在这"的心理感觉，因为在"此在"看来，自然世界就是"存在"的基础，就是"存在"的唯一参照物。当"此在"被抛于这个自然世界中时，他的身体和意识就切切实实地"在这里"。因此，对现实的"沉浸"其实就是对世界的"沉沦"，"此在"的"在世存在"就是"此在"的沉浸。所谓"生存"或许就是一种自始至终的深度沉浸，对"此在"来说，"它在这"及"我在这"是一个毋庸置疑的问题。然而，在地球上绝大多数的人都沉沦于这个自然世界的时候，却有一部分人始终不能沉浸其中。他们就是臆想症病人和精神疾病患者，对于他们来说，现实世界并不是真实的世界。一部分人甚至觉得自己根本就不在地球上，世界可能就是一场梦，是一场彻头彻尾的"虚拟现实"。在他们看来，不仅作为存在者的"它"不在这，甚至连作为"此在"的"我"也不在这。那么，他们真的不在"这"吗？如果他们不在这，他们又在哪？是不是有一种可能，

1　拉尼尔.虚拟现实：万象的新开端[M].赛迪研究院专家组，译.北京：中信出版集团，2018：300.

那就是这些臆想症病人才是真正的清醒者，他们无法沉浸于自然这个"虚拟世界"又不能回归自己真正的所在世界。于是，他们的意识便陷入了混乱。

如果"存在"也是一种心理感觉，那么主体如何确认自己真的存在于此，而不是"沉浸"于此？海姆就曾说过："难道不是所有的世界——包括我们前反思地看作的现实世界——都可以看成是符号性的吗？"[1]那么我们所处的自然世界就不能是一个由计算机所编织的符码世界吗？电影《失控玩家》对于这个问题很有启示意味。影片的主角是一个性格稍显孤僻，过着平凡生活的银行柜员，但一次意外却让他惊奇地发现自己其实是一款大型电子游戏的NPC（非玩家控制角色），为了拯救这个虚拟游戏世界，他联合现实世界中一名女性玩家，对这个游戏的创造者发起了反击。尽管影片轻松而欢快，但它却向我们抛出了一个问题：如果我们也是某个虚拟世界中的虚拟人物，我们是否有可能发现自己其实身在游戏之中？又如《黑客帝国》中的尼奥，如果没有墨菲斯的出现，他是否能够发现自己的真实境遇？当我们已经全方位地沉浸于一个世界之中时，如何才能确定主体是真的"存在"其中而非"沉浸"其中？这个问题可能是无解的，因为对于主体的感知器官和大脑来说，"存在"既是事实，但也是主体的一种感觉。行文至此，可以发现，当我们将"实在"建立在主体感觉的基础上时，自然世界与虚拟世界也就没什么不同了，区别仅仅在于知觉刺激的不同及主体沉浸程度的不同。甚至更激进地说，可能并不存在"真实"与"虚拟"的真正界限，主体也根本没有辨别"真实"与"虚拟"的能力。

这一观点或许立马就会遭到无数人的反对与驳斥，他们首先肯定会提出：所谓眼见为实，VR系统却不让主体直接感知世界，而是通过各种电子装置影响人们的感知。即便其所呈现的就是现实世界，但当主体发现自己身穿VR设备时，他们不就能意识到自己所见为虚吗？但这实质上是一个误区。无

---

1 HEIM M. The Metaphysics of Virtul Reality[M]. New York: Oxford University Press, 1993.

论是肉眼还是VR眼镜，它们都是一种感知装置，二者的任务都是向大脑输送信息。也就是说，从功能的角度来说，VR眼镜与我们的眼睛并无二致。但肯定有人会指出，人的感知应该建立在自然感官的基础上，VR装置显然是一种附加的辅助感知器官，它能改变主体的感知结构或干涉感知信号向大脑的传输，进而造成感知的扭曲。然而，严格来说，人的肉眼本身就是一种视觉信息的接收器和中转器，作为中介的VR装置只是加了一道中转过程。如果从这种信息中转的角度来判定感知对象的真实与虚幻的话，那么直接向人的大脑输送信号这种无中介的感知方式岂不是最真实？但这不就又让主体成为"缸中之脑"了吗？因此，感知的真实性与感知信号的中转并无明确关系，致使我们存在这种观念的主要原因，就是因为我们将自然世界视为了真伪界定的基准，将自然的原生器官视为了最本源、最真实的感知器官，殊不知这个世界远非我们所以为的样子。如果有一天人类可以看到紫外线，可以听到超声波了，那么这个世界就是虚假的吗？更何况如今晶体植入技术正在迅速发展，在未来，感知辅助设备所提供的额外感知将直接内化进人类的感觉系统，那再将"真实"绑定在所谓的自然感知之上就显得更加荒谬了。

（三）规律的客观：虚拟现实的"底层逻辑"设定

对于真实世界与虚拟世界的同构性问题，也许有人这样反驳：自然世界与虚拟世界是截然不同的，因为前者是客观的，整个世界的发展都遵循着各种客观规律，并且这些客观规律绝不以人的意志为转移。后者仅仅是虚拟影像，是人造的，其所谓的"世界规律"不过是一种"游戏规则"、一种人为设定，主体随时可以进行修改。但问题是，所谓的"客观规律"难道不也是一种设定吗？当我们用"$F=G\dfrac{Mm}{r^2}$"来表示万有引力定律时，我们所发现的不正是这个世界对万有引力的设定吗？从这一视角来看的话，我们所生存的自然世界发展得越有规律，它就越是某种设定的结果。所谓"真理"和"真相"不都是一种设定吗？"地球是圆的"是对地球形状的设定；"没有任何物体的速度可以超过光速"是对宇宙速度的设定；"时间无法回溯"是对时间的设定。现代科学的终极目标就是找到这个世界的"底层逻辑"，找到一个能够兼容一切现象的"终极方程"。

重新审视我们的新媒体艺术就会发现，现代数字影像技术、动画技术、仿真技术以及游戏引擎所做的不就是创造世界吗？在3DMAX、MAYA、C4D以及SWIFT3D等软件中，我们不仅可以建模、贴图，还能为虚拟角色创建骨骼、皮肤和毛发并通过粒子系统创造光线、河流等自然万物。如果愿意的话，创作者还能在各种虚拟"场景"中设定引力、弹性系数以及碰撞系数来控制物体的运动与相互作用。配合其他编程软件，艺术创作者完全可以在这个虚拟世界中设定各种"客观规律"和"物理效应"，而这些规律和效应正是人类区分现实与虚幻的重要基准。换句话说，人类对"真实"的判定在很大限度上就是基于其对自然世界基本设定的认知。例如，人们总是习惯于通过掐一下自己来判断自己是不是在做梦。为什么？因为在梦中，人是没有痛感的，并且梦中的触碰并非真的触碰。但如果"梦"也能模拟痛感，"梦"中的事物也具有一定的物理实在性，主体还能够区分"梦"与现实吗？

海德格尔曾经对媒介技术进行过相当犀利的批判，在他看来，媒介导致了实在物消失，使世界失去事实性，因而也终结了本真的在世存在。不管是"山峰之凝重"还是"橡木之坚实与气味"，抑或是"杉树缓慢精心的生长"[1]，这些具有一种特别"凝重"的本真事物是无法通过媒介来具体化的，它们的物质性天然地与媒介性相抗衡。奥地利作家彼得·汉德克（Peter Handke）与海德格尔持有类似的观点，他将世界的失事实性称为"离乡背井"，而恰恰是在"压下年久的铁闩锁的时候"，在"几乎要用尽全力来推开店门的时候"，汉德克感受到了那种"重返家乡""回归故土"以及被重新抛回世界的快乐。显然，对于汉德克来说，世界的失事实性与实在性首先通过物体的重力和阻力体现，而这是任何艺术和媒介都无法比拟的。

不过，海德格尔和汉德克显然没能预料到VR这一全新媒介的诞生，他

1　海德格尔.存在与时间[M].陈嘉映，王庆节，译.北京：生活·读书·新知三联书店，1999：88.

们更没有想到，在虚拟现实中，即便是"凝重""坚实"的物质性也能够通过触感手套和触感服等VR装置进行模拟。"世界的分量"和"万物的自重"都不过是一种力的作用效应，它们都能够被模拟和还原。甚至说，在当前的VR技术条件下，就连细微的触觉都能被模拟。近期，台湾大学和台湾政治大学的科研人员正在研发一种机械的毛发触感模拟VR手柄，其特点是可以模拟不同触感的毛发，如小猫的背部，或是各种毛料材质的枕头等。这便意味着，当我们使用这款VR手柄时，世界又重新恢复了其质感，而我们也得以"重返家乡"。但讽刺的是，这种触觉的模拟无疑深化了主体的错觉，因为错觉概念的核心正是：想象一个触觉。但当触觉真的发生时，错觉就不只是错觉了。总之，VR这一全新的媒介技术使"梦"有了它的触感，使虚拟有了它的实在性。然而，主体将进一步失去其对现实的辨别能力。

如此说来，包括阻力、重力等物质性在内的各种"属性"实质上可以通过模拟还原为诸种效应的因果承继。例如，阻力在VR中就可以被还原：当主体的虚拟形象与虚拟对象发生数字模型的重叠时，触感手套便会释放N牛顿的力。可见，物质的属性是可以被模拟、被设定的，一切属性几乎都可以被还原为一种因果关系。但这也反向意味着，宏观世界的因果律可以是一种效果设定。所谓"物有本末，事有终始"，因果律的核心就是"因""果"之间的客观联系。这种客观联系就是一种设定，其基本逻辑无非是"当A发生时，B发生"。事实上，只要程序不出现漏洞，那么二者之间的因果联系便是一种客观真理。更甚者，人类在哲学上所认定的"实体"也可以是效果呈现与程序设定的结果，其基本逻辑是这样：所谓"实体"就是具有质量的东西，当你触碰它时，你的皮肤会有所形变，当你抛起它时，它会受重力的影响往下坠。如果按照詹姆斯的实用主义观点来看，经验就是世界的基础，而一切经验和实在都可以归结为行动的效果。也就是说，所有的物质和物理现象都能还原成诸多基本设定和基础效果的组合。当我们用"A是什么"去给某一存在者下定义时，我们实质上就是在为A编程。有些概念和实体难以界定，无非是因为我们还不能将其彻底还原，或者这一概念根本就是人类自己的发明（如爱、正义、善、美这些抽象概念）。但可以肯定的是，在大多人的思维中，自然事物都是可界定之物，因而都是可编程之物。

必须承认，这种思维实质是一种典型的控制论思维。在这种思维模式中，信息就是审视乃至构建世间万物的基准，因而一切事物都可以被转化为信息。换言之，在控制论者看来，"一切皆信息"。斯坦福大学教授基思·德夫林（Devlin）就曾指出："或许信息应当视为（可能是）宇宙的一种基本属性，它与一切事物及能量相伴而行。"[1]这便导致了一种"信息论世界观"的出现，在这一世界观的视野中，如果一切皆是信息，那么一切其实皆是可分析的，包括各种物理规律在内的现实世界，因而也就可以用数学语言加以描述和编写。如此来看，"计算机世界"就不只是对世界的一种隐喻而已了，它或许正是对世界本源的精准描绘。我们现在之所以觉得荒谬，无非是因为以人类目前的计算机发展情况来看，创造宇宙这个工作量实在太过庞大，因而显得不可思议。但我们又何以断定，"上帝"就真的不具备这种能力呢？或者说，"上帝"为什么就不能是一台宇宙级的超级计算机呢？为什么光既是波又是粒子呢？为什么光速是不变的呢？这些明显超出了人类理性范畴的现象，是人类未能破解的底层设定，还是"上帝"在编码世界时留下的漏洞呢？有人曾拿量子力学和"量子纠缠"等物理现象来反驳这种"世界编程"论，因为在量子世界中，某一物既可以是A，也可以是B。在我们观测它之前，它既是A，也是B，处于一种A和B的叠加状态。这显然是不符合客观规律的，因为在我们的观念中，一个物质的物理状态必然是确定的，不可能既是A又是B。但量子力学的这种不可预测性恰恰证明，这个世界可能真的是编程的结果。众所周知，在游戏里，所有的攻击都是有"命中判定"的，当虚拟角色发动攻击时，有百分之五十概率"命中"，也有百分之五十概率"未命中"，在实际攻击之前，没有人知道结

1　DEVLIN K. Logic and Information[M]. Cambridge:Cambridge University Press, 1995.

果如何。在自然世界，命中就是命中，未命中就是未命中，物体和事件必然有一个确定的状态。但在游戏里，在你按下"攻击"选项之前，这一事件就是处于命中与未命中的叠加状态，直到你按下按键，系统才会随机判定结果。这意味着，"因果律"在一定限度上失效了，因为这一"后果"的生成其实并不依照任何"前因"的累积，纯粹依赖概率的随机分配。这难道不是量子力学的基本设定吗？

如果连我们所生存的自然世界也是虚拟的，那就意味着，"沉浸"于这个世界的主体确实如尼奥一般没有能力发现自己的真实境遇。由此，我们可以得出一个结论："既然我们完全浸蕴于一个自为一体的感知框架中，我们永不可能知道我们的感知经验背后是否有一个更高层次的经验动因主体；如果真有一个，那个动因主体将由于同样的理由对他/她/它自己的处境一无所知。"[1]简单来说，当主体生存于更高层次的主体所构建的虚拟世界中时，主体是不自知的。对于虚拟现实的创作者和设定者来说亦是如此。既然连自然世界的"底层逻辑"和"因果律"都可能是被设定好的，那么我们完全有可能将已知的物理学规律编写进我们所设计的虚拟世界的结构程序中，这样我们就能拥有一个同自然世界运行完全类似的但又有所扩展的世界。如果这样的虚拟现实与自然世界（拥有组织我们经验的给定感知框架的世界）之间具有相对应的规律性，那么二者在本体上就是一样牢靠的。或者说，只要虚拟世界也具有某种相对稳定的结构，那自然世界和虚拟世界之间就不存在根本性的差异。所以，我们可以得出结论，虚拟实在并不比自然实在更虚幻，因为所谓的"实在"其实是相对于感知框架而论的。只有当主体确定了其感知的基础框架后，主体才能真正地界定什么是"实在"，因为对于人类而言的"实在"可能只是"上帝"眼中的"纯粹虚拟"。

1　翟振明.有无之间：虚拟实在的哲学探险[M].孔红艳，译.北京：北京大学出版社，2007：9.

二、艺术创造：虚拟"里世界"与自然世界的异构性

如果说虚拟"里世界"与自然世界的同构性是人类进行虚拟娱乐乃至虚拟化生存的基础，那么二者之间的异构性则是人类为何选择 VR 及虚拟化生存的重要原因。尽管空间的无限性、万物的互联性以及行动的自由性等特点也是虚拟"里世界"相异于自然世界的重要方面，但艺术的创造与想象力的迸发才是虚拟"里世界"或"元宇宙"最初吸引人们视线并使他们难以自拔的关键。

众所周知，VR 被称为艺术一个很重要的原因在于它可以让开发者自由地想象并构建世界。克劳斯·埃玛齐（Emmeche）曾经指出，科学正在变成可能性的艺术，因为令人感兴趣的焦点已经不再是世界如何存在，而是世界可能如何存在，以及我们如何能够最有效地基于既有的计算机资源去创造另外一个世界。[1] VR 既是一种科学，又是一种艺术，不正是因为它利用计算机技术、信息技术、传感技术等现代科学技术创建着一个个充满可能性的世界吗？翟振明教授就曾指出："如果虚拟实在同自然实在是对等的，为什么我们还要费心去创造虚拟实在呢？当然，明显的不同是，自然实在是强加于我们的，而虚拟实在是我们自己的创造。"[2] 正因为虚拟实在是人类自己的创造，所以它蕴含着人类的审美感受与思维跃动，它完全可以比自然世界更有趣、更具美感，也更具人性。

麦克卢汉曾说，人的生存似乎要依赖把意识延伸为一种环境。由于计算机的问世，意识的延伸已经开始。我们对感官知觉和神秘意识的痴迷，就已

1　EMMECHE C. The Garden in the Machine:The Emerging Science of Artificial Life[M]. Princeton:Princeton University Press，1994.

2　翟振明. 有无之间：虚拟实在的哲学探险 [M]. 孔红艳，译. 北京：北京大学出版社，2007：2.

经预示了意识的延伸。[1]因此，虚拟"里世界"的形成不仅是媒介技术生成的结果，同时也是人类意识延伸的结果，虽然这一极其艺术化的虚拟影像世界本质上是人类现实经验的对象化，但它显然也包含着人本身的创造性。或者说，虽然虚拟"里世界"遵循着颇为严谨的物理客观规律和底层逻辑规则，并具备成为存在世界的潜力与可能。但在目前阶段乃至未来很长的一段时间内，其建立于物理层面和感官层面的客观"现实性"必然是与建立于审美和想象层面的主观"创造性"并存的。这意味着，虚拟"里世界"在很大限度上仍将隶属于人的观念世界与想象世界，并充分展现其艺术价值、审美价值以及娱乐价值。可以预见，只要想象仍是人类的核心能力，那么虚拟"里世界"的艺术属性与想象属性仍将占据不可替代的核心地位。

也正因此，虚拟"里世界"可以保持着现实与虚拟的双重属性，它既具有虚拟性，又具有实践性；它是一个充满幻想的世界，但其逼真的时空再现及严谨的世界规则又可以使虚拟现实成为主体的生存世界。一方面，它如同一件艺术品，充满着幻想、创造与惊奇，仿佛时刻都能让人迷失于这个天马行空的世界之中。另一方面，这个艺术化的世界又有着极为严谨的世界规则与物理效应。无论玩家采用了什么样的虚体，都永远无法僭越规则行动。当然，在VR的技术条件与艺术创造下，自然世界中的逻辑与规则完全可以演绎出现实生活中并不存在的神奇面貌，或者迄今为止人类实践尚未涉及的景观与情状。例如，VR作品《火星救援VR体验》（罗伯特·斯托姆伯格，2016）就将人们置于人类从未登陆的火星之上，观众不仅可以欣赏火星的奇特景观，还能体验到火星上独特的时间变化与下落速度，世界以全然相异的姿态向我们呈现。我们甚至可以说，恰恰是与现实的背离彰显出艺术的魅力，阿多诺就曾说过，"对世界的疏离"（Feme Welt）是一个艺术的时刻。不过，这种对基础逻辑的打破必须在一定范围内，因为过于玄幻的世界是不适

1　麦克卢汉，秦格龙.麦克卢汉精粹[M].何道宽，译.南京：南京大学出版社，2000：411.

合成为稳定的生存世界的。但我们不得不承认，对于很多人来说，这种具有双重属性的虚拟世界远比现实世界更有趣、更有创造力，也更具吸引力。

朱嘉明教授曾指出，"元宇宙"这一虚拟世界最具代表性的定义就是：元宇宙是一个平行于现实世界，又独立于现实世界的虚拟空间，是映射现实世界的在线虚拟世界，是越来越真实的数字虚拟世界。[1] 显然，对"元宇宙"的这种定义可能包含定义者对虚拟"里世界"的一种展望或对虚拟"里世界"终极形态的某种预测，但为什么"元宇宙"就一定要"越来越真实"？难道"元宇宙"等虚拟现实世界的终极形态不能是一个个极其绚烂又充满奇思妙想与审美体验的全新景观吗？《黑客帝国》《异次元骇客》《盗梦空间》[2]（克里斯托弗·诺兰，2010）等影片中那些趋近现实的虚拟/虚幻世界的构建只有一个目的，那就是欺骗或隐瞒虚拟世界中的主体，使他们误以为自己就在真实的世界之中。但对于明确知晓自己所处世界的我们来说，构建一个迥异于现实且极具创造力的虚拟"里世界"才是VR时代的主体们所真正追求的。虽然"数字孪生"[3]仍是目前VR技术的重点，但可以肯定的是，未来的虚拟世界将超越对物理世界的数字化模拟，进入一个"虚实融生"，乃至"虚拟原生"的全新阶段。在这样的世界里，没有做不到，只有想不到！拉尼尔曾指出，VR之所以如此吸引他，是因为在VR中，你可以成为任何你想要成为的东西——一条龙或者一个茶壶。也正因此，他对VR的定义之一便是"一种可以传达梦想的媒介"。而这也正是如今VR应用主要集中于电影、游戏、展览等艺术和娱乐领域的原因。事实上，即便是履行具体社会职能的VR教育与模仿现实社会的VR虚拟社区，也都是在实现具体功能的基础上最大化地

1　朱嘉明."元宇宙"和"后人类社会"[N].经济观察报，2021-6-21（33）.
2　虽然梦境空间不同于虚拟空间，但由于该部影片中"造梦师"的存在，因而梦境空间也可以像虚拟空间一样被构建。
3　数字孪生是充分利用物理模型、传感器更新、运行历史等数据，集成多学科、多物理量、多尺度、多概率的仿真过程，在虚拟空间中完成映射，从而反映相对应的实体装备的全生命周期过程。数字孪生是一种超越现实的概念，可以被视为一个或多个重要的、彼此依赖的装备系统的数字映射系统。

融入创作者的艺术构思与审美想象。以VRChat为例，这款VR软件所构建的虚拟世界在实现多种社交功能的同时创建了非常多极富想象力的人物形象，以供玩家选择。除此之外，软件还为玩家提供了众多极具艺术想象力的游戏场景地图。通过以上的案例可以发现，人们最渴望从虚拟现实世界中获得的是美的冲击及精神的愉悦。

当然，虚拟现实世界的艺术创造依靠其与数字影像技术的配合，因为正是后者使影像成了可编辑、可创作的艺术对象，也正是后者为影像注入了如同基因编码一般的动态可能性，进而使人类拥有了拥抱虚幻、化想象为现实的可能。在真实影像时代，影像的呈现基底是现实与现实的适度变形，它通过对日常世界的展示而使常规主导社会，从而使现实得以巩固。在虚拟现实时代，符号堆积中的人们早已厌倦了现实的乏味与真实影像所带来的安定感，他们亟须一场拒绝肉体参与的想象游戏来重获生活的质感。心灵冒险与肉体安逸间的矛盾对立为观赏者带来了愉悦。因此，虚拟现实实质上暗示着一个个"可能的"世界。德国VR短篇《第一步：从地球到月球》带着观众进入了火箭发射舱，并将观众化身为宇航员经历了短暂的太空飞行，最终到达月球，仿佛我们正是那第一个在月球上留下脚印的阿姆斯特朗；法国VR短篇《镜子：信号》则为观众开启了一段体验式的星际旅行，观众与年轻的外星生物学家克莱尔一起被派往一个未知的星球去寻找团队的其他成员。你们登上船舱，一路经历外星生物的袭击，但最后找到的只有克莱尔看向我们的绝望；中国无限飞游戏工作室制作的VR游戏《盲点》将玩家带入一个个密室，玩家唯有找到线索，才能见证真相。整个游戏过程精彩又刺激。这些VR作品所呈现的是数字CG编纂下的虚幻存在，它们冲破了现实世界的规则藩篱，以惊人的创造力展示着一个个背离日常的虚拟世界。VR技术与数字影像技术巧妙地对虚拟影像的比特进行排序，它们在把现实的字符编码转化为虚拟世界的原子序列的同时摧毁了有机世界与符码世界之间的桥梁，虚拟与现实的索引关系轰然断裂。观众唯有超脱常规，以想象的无限自由适应这个否定一切平凡的虚幻世界。于是，虚拟世界中的虚拟体验便在这种思维跃动中被升华为一场自由想象的心灵冒险。

在虚拟现实所创建的自由王国中，虚幻世界的法则类似于维特根斯坦"语言游戏"的约定性规则，其合理性来源并非虚拟世界与现实世界间的视觉相符性，而是源于主体间的某种想象"契约"。因此，每个想象性的虚拟世界都有自身的运行法则，如同每个游戏各有各的玩法。创作者用天马行空的想象去建立虚拟世界的图式，欣赏者则默认其合理性以赋予其存在意义。因此，观众对影像文本与世界模型的阐释及对虚幻世界的体验都不再局限于客观现实，而是跟随想象自由驰骋，无限延伸。在这种延伸中，虚拟现实不再是具有固定内容的作品，而是伴随观者想象扩散而变化的复数内容体，情境式的影像空间不再是概念灌输的通道，而是神思交汇的自由场所。它不再映射某种客观存在，而是变成了激发想象的催化剂。"数字技术给创作者带来自由，给观赏者提供一个非权威的叙事时空，它再次将选择的自由和思考判断的责任放在每个个体观众的肩头"[1]，人之主体性因而充盈其中。

在传统美学看来，想象不过是观念化之思，是一种虚无缥缈的心理活动，但VR正在改写这一美学逻辑。它将想象具象化为可感知、可体验、可经历乃至可生存的真实存在，使"实"与"虚"、"物质"与"精神"之间的界限被消解。感性之思获得了形而下的实在意义，存在的叙事话语开始由单一的客观实在转向多元、自由的想象存在，虚幻的观念与逻辑获得了自身的合法性。这种想象叙事表征的是一种"可能性"，是对存在可能的自由探索，康德曾在《判断力批判》中提出，对于现实性与可能性的甄别是知性区别于其他感知能力的标准，"可能性"的认知其实建立在理性的基础之上，而正是这种能力使人类高于依靠感官直觉的动物。因此，"可能性比现实站得

1 郝建.错位困境与艰难抉择——面对数字影像的思考[J].当代电影，2001（2）：89-93.

更高"，对可能性的寻觅实质上是人类挣脱兽性束缚的文化隐喻，而VR使这种"不可能的可能"成为主体感知乃至主体存在中的"可能"。在这一层面上，VR已经不是简单的技术工具，而是一台创造可能世界的本体论机器。总之，真正意义上的VR技术能使人克服自身的生理惰性，获得一种不断革新物质世界的创造力量，从而使心灵自由拓展为实践自由。所以，虚拟现实不仅可以成为心灵自由翱翔的蔚蓝天空，更可以成为孕育人类实践自由的肥沃土壤。

正是在这种开拓可能世界的意义上，主体实现了从"Subjekt"向"Projekt"的转变。无论是英文的"Subject"还是德文的"Subjekt"，"Sub-"这一词根都在表明，"主体"这一概念蕴含着隶属和服从的意思。在海德格尔看来，此在生存的基本法则就是"被抛"，所以人类总是必须依存、屈服于世界才能得以生存。由此，海德格尔将农民视为一个典型的主体，因为农民屈从大地的法则，而大地的秩序创造了这个主体。但在弗卢塞尔看来，今天的人们必须重写海德格尔的存在本体论，因为在今天，我们不再是一个既定的客观世界中的主体，而是多个可选世界中的"Projekt"。我们已经从卑躬屈膝的主观态度中站起身来，转而力求投射和施加影响。于是，屈从的"sub-"开始让位于投射的"pro-"，人们也不再认为自己是处于从属关系的主体，而是自我筹划、自我优化的"Projekt"。如此来看，VR不正是弗卢塞尔所说的最具典型的艺术形态吗？VR所致力于的不正是创造一个个可供用户自由选择的可能世界吗？VR的创作者不正是弗卢塞尔所说的设计可选世界的"艺术家"吗？因此，理想的VR媒介将成为人类完成主体性转向的关键性技术。

但很可惜的是，VR的发展路径很可能背离审美和艺术。因为随着主体意识被抽离，随着虚拟现实成为新的文化工业与记忆工业，随着虚拟"里世界"逐渐被政治和资本所侵蚀，这一原初异构于现实世界的精神澄明之所很可能会逐渐被现实所同化，并在对主体意识的持续性封存中变成主体的囚笼。也就是说，VR这一原先有望实现诺斯替教理想——解放心灵——的媒介艺术如今却很可能成为束缚主体心灵，并使其坠入黑暗的"魔鬼"。当所有人都以为他们正在向全新的世界主动"投射"（pro-）时，却没有意识到，他们已经完全"屈从"（sub-）于虚拟现实本身。于是，VR对于主体来说便不再可能成为一剂解救心灵的良药，而更可能成为一剂摧毁精神的毒品，这或许也是为何吉布森在其小说中描述了那么多人类成瘾于虚拟世界的原因。

第三章
时空的冲突：虚拟现实中的
分裂主体分析

主体的囚笼
——对虚拟现实技术的批判与审思

第一节
VR 空间中的身心分离

第二节
VR 时间中的意识断裂

卡西尔说过：空间和时间是一切实在与之相关联的构架。我们只有在空间和时间的条件下才能设想任何真实的事物。[1]时间与空间是宇宙万物的基本维度，更是主体存在与认知的基本范畴。但它们却时常被主体所忽略，因为从存在论的维度来看，当主体操劳于这个世界时，时间与空间就是最本源但也最"去远"的存在，正如梅洛–庞蒂所说：我不思空间和时间；我属于空间和时间，我的身体适合和包含时间和空间。[2]也就是说，在主体认识它们之前，时间与空间就作为一种"先在"内含于主体的认知与生存之中，成为主体体验世界的隐形介质，因而时间与空间对主体有极为重要的形塑与规约作用，它们决定着主体的认知形式，也决定着主体自身如何"展开"。

然而在今天，由虚拟现实技术、数字影像技术、信息技术以及互联网技术所构建起来的"他性综合"正在打造一种全新的"数字虚拟时空架构"，它所带来的虚拟时空秩序将为主体构序出一个全新的直观世界。这绝非对媒介技术的一种夸张，因为早在20世纪，电影艺术就以其成熟的叙事蒙太奇手法构建着多样的时空体系，形塑着观众的时空观，跳切、闪回、重复、停滞、平行蒙太奇、交叉蒙太奇等的叙事手法使电影时代的主体对空间与时间存在与前电影时代主体截然不同的感知与理解。我们应该明白，在虚拟"里世界"，由VR媒介所构建的"数字虚拟时空架构"将直接形塑包括主体的时空认知与自我认知在内的一切感知经验。

但问题是，VR所构建的虚拟"里世界"并不隔绝于现实世界，反而内嵌于现实世界。这意味着，当VR装置对主体意识进行抽离，并将其封存于虚拟"里世界"时，其身体依然滞留于现实世界。二者虽然在行动上依然保持着一体性，意识也并没有失去其对身体的控制权，但二者所处的时空体系及所感知的时空秩序却发生了冲突，在其意识被虚拟时空架构所支配的同时，其肉身依然受现实时空架构的规约。于是，心灵与肉体的冲突成为一种必

---

1 卡西尔.人论[M].甘阳，译.上海：上海译文出版社，2004.
2 梅洛–庞蒂.知觉现象学[M].姜志辉，译.北京：商务印书馆，2005.

然，主体人格的一致性也将受到冲击。不仅如此，虚拟"里世界"对时间的点状分割及对"当下"时刻的收拢还将进一步撕裂主体绵延的生命体验，使主体成为片段化的存在。一切似乎都预示着，VR时代的主体将在无奈中走向自我的分裂。

第一节
VR空间中的身心分离

所有的存在空间本质上都是主体性空间（Subjective Space）。一方面是因为空间与主体之间具有一种先天的依存关系，另一方面是因为一切空间理论其实都预设了某种主体性理论，即便是"客观的"空间，其实质上也立足于"理性主体"抑或"科学精神主体"的特定主体性立场，以此作为"客观"知识与"科学"认知的基础。因此，不同的主体性理论势必引发全然不同的空间叙事与空间观，而不同的空间架构也将构建、孕育不同的生存主体。无论是马克思在《1844年经济学哲学手稿》中对狭小工厂空间中那些被压迫的无产阶级主体的描述，还是福柯在《规训与惩罚》中对全景敞式监狱中被规训主体的分析，抑或是大卫·哈维（David Harvey）在《资本的空间》（*Spaces of Capital：Towards a Critical Geography*）一书中从空间与时间视角对资本主义主体的解读，空间对于主体性的构建总是起至关重要的作用，虚拟空间也是如此。

随着网络技术的发展与成熟，人类在漫长的历史长河中第一次拥有了构建人造空间的能力，虚拟现实技术与数字影像技术的崛起更是使人类拥有了一个可感知、可体验甚至可生存的虚拟"里空间"。尽管这个人造的虚拟"里空间"并非真实的物理空间，而只是数字化、影像化的假想空间，但它切实地执行着提供感知框架、容纳主体存在等此前只有物理空间所具备的空间职能。毫不夸张地说，随着人类虚拟化生存进程的推进，虚拟现实空间大有成为主导空间，并侵占真实空间的趋势。于是，现实将不再是一个必须的生活空间，而仅仅是一个安置肉身的物理空间，事物的感知、精神的跃动甚至是存在的归属都可以从虚拟现实中获取。[1]

然而，当虚拟现实空间出现在人们的现实生活中时，主体事实上所要"扮演"的角色也更多了。主体本就是戴着面具的，不同的空间场景和不同的社会角色决定了主体戴上什么样的面具。虚拟现实空间的出现无疑增加了主体的角色转化率，进而在一定限度上加剧了其人格的分化。虽然这是虚拟现实空间中普遍存在的问题，但虚拟现实空间对于身体和行动的引入使这一问题更加复杂化。更重要的是，VR装置对主体意识的囚禁使其意识与身体处于不同的空间体系，当主体的意识漫游在虚拟现实空间时，其身体却滞留于充满危机的现实空间，这便引起了两种空间体系的冲突与矛盾。由于VR装置对主体感官的包裹，虚拟现实空间在主体感知上具有优先级，因而它支配着主体的感知。但在空间的基础性与稳定性上，现实空间又优先于虚拟现实空间，所以它直接决定主体的行动及生命安全。这样的空间冲突将导致主体在沉浸之余仍要对现实空间时刻保持怀疑与警觉。因此，除非主体能够百分百确认现实空间的安全性，否则主体将无意识地去反复感知现实空间，以此确认自身的安全，这便容易造成一种注意力的恍惚与跳跃。除此之外，两种空间体系的冲突不仅会影响主体的体验，还将导致主体感知信息上的紊乱。所触不同于所见，主体便会疯狂地陷入自我怀疑。于是，焦虑、精神错乱等心理疾病便开始在现实世界中涌现。人们的体位记忆缺失（bodyamnesia）不正是随着交替世界综合征（AWS）和交替世界紊乱（AWD）的出现而越发严重的吗？综上可见，现实空间与虚拟现实空间的冲突可能将使主体走向精神分裂。

1　孙少华.虚拟与真实的渗透：试论CG影像中的真实构建[D].重庆：重庆大学，2017.

一、感知与存在：VR中的空间构建

无论是影视作品中呈现的虚拟空间，还是VR所构建的虚拟感知空间，这些非实在、非客观的虚拟空间都与客观实在的物理空间存在本质上的差异。尽管以"空间"自诩，但"赛博空间中并没有空间"[1]，VR空间实质上完全可以不具备现实空间的外在形态。事实上，VR空间的内核并非包容，而是响应与显现，它只是一种媒介效应，而非一种物质实存。因而VR空间实质上是一种以影像的显现为基础，并具有感知实在性的"唯主体空间"。不过，这也正是VR空间的矛盾之处。对于主体的感官来说，VR空间确确实实存在，并非只是一种想象性空间，而对于现实世界来说，VR空间根本就不存在，只是一种虚拟空间。或许，这也是VR主体有可能走向精神分裂的原因所在。

（一）作为"唯主体空间"的虚拟现实空间

"空间"这一概念的内涵有着漫长的发展历史，人们对空间的本体论状态一直未能达成共识。16世纪的意大利哲学家乔尔丹诺·布鲁诺曾将空间定义为：空间是一种连绵的、三维的自然量值，其中包含着物体量值，这种量值在本质上先于一切物体，不依赖物体而存在，它只是对一切物体无区别地加以接纳，它自由无羁，不受行为和情感所限，它既在一切物体之外，无法混合、无法穿透、无法定型、无法定位，但又包括和神秘地包容了一切物体。牛顿则追随笛卡尔的几何空间思想，将空间视为一种可以借助三维坐标系进行精确划定的绝对存在。空间的这种绝对性意味着它是独立于主体与物体之外的，即便所有的物质都消失，空间依然存在。显然，这样的空间是一种具有客观现实性的"实体"，它不会因人的意志而转移。而莱布尼茨将空间视为一种关联性的存在。在他看来，空间什么都不是，它只不过是事物之间各种联系的总和。也就是说，没有事物，也就不存在所谓的空间。在日常

---

1 马诺维奇.新媒体的语言[M].车琳，译.贵阳：贵州人民出版社，2020：256.

生活中，人们对空间的理解也确实是直接与物质相关联。从知觉的层面来说，主体是无法直接感知空间本身的，因为如果将空间视为一切物质与能量所处位置的集合，那么它便如同一个无形无质的透明介质一般弥漫于万物之间，如同一块给世间万物充当背景的虚无幕布，主体对它的感知只能间接地通过空间内所安置的事物来进行。

康德把空间的这种"解实体化"进程进一步地推进了，因为在他看来，空间只是一种人类感性的形式，它没有客观、真实的东西，没有属性，也没有联系，只有某种主观的、理想的图式以及各种方式与一切外部感觉相互调谐，这种图式产生于遵循某种恒定法律的心灵的本质。不过这样的空间并不是一种幻象，而是一种可以形塑主体世界体验的先天预设。它在本体论的维度上是主观的，但在经验论的维度上是客观的。海德格尔在某种限度上响应了康德的这一观点，他将人直接定义为一种空间性的存在者。所谓"此在"不就是在此处的空间存在吗？而所谓的空间不正是在"此在"的操劳中被揭示出来的吗？或者说，不正是"此在"将事物与实践"空间化"了吗？可见，海德格尔的空间概念虽然不是一种纯粹的主观形式，但这种空间仅显现在主体的存在活动中，空间正是因为"此在"的在世存在才有了意义。

对于操劳于世的"此在"来说，所谓的空间大小是指空间所容纳的物件多少抑或主体可以活动的范围大小，也正因此，主体总是将空间想象为一片空旷的场地或者可以容纳各种物品的仓库。所以，空间大小的意义直接与操劳相关，如房屋空间就是指主体居住范围的大小，背包空间则是其储纳物品多少的能力，二者都与主体的日常操劳存在内在联系。可以发现，在"此在"的在世活动中，空间与物质之间原先的唯物关系变成了唯主体的关系，在这种视野下，空间之所以与物质相关，不是因为物质的质量与能量影响了空间，而是因为空间内的物质是主体的操劳对象，空间直接决定了"此在"的操劳面向与操劳形式。正因为空间的存在，"此在"才能处于世界"之中"，才能与其他主体和事物共在，世界也才因此有了"这里"和"那里"的区别。这种位置的区别不仅是一种数学上的坐标差异，还有着实际的实践意义。如上文所述，"此在"的操劳活动本身就是一种空间化的活动，操劳内在包含给予空间、设置空间、整理空间等以空间为操劳对象的活动内容，所以，"此在"才需要"定向"和"去远"，才需要有所抉择、有所"投向"、有所"敞开"。正如海德格尔所说："去远与定向作为'在之中'的组建因素规定着此在的空间性，使此在得以操劳寻视着存在在被揭示的世内空间之中。"[1]这一切都意味着，日常意义或存在意义上的空间观其实是以主体（此在）为中心的。

这种存在论层面上的空间分析实质上告诉我们一个事实，即存在空间与物理空间并非同一，二者也不具备必然联系。物理空间是一种客观空间，而存在空间实质上是一种主体空间。这种主体空间并不是指空间是主观的，而是指空间是围绕主体而存在的，它因为主体的存在而具有意义。需要指出的是，这种以主体为中心的存在空间并不依存于客观的物理空间，甚至在海德格尔看来，自然科学体系中的客观时空反而是源自"此在"在世存在的时空结构，因为只有基于"此在"的在世存在，空间才可能成为可供静观的存在者，才可能成为相对于主体的客体。在这种存在论的理论视野下，VR空间是一种主体空间的极致形态，它因主体的想象而被构建，因主体的感知而存在，因主体的行动而显现。在VR空间中，所有的影像和景观都不是孤立静止的，而是与感应装置相互连接的。这些感应装置关注着主体的一举一动，VR影像根据感应装置收集到的运动信息来改变自身的内容显现，以此模拟人类在现实空间中的运动视觉效果。如此来看，VR空间确实是个彻彻底底的"唯心"与"唯主体"的空间，"世界"因主体而存在，因主体而变化，因主体而沉寂。但这也意味着，这个虚拟的"唯主体空间"通过对主体知觉效果的模拟，在显现效果上同样可以"定向"

---

1 海德格尔.存在与时间[M].陈嘉映，王庆节，译.北京：生活·读书·新知三联书店，1999：128.

和"去远"，可以向主体敞开，也可以被主体遮蔽，几乎完全与自然世界一样。

事实上，在海德格尔存在论的理论视域中，世界本就不是一个相对于主体的客体，而是"此在"的一个结构面向，它指向"此在"与围绕着"此在"事物之间关系与意义的总体性。因此，世界总是"此在"的世界，世界必须在"此在"的操劳中敞开。在这层意义上，VR空间虽然并不实存，但它显然已经具备了"操劳"的存在论维度，成了一个可以敞开的世界。所以，VR空间对于主体来说，是一个存在空间，是一个可供"此在"在世存在的世界。正如穆尔所说，我们完全可以"把它（虚拟现实）理解为此在'在世界中存在的'一种特殊身体模式，具有特定的时间与空间结构，迥异于日常生活的身体体验结构"[1]。虽然在目前的虚拟世界中，一个苹果只是真实苹果的影像显现，它不能真的被吃掉，也不能填饱我们的肚子，但这个"苹果"却是VR空间中在世存在的重要组成部分。因为正是它与主体之间的联结与交互使我们感觉到了自己的存在，尽管它是影像的，但它对用户行动的反馈使我们的心灵与身体仿佛真的"在"这。事实上，这种以行动为基础的空间效应也是VR空间这个"唯主体"的虚拟空间能够发展成为一个可以侵占现实世界的虚拟"里世界"的原因所在。

在未来，这样的虚拟空间或虚拟世界甚至可以决定主体的"被抛"，如同现在很多游戏随机分配玩家的出生地一样。当VR空间与赛博空间相融合，演进为一种"元宇宙"之后，这种虚拟现实空间便可以切实地提供一个能够使主体"共在"的平台，尽管所有"此在"其实都处于一种并不真的"在"此，却又确实"在"此的模糊境遇。他们的肉体仍处于现实空间之中，但它们的人格却以虚体的形式"在线"，以心灵主体的面貌存在于这一虚拟空间之中。可见，从存在论的视野来看，VR空间这个"唯主体空间"同样可以

1　穆尔.赛博空间的奥德赛：走向虚拟本体论与人类学[M].麦永雄，译.桂林：广西师范大学出版社，2007：146.

是一个存在空间，它与现实空间的不同无非是主体的存在向度是虚拟而非现实。

（二）作为"感知实在"的虚拟现实空间

张之沧教授曾这样定义虚拟空间：所谓虚拟空间，广义上意指网络世界、网络社会、网络环境以及人们利用虚拟技术创造出来的一切虚拟现实的存在形式；狭义上则意指人们基于虚拟现实抽象出来的一种可感知的观念性或概念性存在。[1]尽管这种虚拟空间需要在一定限度上借助主体的想象力，但它们并非纯粹的主观心灵空间，因为它依托计算机技术或影像技术构建了感知层面上的实在对象，而非如精神空间一般仅是发生于主体大脑中的虚构的、非实体想象空间。刘永谋教授曾对元宇宙做过如下判断：所谓的"元宇宙"不过是"赛博空间的高级阶段"，是一种"幻觉空间"，"元宇宙越成熟，越容易让人产生幻觉"。也就是说，当你进入"元宇宙"时，你实际上就陷入了幻觉空间，就像是各种臆想症病人、被催眠的人"看到"各种奇怪的东西在某种空间中展开一样。不过，刘永谋教授的这一观点只揭示了VR空间在物质层面的非实在性，而忽视了其在感知层面的实在性。VR空间虽然不是真正的物理空间，但它绝不是一种幻觉，因为它为主体提供了感知框架与感知对象，因而它与主体之间存在真实的作用关系与交互效应。例如，网络空间中所发生的一切在线活动都是真实存在的，并且都具有或大或小的现实效应。线上会议、网络交友、在线支付等网络实践活动并不会因为实践空间的虚拟而失去其现实效力，反而在很多情况下，由于空间的虚拟性使实践得以进行。例如，微信的漂流瓶功能正是因为网络空间的虚拟性与匿名性使许多陌生人可以敞开心扉，吐露真实的内心所想。

VR空间尽管没有真实的物理地址与网络IP地址，但它提供了客观真实的可感影像，使主体能够目有所及。事实上，对于VR电影、VR游戏或VR

1　张之沧.虚拟空间与"人、地、机"关系[J].南京师大学报（社会科学版），2015（1）：
　　5–12.

交互作品来说，所谓的"空间"就是一种由影像运动模拟、营造出来的空间感，其本质上是计算机对人类大脑的欺骗。尽管VR经过了漫长的技术发展及形态演变，但VR的基本技术核心一直是"模拟"，对知觉信号的模拟、对自然对象的模拟、对行动交互的模拟以及对时空感知的模拟。所谓"沉浸"在主体感知的层面上来说就是"身临其境"，由于用户的"身"还在现实之中，所以"临"的只能是主体的知觉和意识。因此，VR的核心目标就是从感官和行动层面让主体"如临其境"，这个"境"的真实与否并非关键，关键的是这个"如"的效果如何。也就是说，VR空间的核心不是对空间（space）的模拟，而是对空间感（sense of space）的模拟，其中心是进行感知的主体而非空间本身。空间是可以非人的，可以独立于主体而存在；空间感则是唯主体的，是主体的一种主观感觉。因此，VR的关注点不是让空间存在，而是让主体感觉到空间的存在。VR的核心特征可以用 immersion（沉浸）、interactivity（交互）、information intensity（信息强度）来概括。这一概括极为准确，因为它们正好对应了数字艺术的三个典型特征：虚拟性、交互性与多媒体性。VR的艺术呈现与审美形态的核心实质是围绕主体的认识，而不是围绕真实的现实展开的。

沉浸就是主体产生的一种身临其境的感觉，即主体感觉到自己仿佛从一个地方真切地进入了另一个地方。因此，沉浸虽然需要外在的环境条件，但它本质上还是一种个人的主观感觉。也正因为沉浸是一种主观感觉，不同个体之间的沉浸程度才会存在巨大差异，有些个体仅仅凭借想象就能在一定限度上实现意识上的沉浸，有些个体则需要借助极为逼真的仿拟情境。当然，在VR中，沉浸的条件总是建立在一定限度上的虚拟仿真的基础上，尽管这种仿真不必是一种视觉上的现实主义复刻，但在整体的感知系统上，它总是尽可能地进行逼真模拟。例如，在VR社交平台Rec Room发布的卡通画风的多人竞速游戏Rec Rally中，虽然其所构建的虚拟世界是卡通的，人物形象也是非现实的，但在整体的感知结构与运动模式上，它依然是逼真的，玩家仿佛真的在真实世界中开赛车。可见，沉浸的条件虽然不是绝对的，但它总是对主体感觉的虚拟仿真。如此来看，VR的这种沉浸性其实是一种虚拟性，或者说，它就是数字艺术在知觉虚拟性层面上的极致形态。

VR的互动性指的是主体与计算机的交互性，即所谓的人机交互，但严格意义上来说，不是所有的人机互动都叫交互。迈克尔·乔伊斯（Michael Joyce）曾经指出：真正的互动性不是发生在传媒与用户之间互相反应的情况下，而只能——更为重要的是——生成于传媒与用户在交互作用的影响下两者都发生改变的情况下。[1]电影理论家安迪·卡梅伦（Andy Cameron）也曾表示：互动性是指受众积极参与对艺术品或者表现方式加以掌控的可能性……互动性意味着能够以一种有意义的方式干预表现方式本身，而不是对它做出不同的解读。[2]所以，真正的交互必须是一种"真交互"，而不是一种"假交互"，欣赏者或参与者的指令或行动必须直接引起作品的反馈，并带来相应的变化。甚至在某种程度上，交互不是数字作品的某个环节或板块，而是其艺术呈现的核心。也就是说，是交互引发了艺术的呈现，而不是呈现带来了交互。

在VR中，交互的实质就是计算机和VR装置在及时捕捉和描述主体的各种感知行为的基础上，对这些感知与认识行为进行相应的信息反馈。VR作品中的这种交互是实时的、连续的、贯穿始终的，甚至是无限的。在很多学者看来，当下那些缺乏交互，只能提供全景式视听体验的VR电影是不完全的VR技术，因为在终极的VR技术中，交互无处不在。甚至说，根本就没有所谓的交互点，因为它就像现实世界一样，处处是交互，时时可交互。所以，交互就是VR的常态，是其绝对的内核。而这其实也意味着，VR中的这种交互是一种强交互。在多数的艺术作品中，交互往往服膺于叙事，因而在一些所谓的交互电影中，叙事总是主导着交互。甚至对于很多导演来说，它们

1　JOYCE M. Of Two Mind:Hypertext Pedagogy and Poetics[M]. Ann Arbor: The University of Michigan Press,1995.

2　CAMERON A. The Future of An Illusion:Interactive Cinema[J]. Millennium Film Journal, 1995(28): 32.

虽然引入了交互，但他们也在极力控制交互点的数量，因为过多的交互总是会不可避免地破坏叙事。所以，在这样的作品中，叙事的整体结构早已被设定，交互不过是一种点缀，甚至是一种噱头。但对于 VR 来说，交互恰恰是行动得以开展、世界得以敞开的关键。如同在现实世界中一般，恰恰是行动引发了故事，而不是故事引发了行动，是交互展开了叙事，而不是叙事预设了交互。这不正是"此在"在世存在的日常体验吗？难怪拉尼尔会说："交互性不仅是 VR 的一个特点或特质，还是体验核心的自然经验的过程。这就是我们了解生活的方式。"[1] 因此，交互不仅仅是简单的操作与反馈，更是对存在的一种模拟。正是在在世存在这层意义上，以"此在"为中心的空间产生了，正是在主体与机器频繁交互的基础上，空间被模拟出来了。所以，VR 空间得以形成，除了主体双眼视差所形成的立体视觉，在很大限度上就是由于 VR 交互技术对主体的作用效果。当主体移动身体或转动头部时，主体所视画面便会产生相应的变化。VR 营造出了一种真实视觉行为的假象，仿佛主体在某一真实空间中进行着观看活动。由此可见，所谓的 VR 空间其实是依附于现实空间的一系列计算机的输入输出效应，世界仅仅是对应输入端的影像输出而已。

信息强度是指 VR 系统所输出的包括影像信息、声音信息乃至触觉信息在内的各种感官信息，正是这些信息的不断输出才能保证主体与 VR 系统之间的交互行为及时而准确。显然，作为一种多媒体艺术，VR 所整合的媒介类型已经不止于文字、影像和声音，它还将震动、气味等信息一起纳入了其艺术呈现之中。而 VR 空间其实就是这些感官信息综合构建出来的虚拟环境，正如张怡教授等人所说的那样，虚拟实在技术的价值在于能够通过获得和控制数据，通过信息处理，创造一种虚拟环境来实况再现远距离的各种现象，从而为主体的认识提供新的环境。[2] 也就是说，在虚拟空间中，主体所接受的

1 　拉尼尔.虚拟现实：万象的新开端[M].赛迪研究院专家组，译.北京：中信出版集团，
　　2018：216.
2 　张怡，郦全民，陈敬全.虚拟认识论[M].上海：学林出版社，2003.

正常感官输入被计算机所产生的信息所取代，现实被虚拟信息阻隔于界面之外，而虚拟空间本身只是一场针对主体感知或主体输入端的骗局。因此，虚拟空间如果要予以呈现，VR 就必须实现感知效果上的同一，必须将主体的现实空间感知行为及其感知效果全部模拟，从透视到景深，从画面运动到声音效果，一切的知觉效果都必须被模拟。所以，模拟正是虚拟空间的真相。但正是这种对感知、空间以及世界的终极模拟使 VR 超越了多媒体的范畴，成为一种超媒体。其对各种媒体的纳入与整合已经不是为了重构媒介，而是为了超越媒介，消解媒介，进而使主体忘记媒介，仿佛自己真的置身于现实世界。在这一维度上，媒介即现实，现实即媒介。

除此之外，这种对现实效果的模拟也正是 VR 与传统电影艺术的重要差异所在。马诺维奇曾颇具洞见地指出："数字视觉文化的悖论在于，虽然所有成像正在逐渐走向计算机化，摄影化和电影式效果的影像仍然占据主导地位。"[1] 也就是说，尽管所有人都认为，CG 技术的出现正使电影艺术在视觉呈现上无限逼近现实，并将实现一种前所未有的真实效果。但这其实是一个误区，因为这些数字特效电影"仿造出来的不是现实，而是摄影的现实，是通过摄影机镜头看到的现实"[2]。尽管它们通过计算机技术和数字影像技术对画面质感、景深、色彩乃至运动模糊都进行了模拟，但这恰恰说明，数字电影所模拟的不是我们感知到的现实和身体所经验的现实，而是关于现实的摄影影像。因为大量的景深、运动模糊效果以及借助特殊滤镜实现的胶片颗粒质感，其实都是一种电影式的呈现效果。也就是说，数字电影所呈现的"现实"其实是一个经过了镜头（具有景深）过滤，然后经过了胶片的颗粒和有限的色调范围过滤，最后被呈现出来的"电影式"的"伪现实"。很多人之所以认为这些数字电影已经成功地仿造了现实，是因为在过去的漫长岁月中，我们已经逐渐接受并习惯了传统电影的视觉呈现。

---

1 马诺维奇.新媒体的语言[M].车琳，译.贵阳：贵州人民出版社，2020：182.
2 马诺维奇.新媒体的语言[M].车琳，译.贵阳：贵州人民出版社，2020：202.

VR与传统电影的一个很大不同就在于它正极力摆脱这种"照相现实主义"的视觉呈现传统。尽管由于当前的技术限制，VR仍残留着电影艺术的些许痕迹（部分低成本VR电影中因为广角镜头引起的视角变形），但其所致力于模拟和构建的对象已经不再是摄影影像，而是现实本身；它所还原和复现的也不是电影式的现实，而是感知中的现实和身体所经验的现实，即现实的真实效果与真实面貌。因为对于VR空间来说，影像的作用已经不再是观看，而更多是为了行动乃至存在。而这也是VR与电影、绘画等传统艺术的一大相异之处，因为VR在很大限度上"不是指涉超越传统表现形式的现实世界，而是构成了一个不同的'在世界中的存在'的类型"[1]，而这种从形式呈现向存在体验的升维追求便是VR艺术超越传统艺术的地方。

二、意识与行动：VR中的空间冲突

与传统艺术不同，VR在空间形态上是割裂的。这种割裂不是指其所构建的虚拟空间是非整一的，而是由于VR装置对主体感官进行遮蔽，将其意识引入了"里世界"，因而主体的意识与肉身实质上分处于两个空间体系中。尽管意识对肉身的控制仍然无所窒碍，但其对身体及外部状况的感知却很可能因此紊乱。于是，意识与行动便在一定限度上被割裂了。虽然人们总是通过设定特殊的保护空间（安全空间或全向跑步机）来规避现实空间对虚拟空间的干扰，但这种空间冲突其实难以调和，也无须调和，因为在一定限度上，不同空间体系之间的矛盾与冲突正是VR空间美学的核心。只要VR仍致力于对感知实在性虚拟空间的构建，仍采用物理层面的感官遮蔽，那么外部的现实空间就永远与之相冲突，因为VR的审美核心——沉浸——内在地要

1　穆尔.赛博空间的奥德赛：走向虚拟本体论与人类学[M].麦永雄，译.桂林：广西师范大学出版社，2007：150.

求主体的意识脱离现实空间，进入虚拟空间。甚至在一定限度上，正是两种空间之间区隔才使虚拟空间如此富有魅力，而这与 AR 对现实空间与虚拟空间进行整合的空间美学显然是不同的。

（一）感官遮蔽与空间区隔

如果不考虑 VR 空间与赛博空间的融合，而仅仅考虑非联网状态（非共在）的 VR 空间的话，那么 VR 空间本质上与传统的电影观影空间并无二致，都是属于观者的主体空间。只不过传统电影的观影空间是与电影院这一现实空间几乎完全一致，而 VR 空间由于 VR 装置对主体感觉器官的包裹及对主体意识的抽离，是与现实空间相分割的。对于传统电影的观者来说，影院空间与想象空间形成了完美的交融，在观看影片的过程中，影院不再是一个实体空间或社会空间，而是一个梦境空间，周围的观者仿佛都不存在，银幕上所呈现的平面场景在凝视中向观者延伸而来，暗黑的影院不断跟随影片的切换和场景变换而幻化为不同的情景空间。如此看来，电影空间实质上是一个虚假的空间，因为它是依附于现实空间的，是与正常空间相接续并延展出来的。就像教堂壁画仿佛从墙壁之上延展到教堂空间中一样，电影影像也如同爬山虎一般从银幕之中向外蔓延。当电影在影院放映时，它就向影院蔓延，当电影露天放映时，它就向街道与村社蔓延。总之，其所构建的虚拟空间总是与现实空间相洽的。

VR 所构建的虚拟空间显然与此略有不同，因为"在虚拟现实中，要么不同空间之间没有任何联系（例如，我身处一个真实的房间里，而虚拟空间可以呈现的是水下景观），要么两个空间完全重合（例如之前我们提到的超级驾驶舱项目）。在两种情况下，实际的物理现实都被忽略不计或者弃之不用"[1]。也就是说，VR 空间虽然同样依附于现实空间，但它始终是与现实空间分隔的。VR 头显在封闭佩戴者感官的同时将虚拟空间封印在了头显之中，而这正是 VR 技术的独特与优势之处。VR 影像与传统影像最大的不同并不在于

1　马诺维奇.新媒体的语言[M].车琳，译.贵阳：贵州人民出版社，2020：112-113.

其 3D 显现，因为 3D 影像技术在传统电影中已经得到广泛应用，VR 影像的独特在于其对主体感官的包裹及影像对主体身体运动的跟踪显现。这种包裹意味着用户所感知到的虚拟影像空间完全不受现实空间的干扰。在未来，触觉设备的成熟应用甚至可以隔绝佩戴者对外界的触觉感知，使主体的肌肤感觉完全是向内的。于是，整套的 VR 装置达成了一种彻底的隔离与置换效果，它们如同一个移动监狱，将外界现实空间全部隔离于主体之外的同时又向内输入影像、声音、振动等各种知觉信号，以此置换现实空间中的外界信号。事实上，VR 所营造的沉浸感也正源于此。

相较而言，露天电影几乎完全不隔绝现实空间。甚至对于露天电影来说，夏日的蝉鸣、观众的嘈杂低语以及远处的汽鸣声使其更加完整，因为对于露天电影来说，沉浸是其次的，首要的是外部的现实空间，是人们一起观影的热闹氛围与仪式感，是人们在交头接耳中显露出的兴奋与欢乐，是光影照亮地面、映出人影的新奇。在这种观影氛围中，不是观众走进了影像世界，而是影像走进了现实，仿佛电影角色离开了银幕，走进了观影人群。影院电影虽然在一定限度上将外界空间隔绝于影院之外，但影院本身作为一种现实空间与社会空间仍在观众观影时对其产生影响。场内观众的嘈杂与迟到乃至不文明行为（后排座位上的人踢你椅子）、影院灯光的忽明忽暗、空调温度的不适宜等事由都将直接破坏观影主体的沉浸体验。早期影院电影显著的社会文化空间属性更是将影院变成了一个彻头彻尾的社会空间，观影期间的商品（饮料、瓜子等）买卖、影院后排的压弹队及严格区分的性别空间都意味着，所谓看电影实质上不仅是一项娱乐活动，更是一项社会活动。如果说电影是一场梦的话，那么把看电影视为在社会人潮中做着白日梦或许更为恰当。如此来看，现实空间恰恰是"看电影"这一活动不可或缺的一部分。

但不得不承认，尽管电影艺术内在地蕴含着社会现实空间的诸种属性，但人类所追求的恰恰是在嘈杂的社会空间中寻觅属于自己的私人观影空间，恰恰是摒弃外界空间对电影想象空间的干涉与侵入。VR 就是这一诉求的阶段性"完美产物"。说它是阶段性，是因为它显然不是人类观影技术的终点，说它是完美产物，是因为就对外界空间的隔绝而言，VR基本上实现了对人类五感的隔绝与置换，从而在很大限度上将现实空间隔绝于主体的感知之外。但这看似VR的完美与卓越之处恰恰是VR的矛盾与尴尬之处。因为VR空间作为一种"空间里的空间"，一种内嵌于现实空间中的空间，它显然是依附于现实空间的，是以现实空间为基础的。VR空间与纯粹的主观化的伪空间是不同的，它本质上虽然也属于一种想象空间，但它仍囊括了实体物理空间，这个物理空间就是VR装置所封闭的肉身空间。严格来说，这个封闭空间与影院空间是同质的，不同的仅是VR装置将其他主体都隔绝在外，从而规避了空间的社会性影响，使所有感知都转化为一种近似内感知的人工感知。

但问题也正在于此，尽管VR空间本身是一种"空间里的空间"，但这并不意味着用户主体可以以纯信息式的幽灵形态生存在网络之中。尽管一直以来，人的肉身总是或多或少地被嫌弃、被鄙夷，乃至在逐步开启的后人类时代，人类已经开始追寻"此在"的"灵魂"形态。但生而为人，肉身始终是我们难以舍弃的依托。即便未来我们可以将人类的人格与灵魂进行上传和下载，但这种数字化的心灵依然需要一具机械化的身体作为载体，以在现实时空中行动。换句话说，无论人类开辟出多少虚拟空间，抑或人类的生存主空间已经开始从物理现实空间向虚拟空间转移，但现实时空永远是人类最基础，也是最后的依托抑或累赘。也正因此，VR目前最大的问题就是它对人类肉身的束手无策。尽管当前人体终端植入技术正在迅速发展，似乎就连头显、手套、控制器这些具备重量感的VR外设都将不再必要，仿佛虚拟的知觉信息真的可以完全替代人体的原初知觉，而人类也将在不受任何外界影响的情况下彻底进入虚拟世界。但即便如此，肉身仍具备干扰抑或觉醒的可能。从某种意义上来说，现实空间中的身体既是虚拟影像的矛盾之处，也是人类给自己所预留的生命之源。于是，VR作为一种媒介，作为一个生存世界的矛盾便由此得以显现：用户主体的感官与精神进入虚拟空间时，其肉身仍滞留于现实空间。

在大多数人的思维中，主体的肉身维度正是 VR 艺术及 VR 娱乐的一大乐趣所在，正是由于欣赏者身体的运动才使影像能够在反馈机制中形成虚拟空间的错觉，也正是由于全方位的身体层面的感觉输入才使虚拟体验如此逼真。VR 电影、VR 游戏与传统电影、传统游戏的一大不同就在于其对躯体的引入，并且这具躯体不是惰性的 VR 装置承载体，而是具有很强的主观能动性，能够直接影响影像的呈现和剧情的推进。在一些 VR 电影和 VR 游戏中，玩家可以拥有代表自己的虚拟身体，这具身体将根据用户主体真实的身体运动做出相应的动作变化，如玩家转动身体，向前奔跑，游戏中的虚拟身体也会转动身体并奔跑。如此一来，虚拟世界中的主体似乎获得了圆满，不仅其精神世界进入了虚拟空间，就连其肉体也一起进入其中，仿佛主体真正地实现了虚拟化生存，而不仅仅是游离于虚拟梦境中的一缕幽魂。但很显然，这其实是一种错觉，因为真实的肉体起到的是一种场外支撑的作用，它并没有进入虚拟空间，而是仍滞留于外界空间。这就造成了一种分裂，一种心灵与身体的分裂，由于 VR 装置对五感的置换，主体的心灵已经进入虚拟空间，但主体的肉体仍处于现实世界。在外人看来，VR 用户只不过是佩戴着 VR 装置但仍身处现实的"此在"，但实际上，其心灵不仅进入了虚拟世界，而且其视听感知也已经不再接收现实空间中的信号。

（二）第一空间与第二空间

如果将影院电影的观影状态比喻为"灵魂出窍"，那么将 VR 电影、VR 游戏等 VR 艺术所带来的主体状态比喻为"梦游"会比较恰当。观者的肉体虽然仍在现实空间中游荡，但其意识却在另一个世界或空间中漫游。正如梦游所显现的症状一样，肉体在现实中的滞留使主体所在的虚拟空间因此受到干扰，如同有人唤醒甚至触碰梦游者的身躯梦游者就会从梦境中迅速抽离一般，VR 也面临同样的境遇。无论 VR 艺术所营造的虚拟空间多么逼真、多么容易让人沉浸，但只要主体仍身处现实，一旦受到外界一定限度的干扰，那么现实空间就将迅速侵占虚拟空间，进而打破沉浸，破坏审美空间的成型。

即便玩家可以头戴封闭式的 VR 头显、身着全身式触感服，将自己的身体与感官全方位地包裹进一个"内空间"，但依然无法阻挡来自现实空间的干扰，因为 VR 装置虽然遮蔽了主体的视觉、听觉甚至嗅觉和味觉，但在目前的技术水平下，触觉的遮蔽始终是 VR 装置难以克服的阿喀琉斯之踵。

尽管我们将触感手套、触感鞋、触感服等触感装置也称为一种服装，但除了遮体这一基本功能之外，它们与普通服装在功能上是截然不同的。我们常规认知的服装的一大作用是帮助身体抵御外界的触碰与冲击，如羽绒服能够抵御清冽寒风，防晒服能够阻挡紫外线的照射，防弹衣则能够挡住子弹的冲击与破坏。这些服装都是通过对外界因素的抵御与减弱，起到对身体的保护作用。因而在力的作用关系上，它们与身体是一体的，身体与服装形成一个整体，共同抵抗外力。但触感服和 VR 头显并非如此，它们不是为了保护身体，也不是为了阻隔外界的触觉信息对身体的干扰，而是为了在使身体能够灵活行动的基础上对身体反向地施加力，以此模拟真实的触感。因此，尽管在表面看来，其与身体是贴合的，是合一的，但在受力层面上，它恰恰替代现实空间，成了那个对身体施加力的"外界"，因而其力的方向不是向外，而是向内的。甚至这类触感服与身体的贴合是为了更快速、更精准地施加力来压迫身体。不过，这也是触感服的矛盾之处，因为在虚拟空间的层面上，它的施力方向是向外的（对于玩家来说，是因为身体向外施加了力，使触感服碰到虚拟物体，才产生了碰撞，因而力是从内向外的），但在现实空间的层面上，其施力方向却完全是向内的（在非玩家看来，现实空间中根本物体，完全是触感服向其内部的玩家施加了力），也就是说，对于不同的主体及不同的空间体系来说，力的来源和性质是完全不同的。而这也决定了这样一个事实，这些可以输出触觉信号的特殊装备本身非但不能抵御、消解现实空间中的触觉信息，甚至在某些情况下，它们还会造成信息接收上的混乱。因此，为了更好地模拟触觉体验，避免玩家对受力来源的误认，触感服必须尽可能地规避现实空间的干扰。这也是为什么大多数的 VR 用户在使用 VR 时，要隔绝一切来自外界的可能的干扰因素。

可以想象，一旦触感服本身受到冲击，那么玩家首先将感到异常诧异和困惑，因为两个世界的知觉系统发生了"碰撞"，不同空间的信号之间相互发生了干扰。如果VR装置所输入的知觉信号足够逼真，那么玩家很难在短时间内判断这一信号究竟来自虚拟空间还是现实空间。严格来说，虚拟空间是被现实空间全方位包裹的。这就意味着，VR装置的佩戴者同时受到两个空间系统的影响，一个是VR虚拟空间，另一个是现实空间。如果将现实空间称为第一空间系统的话，那么VR空间就是第二空间系统。第一空间系统比第二空间系统更本源、更基础，因为第一空间正是第二空间的根基，它远比第二空间更宽广、更坚实。如果将第二空间想象为一个规则的空心圆球体的话，那么第一空间就是包裹着这个圆球体的更大的空心圆球体，二者构成了近似同心圆球体的空间结构。但由于其内层空间是虚拟的，因而这个空心圆的力学方向是单向度地向内，即外层空间可以直接影响内层空间，而内层的虚拟空间却很难影响外层空间。VR装置的尴尬就在于它将主体的头部纳入了内层空间，但其身体仍遗留于外层空间。这就致使尽管第一空间系统更加本源，但第二空间系统却享有感知上的更高的优先级，因为对于大多数人来说，其对空间的判定总是先通过视觉。因此，VR玩家一旦戴上头盔、进入虚拟空间后，其感官和意识就自动屏蔽了第一空间并沉浸于第二空间。

不过，这种感知和意识上的优先级却由于第一空间的本源地位随时面临着被破坏和被瓦解的风险，因为主体稳定的感知与沉浸必须建立在稳定和协调的空间基础上。一旦第一空间不再起到对第二空间的保护作用，那第二空间便随时可能被干涉，而这也将直接致使主体的感知失调，这就是前文所言及的用户在使用VR时要尽量规避现实干扰的原因。可以想象，最稳定的行动模式肯定是意识与身体都处于同一空间系统，这样二者才能相互协调，否则处于头部的视听觉和意识将无法对躯体的周围状况进行准确判断。简单地举个例子，当你忘带钥匙，试图翻越卫生间的窗户进家门时，却不幸地被卡住了。此时你的上半身在卫生间，下半身在窗外。上下半身虽处于同一个空间体系中（现实空间），但却位于不同的空间环境中，因而主体头部的感知器官（尤其是视觉）很难经验躯体的空间情境。这就导致躯体处于一种近似未知的状态，窗外空间的一切干涉变得陌生且毫无防备。如果此时有东西碰到此人的双脚，那么他就会极为惊恐，因为他根本不知道躯体的空间状况，因而也就不知道到底是什么在碰触他的脚。是路人？是猫？还是被风吹动的物体？其意图又是什么？是路人想帮助我？还是单纯路过的野猫在蹭他的脚？一切都不可知。不同的空间环境已经如此，不同的空间体系对主体的分隔所造成的认知混乱则更加复杂。VR用户与那个被卡在窗口的可怜虫既无不同，又有着本质的区别。严格来说，VR主体不是被不同的空间环境所分隔，而是被不同的空间体系所分隔。两套空间体系如果保持相对稳定，那么主体的感知系统也是稳定的，如果作为保护与基底作用的第一空间发生紊乱，那么作为第二空间的虚拟空间就将面临崩坏。

回到那个被窗户卡住的人的讨论上，如果此时这个人头戴VR头显，身着触感服，那么显然情况将更加复杂，因为如果此时有东西触碰他躯体的任意一部分，他将更加困惑，因为他甚至无法辨别此时对其身体的触碰究竟是来自第二空间还是第一空间。可以想象，在其躯体感知到这个触碰时，他首先会自然地认定其来自虚拟空间，来自触感服发出的振动信号。如果他没有被卡住，没有失去行动能力，那么他还可以通过转动头部、四处张望来观察是否有虚拟对象出现在虚拟空间中，进而引起了这次触碰。如果经过一番审视，确定没有虚拟对象出现的话，那他就会开始思考这个触碰感究竟是不是来自第二空间，抑或来自第一空间。但问题就在于，此时他被卡住了，他失去了行动能力，自然也就不具备审查自己躯体的能力。在这种情况下，主体根本不具备区分信号源的能力，他既可以将这个触觉信号认定为来自视野外的虚拟空间，也可以将其认定为是现实空间的人或物的冲击所造成的结果。

作为人类，包括头部在内的整个躯体是我们的信号"输入端"，一切信号都必须通过身体上的各种感知器官才能到达我们的中枢处理器——"大脑"。这一套感知系统在原先的空间体系中是较为稳定的，因为信号来源和信号输入端同属一个空间体系，主体在进行信号识别方面相对容易。这种空间的同一性所带来的自然是感知上的确定性，当躯体在某一空间系统中接收到信号时，这一信号的来源必然也在该空间中，主体只需要确认其具体来源、方位即可，很少需要自我怀疑，因为同一宏观空间中的因果律是绝对的。这一空间系统中的"因"引起了这一空间系统中的"果"，该空间中有触觉感知发生，那感知源必定也在该空间中，并且这种确定性所带来的必然是心灵上的安定感。

一旦出现了第二个空间体系，传统的因果律就将不再适用，因为"因"与"果"之间的内在关联很可能将变得隐秘且疏松。二者很可能分布于不同的空间系统，并且不同空间体系中的因果律可能是单向而非双向的。正如二维空间的生物无法感知到三维空间中的存在物，但三维空间中的存在物却可以直接干涉二维空间一般，第一空间体系中的信号源可以直接传输至第二空间并对其产生直接影响，而第二空间体系中的感知信号却只能在第二空间中生效，无法对第一空间产生直接影响。也就是说，虽然虚拟空间也被指定为一种空间体系，但与人类所处的真实空间相比，它本质上只是一种平面的低维度空间，一种卷曲成三维的平面影像，因而这个低维度空间并不能对人类的现实空间造成实质影响。这意味着，现实空间中的"因"不仅会在现实空间中产生影响，也可能在虚拟空间中产生"果"，而虚拟空间中的"因"只能在虚拟空间中产生"果"。这种层级关系便造成了主体感知上的混乱。对于人类来说，作为信号接收端的身体是唯一的，但作为信号源的发出端却可能处于不同的空间体系，主体同时接收这两种空间体系中的信号，而多重信号又会发生"干涉"与叠加等现象。一旦空间混乱不断引起知觉信号的紊乱，主体便只能陷入深深的怀疑与不安。这种感觉如在睡梦中听到呼唤，又如在白日里听到阴森低语。这两种体验都是让人感到惊恐与迷茫，因为你根本无法分清，这声音究竟是来自另一个空间，还是来自自己的内心，前者让人可怖，后者让人精神分裂。总而言之，当人类开始尝试居住于不同的空间系统时，空间冲突所引起的知觉紊乱很可能致使人类走向精神分裂。

那么，有没有什么方法能够在一定限度上规避这种空间冲突呢？从技术层面来看，答案也许是"有"。如果VR装置的图像识别技术与位置跟踪技术足够先进的话，那么现实空间本身及空间中的人和物就能够被实时地转化为虚拟影像，进入VR空间。如此一来，用户即便是在街道、商场等公共空间中体验VR艺术，也依然能够感知到外部现实空间中的实时状况。事实上，这种技术的初级版本已经出现了，如VR头显Quest就可以通过其外置摄像头拍摄并显示外部空间的实时视图，以此提醒玩家是否在指定的安全区域内。不过，Quest对外部空间的显现只是一种简单的记录式呈现，而非真正的现实空间虚拟化，现实空间本身并没有内化为虚拟世界的一部分。甚至说，不时显现的外部空间图像反而影响了玩家空间感知的一致性，进而破坏了其沉浸体验。而在一些商业级的射击类VR游戏中，玩家的游戏场景已经从空地转向了有真实物理障碍的大型游戏空间之中了。这些物理障碍非但不会影响玩家的虚拟体验，反而增强了物理碰撞的强度与真实感，因为它们已经被VR头显上的摄像头扫描、识别并绘制进了数字虚拟地图，成了虚拟空间的一部分。加上位置跟踪和空间定位技术的辅助，这些物理障碍的数字形象还将根据玩家的运动与位置变化进行视觉上的相应调整。于是，现实空间与虚拟空间在一定限度上同一了，第一空间与第二空间的等级制也在一定限度上消解了。在这种视觉形象同化的基础上，空间体系之间的冲突似乎也消失了，玩家的意识既在虚拟之中，又好像从未脱离现实。

但问题是，VR真的可以通过对现实空间的纳入来解决这种空间冲突吗？并不能。尽管在技术层面上存在可能，但从美学层面来看，这种对现实空间的整合并不是VR的旨趣所在。事实上，在很多学者及VR从业者看来，在未来人类如果想要彻底、完全地活动在虚拟空间之中，那么VR就势必要将城市、街道、商场、学校、办公室等现实空间及空间中的各种行动主体完美地移植到虚拟世界中，以此实现对这两种空间体系的整合。但这就能避免主体的知觉紊乱吗？答案显然是否定的，因为当VR装置将现实空间复制到虚拟空间中时，它就已经不是现实空间，而是经过转化了的虚拟空间。尽管二者在空间维度上有着高度的相似性，但由于VR头显对外部空间的物理阻隔，主体所沉浸的仍然是内部的虚拟空间，因而用户的意识仍处在虚拟之中，而非现实。这意味着，现实空间虽然既是虚拟空间的物理支撑，也是虚拟场景的形象参照，但是它对于主体的感知系统来说仍然是外在的，感知仍然是朝向虚拟世界的"内感知"，而非对现实世界的直接感知，因而现实空间仍然是一种威胁，仍然是不可控的。除非VR技术能够做到一种绝对意义上的复制或移植，否则人们还是没有办法区分何者来自现实，何者产自虚拟。也就是说，在这样的虚拟世界中，主体可能将更加难以辨别威胁的空间来源，或许，他/她也将因此陷入更深层的知觉紊乱与意识错乱。

更重要的是，这样的VR与AR又有何区别呢？如果虚拟空间的构建必须实时地建立在现实空间的显现基础上，那么为何我们不直接使用Magic Leap这些AR眼镜呢？它们不是能更直接地显现现实空间，并对其进行"增强"吗？所以，这一技术思路实质上混淆了VR与AR的空间美学，使VR艺术以一种纳入式的虚拟构建将虚拟空间变成了一个终极增强的现实空间。这样的虚拟空间不可避免地是对VR空间审美的一种违背，是对其创建世界的艺术追求的一种折中。扪心自问，VR艺术的魅力不正在于它对现实空间的摆脱及其对想象空间的建构吗？对不同空间体系的整合实质上是AR的空间美学，而对于VR来说，区分并建构各种层次的虚拟空间不才是其审美内核吗？因此，现实空间与虚拟空间的冲突似乎先天地内在于VR之中，而主体的知觉紊乱似乎也因此成了一种必然。

三、头部与身体：VR空间中的交叉灵境与精神分裂

VR空间所引起的精神分裂主要源于不同空间体系所造成的感知紊乱，而在这种感知紊乱的状况中，身体应该承担很大的责任。这不仅是因为当主体意识进入虚拟空间，其身体却仍滞留于现实空间，更因为就人类天生的生理结构而言，人的头部与躯体在接收感知信号方面是分离的。这一观点乍听之下有些匪夷所思，因为在我们的常规思维中，头部与躯体是一个整体，没有

头部抑或没有躯体，人类都是无法生存的。头部与躯干的分离意味着死亡。不过就感知器官或者主体对感知信息的接收层面来说，头部和躯干是有主次之分的。对于人类的生理结构来说，头部是知觉信息接收的中枢，包括眼、鼻、耳、舌在内的人的大部分知觉器官都集中于头部。相较之下，人的躯干更多发挥触觉的功能，因而头部毫无疑问是主体感知的主器官。躯干在感知层面虽然也起着不可替代的重要作用，但与头部相比，则是相形见绌。这就导致主体在感知世界时，大多会优先用视觉、听觉以及嗅觉去感知这个世界。尤其是视觉，它是主体获知环境信息最主要的知觉器官。据相关研究显示，视觉信息在人类日常所接收到的全部感官信息中的占比为60%左右，听觉信息占比为20%左右。可见，头部发挥着毋庸置疑的核心作用。与此相对，日常生活中的触觉信息占比仅15%左右，而这部分触觉信息主要由人体的躯干负责。即便如此，躯干也并不是触觉信息的唯一感知源，因为皮肤才是触觉的真正感知器官。因此，头部不仅在视觉、听觉、味觉、嗅觉方面具有感知上的唯一性，它也具备触觉感知的作用，在涉及气温这类皮肤温感的环境中，头部皮肤也能够承担相当重要的感知任务。所以，在大多人眼中，躯干更多起到的其实是行动支撑的功用，是头部控制行动的运载者。

这种对头部与躯干的区分当然与人身体的结构有关系，因为从外在形象来看，人的颈部正好将身体划分为颈部以上和颈部以下两个部分。颈部以上部分是大脑所在的核心区域，是人体的"中央处理器"，颈部以下部分主要是躯干，是主体空间行动的发动机。脖颈不仅起到机械连接和传输血液的作用，还负责头部与躯干之间的信号传输，使大脑所发出的指令能够通达全身，使身体所接收到的知觉信息能够回传给中枢，进而产生所谓的内感觉和外感觉。巧合的是，头部与躯干的身体划分在结构上与当前的VR装置是一致的。在触感装置尚未普及的今天，人们的VR体验主要依靠VR头显及起部分控制作用的手持控制器。也就是说，目前主流的VR装置控制了主体的大部分感觉器官，仅将起到触觉感知作用的躯干留在装置之外。前文已有论述，这一虚拟头显装置不仅将主体的感官带入了虚拟世界，它实质上也将人的身体在感知层面划分为两部分：处于 VR 空间中的头部及处于此地现实空间的躯干。这种躯体空间的分裂便为主体的精神分裂埋下了隐患。

翟振明教授曾在其著作《有无之间：虚拟实在的哲学探险》中描述过一个有趣的思想实验，他将这个思想实验称为"交叉通灵境况"（cross-communication）。他假设有 A 和 B 两个人，他将 A 颈部的信息传输通路切断，然后在上下两个断面各接上一个微型无线电收发机后，再植回颈部。B 的颈部也做同样的处理。于是，我们可以把四个收发报机的发射和接受频率进行调制，使 A 的头部与 B 的颈下部分来回传递信息，而 B 的头部与 A 的颈下部分来回传递信息。这样，A 与 B 之间就形成了一种"交叉通灵境况"——A 的头与 B 的身相结合为一个整体。在这种情况下，A 和 B 各自看到的仍是原来自己从头到脚的整个身体，但只能感觉和控制原属对方身体的颈下部分。[1]

翟振明教授所设想的这个"交叉通灵境况"与我们现在的虚拟现实技术所能产生的某些效应非常类似，因为这个思想实验中所谓的"通灵"完全可以通过 VR 技术实现。事实上，拉尼尔曾经就做过类似的简化版实验。据他自己描述，他做过最极端的实验就是在 VR 中与另一个人交换眼睛。也就是说，他的视角会跟踪对方的头部或眼睛的位置。[2]可惜的是，拉尼尔并没有对这一实验进行详细的描述与展开。基于此，本书准备以思想实验的方式重新开启这个实验。现在，让我们抛开复杂的颈部信息传输通路手术，假设这样一个情境：A 与 B 均佩戴 VR 头显，但这个 VR 头显与我们目前所使用的常规 VR 头显不同，它不仅具备影像显示功能，还在 VR 头显前端配备了摄像头和收音麦克风，因而这个 VR 头显既具备显像功能，也具备录像功能。我们现在将 A 的 VR 头显所拍摄和录音到的影像和声音传输给 B 的 VR 头显，将 B 的 VR 头显所拍摄和录音到的影像和声音传输给 A 的 VR 头显。如此一来，A 所

---

1 翟振明. 有无之间：虚拟实在的哲学探险 [M]. 孔红艳，译. 北京：北京大学出版社，2007：11.
2 拉尼尔. 虚拟现实：万象的新开端 [M]. 赛迪研究院专家组，译. 北京：中信出版集团，2018：175.

看到、听到的实际就是B原来所应该看到的和听到的，而B则与之相反，B通过VR头显所接收的信息其实是A原先的所看所听，而两人的身体都还归自己控制。于是，A、B两人之间便产生了一种与"交叉通灵境况"颇为相似，却又有许多不同之处的情境。当A和B相向而坐，A站起身体时，A明显感到自己站了起来，但他看到的并不是视角越来越低并仍坐着的B，而是A自己站起来的画面，并且其视角没有任何变化。B没有任何动作，但他却看到显示屏上的视野逐渐上升，以及仍然坐着不动的B自己。虽然在细节上，这一实验与上述的"交叉通灵境况"有些许不同，如A和B都只能看到自己的完整身体，不能看到对方的完整身体。再如，A虽然戴上了VR头显，但他仍然能够驱使自己的身体，并且"见证"自己站立的画面，只是其实际行动与其视觉感知会产生一种冲突与不协调，因为A的身体进行了实际的行动，但其视觉感知依旧是水平的，并没有产生任何运动。而对于B来说，他完全静止不动，但眼睛所看的画面却突然升了起来，仿佛自己真的站了起来一样，但在这一瞬间，他又会发觉其实自己丝毫未动。如果B持续不动，而A继续运动，那么B的处境便类似于在影院看电影的观众，只不过这部电影由A主演。

尽管A与B的处境有所不同，但可以肯定的是，两人的视觉与身体运动之间都产生了一种不协调感，仿佛主体并不真正地拥有自己的身体，因为视觉感知信息与自己身体的内感觉发生了冲突。主体明明站了起来，但其视觉所感知的画面信息完全没有发生相应的变化。这便打破了我们一直以来所习惯的感知层面上的因果律，某一身体行为不再引起相应的感知变化，反而带来截然相反的结果。例如，他们转动头部也不会看到相应的景色变化，如果此时A抬起头，而B低下头，那他们甚至会产生轻微的眩晕，因为极端的知觉失调与大脑常规的知觉信息处理经验不相符，使大脑在处理这些知觉信息时陷入混乱。尽管在外人看来，身体还是他们的身体，但事实上他们的知觉系统已经发生了紊乱，对于A和B来说，世界已经变成了一面奇怪的镜子，因为透过VR头显，他们只能看到一个视线运动与自身身体行动相异的自己。很显然，就具体效果来说，这个思想实验与上文的"交叉通灵境况"实验有很多不同之处。但从最终的效果层面来说，两个实验都导致了一个结果，那就是头部与身体在一定限度上的分离与重组。

事实上，这一"头身分离"的效应在上述假想情境中尚不明显。因此，让我们再假想一个情境来加深我们对该 VR 效应的理解：A 和 B 仍戴着 VR 头显，且两人所看所听与上述情况一致，没有改变，只是二者不再相向而坐，不再能彼此看到双方。当然，他们完全知道自己的处境，知道自己正佩戴着 VR 头显，且自己的所看所听都是对方的所看所听，但两人之间相互不可见，也不能交流。我们现在假设，A 被安排在位于北京的一个公寓里，B 被安排在位于上海的一间办公室里，两人都坐在椅子上，并且两人都是第一次进入他们现在所处的空间。仔细思考一番可以发现，空间的分隔带来了截然不同的结果，虽然 A 的身体在北京的公寓里，但其意识在上海的办公室里，因为他看到的、听到的都是上海办公室里的情况，因而他自然会习惯性地将意识落于这个办公室空间。而 B 则与之相反，虽然他的肉身处于上海的办公室中，但其意识却在北京的公寓里。之所以会造成这种情况，很重要的一个原因是 VR 装置完全遮蔽了他们的头部感觉器官，因此除了触觉感知和嗅觉感知，他们两人都不具备辨别自身所处空间的能力，他们不再像前一个假想情境那样，可以通过 VR 装置直接看到自己，进而判断自己的所处空间。对于当前情境中的 A、B 两人来说，他们只能通过自己所看到的、所听到的、所触碰到的乃至所闻到的去判断自己的所处空间。

让我们继续推进情境，此时，B 的办公室响起了手机铃声，但很显然，对于 B 来说，他根本不知道这一事件的发生，因为他的视觉和听觉都被 VR 头显遮蔽住了（我们假设 VR 头显能很好地起到隔音效果，不存在漏音的情况）。而对于 A 来说，他代替 B 听到了不断响起的手机铃声，甚至可能还看到了不断震颤和亮屏的手机。很显然，在无法沟通的情况下，两人都将对这一事件的发生无能为力，因为 A 仅仅看到和听到了事件的发生，但其身体却处于北京，并不具备行动的能力，而 B 虽然身在办公室，但他的感官根本就没有任何察觉，他看到的、听到的只是那个安静的北京公寓，因而也就更不可能意识到这件事。那么，A和B要如何完成接电话这一动作呢？答案是他们必须相互沟通，相互配合。当A听到电话铃声时，他就将这件事告诉B，B在得知这件事后，A再根据他所看到的对B发号指令。例如，如果A虽然听到声音，但却在当前视野中没有看到手机或电话的存在，那他就可以要求B进行转头，直到发现手机的位置，然后再告诉B手机的具体方位，前面的障碍物有什么，伸哪只手可以拿到手机等的信息和指令。唯有如此，B才可能顺利完成接听手机这一操作。其他的行动与此类似，如A想喝水，那么他只能去询问B，并在B的指示下完成这个操作。除非A和B通过多次合作对他们各自所处的空间已经了如指掌（A已经知道水杯就在右手边，那么他想要喝水，自然就可以独立完成），否则两人必须时时交流、沟通、配合才能实现一定限度上的"身心合一"。于是乎，A和B两人之间形成了一种强制性的合作关系。

之所以将其称为"强制性"，不是因为两人是在外力的压迫下被迫选择合作，而是因为这种合作是一种无奈之举，因为A、B两人必须相互依赖、相互合作才能开展正常的日常活动，除非两个人都选择放弃视觉和听觉，仅仅依靠触觉去感知这个世界。如果是这样的话，那么VR版的"交叉通灵境况"就不会对他们起到任何作用，因为对于盲人来说，关于空间位置的视觉感知被破坏对他们并无意义，空间对他们来说本身就是"触觉"的空间。但问题是，如果仅仅只有A、B两人遭遇如此境遇，选择放弃视听觉，那这个社会依然还能正常运转，但如果有成千上万，甚至更多的人面临上述思想实验中的情境，主动放弃视听觉还有用吗？答案显然是否定的，因为这意味着所有人都变成了残疾人，那视觉和听觉也不再具有意义，世界也将因此彻底改变形态。因此，彼此合作才是解决困境的唯一路径。基于此，我们有必要将上述思想实验继续推进，以深化我们对VR技术的理解。

假设此时我们的实验目标远不止A与B两人，还包括C、D、E、F、G、H等在内的数十人，这些人与此前实验中的A、B两人一样，不仅身处不同的地理空间，也都头戴具备摄录一体功能的VR头显，只是这次由于人数众多，因而每个人所佩戴的VR头显所显示的画面与声音是随机的，如A所看到的和听到的可能是B的所看所听，也可能是G的所看所听，而B的视听觉内容则有可能是D的，也有可能是H的。很显然，这个实验与此前实验的最大不同不但是人数的增加，而且原先单一的交互关系变得极为复杂。此前情境中的A与B是一种配对性质的合作关系，尽管两人的意识与身体的所处空间变得混乱，但这两人之间形成的是一种对称的交互关系，即A看到的是B的身体所处空间的景象，而B看到的是A的身体所处空间的景象，两人互为你我，因而他们的"身心分离"有迹可循，比较好适应，沟通与合作也比较简单。但在当下的思想实验中，这种对称关系被打破了，如果A的视听觉内容是B的，那B的视听觉内容既可能是A的，也可能是C、K、M或其他人的。也就是说，原来双向的对称交互关系变成了错综复杂的网状拓扑关系，所有人的身心分离状况将趋向异常复杂的境况。

在这种情况下，所有人如果想要完成个人的基础需求，过上正常的生活，那么他们就必须进行更周密、更系统的沟通与合作。首先，这些人必须弄清楚一件事，那就是他们各自的视觉和听觉内容究竟被哪一个人替代了，而要弄清楚这件事，就必须进行有效的沟通与交流，实现信息的迅速传播。但很显然，之前实验中那种人对人的人际交流方式太慢了，并且由于所有人彼此之间是单向传输，而非双向传输的原因，信息的及时反馈几乎不可能。举个例子，假设B的VR头显显示和播放的是A空间的画面与影像，此刻如果A想上厕所，那他就必须向某人求助，但他此时根本不知道具体是哪个人在接收他的视听觉信息。因此，他首先必须进行询问："我是A，我想上厕所，我现在看到的画面是一个摆放着沙发并且贴着绿色墙布的客厅，你能帮我吗？能告诉我厕所在哪里吗？"但很显然，尽管B可以接收到A的画面和声音，但他根本没办法给予A信息反馈，因为此时B的视听觉信息正在被C接收，所以B根本帮不了A。通过这个例子可以发现，当人数增多以后，单向交流将使合作成为不可能。所以，我们准备在此实验中改进VR头显设备，使其语音播放功能由单向传输改进为广播，即某个人的讲话所有人都能听到。此时如果A想上厕所，他就可以直接向所有人询问，但由于此时所有人都能听到A的声音，所以接收A视听觉信息的B也无法确定此时发声寻求帮助的就是A，而由于A自己也不知道自己实际所处空间的具体视觉信息，所以他们也没办法进行信息确认。唯一可行的办法就是，A向所有人宣布自己接下来要做的动作，如"我想上厕所，我接下来要在面前摆个剪刀手的姿势，如果有人看见这个姿势，请回复我"，当B看到自己的屏幕上有双手伸出来摆了个剪刀手姿势的时候，B就知道他接收的视听觉信息是A的，于是B就可以告诉A厕所在哪里，具体怎么行动。而如果B也想上厕所的话，他也只能重复刚才A的操作。

以此推想，如果所有人都想有效行动，完成自己日常生活中的必要事项，那么他们就必须不断地沟通与合作。所有人都必须相互依赖、相互扶持，否则所有事项都无法有效推进。随着这种感知模式的持续，在不断地适应与磨合之后，简单的沟通与合作终将变成彼此之间的深刻理解，甚至达到一种心领神会的境界。于是，在这样一个假想的关于VR的思想实验中，哈贝马斯所说的"交往理性"被实现了。在VR塑造的全新人际关系中，一种关于生活世界（life-world）的理性，一种关注主体间性的理性在主体间相互理解的范式中被表达。由于意识空间与行动空间的分离，人们的一切社会行动都必须建立在相互理解的基础上。语言成为上述实验人群之间的必备工具，人们彼此表达，互相沟通，最终逐渐走出自我中心化的世界，从以自我主体为中心的思维模式日益转变为以"主体—主体"为中心的思维模式。最终，这些"VR主体"必将在相互理解中达成一致，进而实现这个特殊团体的合作化和一体化。

事实上，哈贝马斯之所以提出"交往理性"，就是因为他认为这一理性形态能够有效规避人的异化，避免主体沦为工具。在现代世界，工具理性作为"科技意识形态"的核心已经使人与人之间的关系降格为一种物与物之间的关系，进而瓦解了主体之间的有效沟通和合作。因此，建立起一种能够实现交往行为合理化的新的理性形态才是缓解主体异化的关键。按照哈贝马斯的说法，VR显然正是压抑价值理性结构、破坏"交往理性"的一种影像技术工具。但就VR装置目前的使用现状来说，VR更多的是用于个人娱乐。对于大多数的VR电影和VR游戏来说，VR头显等装置在隔绝人的知觉器官，将主体意识引入虚拟空间的同时，将一个个用户都封存进一个只属于个人的自我空间中。人们不再沟通，不再交流，而是沉浸在虚拟世界所带来的欢愉之中。在绝大多数人看来，VR的出现不仅致使世界的去实体化，还使实体间的交流越来越少，极大地腐蚀了"我们"这一团体。它摧毁了公共空间，加剧了人类的个体化，因而也消除了自我同他者的关联。VR装置对主体的感官遮蔽已经使主体开始不再"向外"扩展，而是不断地"向内"收缩。人们逐渐将朝向他者的目光收回，转而开始关注自己。它消除了所有的外在性，使一切都内缩于一个内在性的自我空间。于是，在这样封闭性的感知空间中，他者消失了。一旦那个作为对抗者和差异者的他者被隔绝在世界之外，那么剩下的就只有逐渐趋向自恋的"自己"。而一个没有他者的世界自然也就不会有什么"交往理性"了，因为所有的"交往"不过是关于自我的自恋式独白。通过上述的三个思想实验，我们可以发现，VR这一媒介并没有我们想象的那么让人绝望，因为我们已经看到，VR也有可能成为人们通往"交往理性"的一个重要契机。

尽管理想甚是美好，但必须承认，VR版的"交叉通灵境况"所预示的也许不是一个光明的未来，而是主体被欺骗、操纵，进而逐渐走向精神分裂的悲剧。VR版的"交叉通灵境况"作为一个思想实验是否具有实践层面的可能性？答案是肯定的。翟振明教授的"交叉通灵境况"由于涉及人类"颈部"的知觉信息隔断/重组手术，因而其所描述的假设情境在当前时代是很难实现的。尽管其所内含的哲思与启示具有非常重要的意义，但我们并不需要过多地担忧。但VR版的"交叉通灵境况"却具有很强的现实性和可操作性，就目前VR的发展状况来说，这个实验完全具备实施与操作的现实性。只要每个实验对象的VR头显都能够联网，那么作为该实验的主导者便可以通过网络随机配置每个个体所接收到的视听觉信息。这就意味着，即便在现实世界，VR用户也随时面临知觉被置换的风险。虽然我们现在可以通过直接取下VR头显来规避这一状况，但如果在未来社会，头戴式VR外设已经被内嵌式VR设备所取代，那人们是否还有能力规避这一境遇呢？如果真的可能的话，那每一个人都将可能遭遇一次被迫式的"换头手术"。所有人的感知空间都与其行动空间发生分离，因而意识空间也与身体空间发生分离。从效果上来说，主体很可能因此走向精神分裂。

众所周知，主体的同一性建立在意识与行动相统一的基础上，而意识的同一性又必须建立在知觉信息的同一性上，但VR这一媒介却使主体的头部感知与身体感知发生了分裂，使意识与行动之间产生了阻碍，进而导致VR用户的人格分裂。当然，在如今这样的一个现代社会，分裂状态可以说是现代人类日常生活的自然组成部分，多重人格甚至也可以被视为是主体正常状态的病理性放大。面对各种各样的社会空间与形形色色的媒体"界面"，人们总是不可避免地被演化成不同的"角色"或"版本"。因此，这种人格分裂并不一定是不健康的。在一个流动性远甚于稳定性的时代里，能够及时地、不断地调整自我、变化自我甚至分割自我以适应新工作、新环境、新时代的人可能才会被认定是健康的、优秀的。恰如穆尔所说："发展多重人格是面对信息社会的社会文化生活的变化所做出的一种正常而健康的回应——未必更为卑下或者更为病态，而是明白无误的迥异其趣。"[1]

我们不要忽略了这样一个事实，穆尔所说的人格分裂只是一种非病态的、自我的社会性演绎，是一种关于社会身份的多元化展演，它与生理性的、病态性的人格分裂是不同的。对于正常人来说，这种"人格分裂"是自发的，是个体自适应的一种调节机制，而且不管我们进行了怎样的"角色扮演"，我们始终都能将这些身份与我们的日常身份统一起来，整合进一个具有连贯性的"我"之中。因此，对于现实世界的大多数人来说，异质性与碎

1　穆尔.赛博空间的奥德赛：走向虚拟本体论与人类学[M].麦永雄，译.桂林：广西师范大学出版社，2007：187.

片性的背后仍然维持着一致性。但真正的人格分裂却是被动的，患者不仅呈现出一种极为强烈的分裂状态，而且他们根本无法控制自己的人格转化。偶然性的突发状况时常致使他们陷入一种精神的失控状态。通过对比，我们诧异地发现，刚才所描述的"交叉通灵境况"根本不是什么关于自我意识投射的多元性，而是更接近于一种病态的人格分裂。因为这种知觉置换与意识错乱完全是被动的，是不可控的。只要权力者开始通过 VR 装置置换或交叉我们的感知系统，我们便将进入感知与人格的更替乃至跳跃状态中，根本无力阻止。更重要的是，一旦不同主体之间进行了知觉上的"交叉"，那么他们不但难以调节自己的肉身，而且将难以在一个陌生的感知环境中确认自己的社会性身份。于是，无论是在身体层面，还是在社会层面，意识的连续性与"自我"的一致性都被瓦解了，主体很可能因此陷入一种更为彻底的分裂状态。

第二节
VR 时间中的意识断裂

"时间究竟是什么？没有人问我，我倒清楚；有人问我，我却茫然不解了。"[1]世间万物，最为神秘莫测的莫过于时间。针对"时间是什么"这一问题，亚里士多德、奥古斯丁、康德、柏格森与胡塞尔等哲学大家都对此进行过不同视角的深入研究。在科学意识如此昌盛的今天，时间通常被理解为事物运动或事件进程的一种表现，是描述物质运动的一个参数。尽管这种强调客观性的科学时间观已经被人们普遍接受，但时间这一概念自其诞生以来就一直与主体保持着复杂的纠缠关系。奥古斯丁（Augustine）就在其《忏悔录》

1　ST. AUGUSTINE. The Confessions[M]. John K.Ryan, trans. New York:Image Books,1960.

中指出："它似乎来自于我，似乎时间无非不过是一种延长；但它是什么的延长，我不知道；如果不是精神本身的延长，那才奇怪。"[1]康德则更为明确地指出："时间无非是我们内直观的形式。如果我们从时间中把我们的感性这个特殊条件拿掉，那么就连时间感念也消失了，时间并不依赖于对象本身，而只依赖于直观它的那个主体。"[2]也就是说，时间既是不以人的意志为转移的一种客观存在，又与主体有着明确的内在关联。

当然，强调时间与主体间的内在联系并非体现唯心主义，因为就对时间的感知来说，时间总是与意识相生相伴。甚至可以说，只要主体仍在进行感知，仍在进行意识活动，那么主体的时间感便会持续下去。因此，时间先天地规范着主体对世界的感知，而主体也内在地具有一种时间意识，正因如此，康德才将时间视为主体"纯粹直观"的一种内在形式。这种主观化的时间并不与客观化的科学时间相冲突，因为无论我们如何客观化时间，时间的最终参照一定以我们的时间感知为基础，并且被我们的空间性感觉的协调修正。[3]也就是说，我们完全可以将时间视为一种主体化的时间，将主体视为一种时间化的主体，主体感知时间，而时间塑造主体，这也就是为什么莫里斯·梅洛-庞蒂（Maurice Merleau-Ponty）会说出"必须将时间理解为主体，必须将主体理解为时间"[4]的论断。这意味着，新的时间体系将与新的空间体系一样能够塑造出新的时间主体。如此说来，虚拟现实的技术革新不仅带来了全新的空间体系，也带来了全新的时间体系，而这一时间系统将如虚拟空间系统一样成为未来人类虚拟化生存不可规避的先天架构，重塑主体时间意识，进而重塑主体自身。

不过需要注意的是，VR在重塑主体时间观念的同时可能导致其时间意识的断裂，进而造成其记忆、欲望、意识、人格以及生命体验的碎片化。尤其

1　ST.AUGUSTINE, The Confessions[M]. John K.Ryan, trans.New York:Image Books,1960.

2　康德.纯粹理性批判[M].北京：人民出版社，2004：36-39.

3　翟振明.有无之间：虚拟实在的哲学探险[M].孔红艳，译.北京：北京大学出版社，2007：94.

4　MERLEAU-PONTY M. Phenomenology of Perception[M]. Donald A.Landes, trans. London: Routledge Press, 2012.

是VR电影、VR游戏等VR影像艺术，它们不仅构建了艺术化虚拟空间，还设计出各种颇具创意的虚拟时间系统。这些虚拟时间大多在保证时间的基本计数原理的同时将时间予以重置，使其呈现出不同于现实时间系统的全新面貌。这就意味着，VR空间中的时间意识与现实空间中的时间意识截然不同。然而，由于主体意识的被抽离与被封存及由此造成的身心分离，这种时间意识的突变与分化大概率造成主体自我意识的突变与分化，因为不仅玩家大脑中的生物钟时刻干扰主体的时间意识，其肉身的运动感、疲劳感乃至饥饿感也会不断将主体意识重新牵扯回现实之中。不仅如此，现代公共时间的点状形态对主体生命的分割在这些VR作品中更加严重。如果说电影是非主体的"晶体—影像"，那么VR影像就是囚禁主体的"时间晶体"，它将主体包裹进一个个时间晶体，使他们在彻底隔绝于现实时间的同时彼此孤立，使他们在永远指向"当下"的时间黑洞中隔绝于历史和未来。最终，主体延绵的自我意识与生命体验被彻底撕裂，成了一个个孤立化、断裂化的时间流民。

一、观测者与参与者：VR世界中的时间构建与时间感知

VR作为一种全新的数字化时间架构，不仅在现实世界为主体构序出一种全新的时间秩序，也在虚拟"里世界"中创建着各种迥异的虚拟时间系统。不过，虚拟时间的构建在当前时代只出现在VR艺术作品中，如VR电影、VR游戏、VR场景艺术、VR装置艺术中，而在VR医疗、VR军事、VR航天等注重时效性与即时性的具体应用中，虚拟空间中的时间体系既不能重构，也不需要重构。因此，本小节所讨论的虚拟时间系统的构建主要针对的就是VR电影和VR游戏这类艺术形式。正是在这些虚拟世界中，全新的虚拟时间系统得以被构建。这不仅造成了其与现实时间系统的冲突，还重塑了主体的时间感知与时间意识，进而为主体的意识割裂埋下了隐患。

（一）VR世界中的时间构建

在现代科学视野中，我们将未受干扰的铯–133的原子基态的两个超精细

能阶间跃迁对应辐射的9,192,631,770个周期的持续时间计为1秒（s）。在此基础上，分钟（min）、小时（h）、天（d）、月（m）、年（y）等时间单位的精确界定及其物理基础也因此得以明确。但无论我们用什么计量标准或计量体系去定义某个时间单位，可以肯定的是，作为操劳工具或作为科学工具的"时间"本质上是一个参数，是一个参照体系。例如，中国古代用水滴、沙子抑或太阳光照作为计时工具一样，所谓的原子辐射周期也只是时间计算的一种参照物。但这是否就意味着只要其物理参照足够稳定，时间是可以随意界定的？换一种说法，时间是否只是主体约定俗成的某个标准抑或是某个概念？显然不是，因为我们所理解的秒、分钟、小时等时间概念并不是时间本身，而只是时间的计量单位，就如米（m）、厘米（cm）、千米（km）既是长度，也是长度单位一样。其次，时间单位本身并不是任意的，大多数的时间单位有十分明确的现实基础与生活意义。例如，天其实是人们对"日出"现象或地球自转循环周期的计数，月是对月亮阴晴圆缺现象或月球公转现象循环周期的计数，年则是对四季变换或地球公转现象循环周期的计数。因此，现实生活中的"时间"在某种限度上其实是对事物变化的一种描述，而时间单位也有其丰富的现实意义。

但必须清楚，我们日常现实生活中所使用的时间尽管已经在漫长的岁月中逐渐褪去其现实意义，变成纯粹的计量单位。但无论是时间本身还是时间的尺度界定，在其最初意义上都与我们的生活世界，与我们的日常操劳息息相关。也就是说，现实时间映照的是我们的现实世界。那么，虚拟现实世界呢？当虚拟现实世界开始侵占我们的现实世界，当人类逐渐开启虚拟化生存的序章，当我们不再直接通过肉眼而是通过VR头显等VR设备去感知这个世界时，人类是否会迎来全新的时间体系与时间单位？在虚拟化的空间体系中，主体对时间的感知又是否会发生巨大变化呢？事实上，有过虚拟现实经验的玩家或观众都知道，当前大多数VR电影和VR游戏中的时间系统参照的仍是现实世界的时间系统，只是其时间速率有所不同。尤其是剧情类游戏，为了便于玩家带入剧情，这类VR游戏大多直接搬用现实世界的时间体系，依旧以小时、天、月等作为时间单位，并遵循一天等于24小时、一年包含

365天等现实世界的时间计数规则。当然，这不是单纯为了省事，也不是为了降低游戏的开发成本，而是确有其理。正如康德所说，在大多数人的意识中，现有的时空框架是以纯粹直观的内直觉形式存在于每个人的意识中的。这种直观只有表象形式，没有明确的表象对象，因而时间多展现为一种直觉能力。也正因此，梅洛－庞蒂才指出："我属于空间和时间，我的身体适合和包含时间和空间。"[1]

也就是说，在日常生活中，时间更多作为一种先天架构去形塑我们的表象及表象对象。举个例子，时间与空间就如同眼镜一般。我们用眼镜观看这个世界，但在佩戴眼镜时，却很少将注意力集中于它。在这一点上，时间比空间更甚。这就意味着，如果游戏以剧情推进为主要目的，那么贸然去打破这个"眼镜"，去破坏玩家最基础的知觉形式将是不理智的，除非这个游戏本身就是以"时间"为核心要素或核心卖点。所谓虚拟现实本身就是对现实的一种虚拟，即对现实的一种模仿与再构建，因而虚拟世界中复杂的系统设定依然得建基于可理解的规则和逻辑。也就是说，在虚拟世界中，现实世界的基础性架构及种种普适性规则大多会被承接下来。这在电影和其他游戏中是这样的。

当然，VR游戏和VR电影所构建的虚拟世界与现实世界在时间配置上是不同的，虽然它们照搬了现实世界的时间系统，但大多数游戏加快了其时间速率。例如，在VR游戏《莫斯》中，玩家需要扮演一个Reader的角色，帮助小老鼠Quill完成各种探险和挑战。该游戏中虚拟世界的昼夜循环仅仅相当于现实世界的几个小时。也就是说，虚拟游戏世界中的时间流逝速度整整加快了数倍。而在一些任务类游戏中，游戏进程的"最后半小时"可能相当于现实世界的两三个小时甚至更久，时间的流逝速度降低。更夸张的是，在类似《孢子》的策略类游戏中，现实世界的短短几十分钟，游戏中的单细胞生物就能进化成拥有智慧的哺乳类动物。也就是说，游戏世界甚至可以以几

---

1 梅洛－庞蒂.知觉现象学[M].姜志辉，译.北京：商务印书馆，2005：186.

千万乃至上亿倍的速度疯狂加速。不仅如此，很多VR游戏和VR电影不止拥有一套时间系统。

事实上，在广义的虚拟世界（包括电影世界和游戏世界）中，世界既是同一的，又是非同一的。说它是同一的，是因为无论是电影还是游戏，其所构建的世界在基础设定上都是一致的，如在VR互动动画短片《亨利》所构建的虚幻世界中，动物不仅可以思考和交流，还拥有与人类一样的情感。时长仅5分钟的VR短片《救命！》则将故事背景设定为正遭受各种外星种族袭击的地球，男女主角被不明外星生物疯狂追杀，影片惊险而又刺激。抛开VR这一影像技术载体不谈，这些游戏或电影等艺术所构建的虚拟世界虽为虚拟，但也需要遵循一致性的基本逻辑，否则这样的世界就不具备真实性，也不可能让观众产生真实感。试想如果一部影片起初将背景设定在三维空间，但突然就在毫无暗示、毫无解释的情况下将故事背景置换为二维空间，那么所有观众都会难以接受，无法沉浸。可见，除非有特别的设定，否则空间与情节的一致性是虚拟世界的基础逻辑之一。

说虚拟世界是非同一的，则是因为大多数的传统游戏和传统电影在时间系统上是非同一的。这种时间的非同一不是说它们有几套不同的时间计算规则（24小时为一天，7天为一个星期），而是说这些虚拟世界或虚拟情境中的世界系统会根据不同的场景和情节改变时间流逝的速度。对于这种时间设定，大多数玩家和电影观众都不会感到陌生，因为对时间的操作与控制正是电影艺术和游戏艺术的核心之一，而这也导致了情节时间与叙事时间的划分。仔细回想可以发现，大量的电影作品和游戏作品会为了迅速推进剧情而出现"N年后"的字幕，以表示时间的飞速流逝。不过严格来说，这并非时间本身的变异，而是文字媒介对时间进行指代的结果。电影蒙太奇所创造的"时间魔术"更是不胜枚举，比较显著和明确的还是电影和游戏艺术中的升格和降格手法所带来时间变速效果。以《黑客帝国》为例，影片中经典的"子弹时间"就是一种结合影片特效的升格处理，它使虚拟空间中的时间流逝速度一瞬间降低，仿佛时间本身发生了停滞。但在子弹恢复正常速度以后，主角躲闪的动作又采用了降格处理，加速了主角的身体动作，时间好像也一起加速一般。这类现象在游戏中也极为常见，如《文明5》这款策略战斗游戏，在游戏中，当玩家进行策略布局时，游戏的时间系统则采用高速度，以加速时间的形式呈现策略结果。进入游戏的战斗系统时，该游戏则采用低速度，一场十分钟左右的战斗剧情，玩家往往需要持续操作一个多小时才能结束，打斗画面的慢动作呈现比比皆是。对于一些以时间为主题或将时间设定为核心要素和核心玩法的电影和游戏来说，其时间系统更为多元、复杂。例如，游戏《量子破碎》就引入了全新的时间系统，将时间变成了玩家可以操作的可玩因素之一。游戏主角因为一次时光机意外而获得了控制时间的神奇力量，这一设定使游戏世界经常会出现时间暂停、倒流甚至崩溃的情况，玩家可以在战斗中通过控制时间来战胜敌人。所以，所谓的时间同一性在该虚拟世界中根本不存在。通过以上例子可以发现，对于虚拟现实世界来说，时间系统完全可以是不唯一的，它可以根据情节需要、场景需要以及审美需要等因素而调整其世界内部的时间体系，以获得最佳的观影体验和游戏体验。

但必须指出的是，虚拟世界时间的不同一性针对的是仍然身处现实的观者和玩家，是坐在计算机前或银幕前的"我们"，而不是虚拟世界中的存在者。也许对于游戏中的NPC[1]来说，这个虚拟世界的时间流逝速度从未改变，也不存在多样化的时间体系。因为改变的其实是第三方所感知到的时间体系，是作为"观测者"所观察到的时间变异。对于虚拟世界中的虚拟存在者来说，时间流逝速度无论是变快还是变慢都没有意义，也无法观测，因为他自身就深陷于此时间牢笼之中。也就是说，除了玩家之外，其他的虚拟游戏角色本质上都是"经验者"，而非"观测者"。时间变慢，他们的意识和行动也会变慢；时间加速，他们的意识和行动也会加速，因而他们

1　NPC是non-player character的缩写，是游戏中一种角色类型，意思是非玩家角色，指的是游戏中不受真人玩家操纵的游戏角色。

并不能观测到时间流逝速度的变化。例如，在电影中，为了凸显某角色的极速，可以将其他角色都采用慢动作处理。也就是说采用区别于常规时间体系的另一套时间体系，将其时间呈现速度降至极低，以呈现出近乎静止的画面效果。但这种时间暂停效果只是对于观者而言的，对于其他角色来说，他们只是见证了该角色的极速奔跑。对于该角色来说，他也只是在正常奔跑而已，因而他们各自的时间流逝速度并无变化。所以，虚拟世界的多样化时间系统其实是就其向主体所呈现出的可知面貌来说的。也就是说，虚拟世界的时间体系对于观者和玩家来说本质上只是一种呈现或游戏形式，是以主体经验为核心的，因而是可观测、可操纵的。因此，虚拟世界所适用的其实不是物理时间，而是主体心理时间，这些不同的时间表现其实是对观众内心时间感知的模仿与复现，而对于虚拟世界中的虚拟角色来说，虚拟时间就是他们的物理时间。

（二）VR时间的感知原理

传统电影和游戏所构建的虚拟世界与VR技术所构建的虚拟世界虽同为虚拟世界，但对于主体而言，两者却有着截然不同之处。其中最大的不同就在于，当主体以此在的身份沉沦于虚拟世界时，作为玩家和观者的主体从"观测者"转变为了"参与者"，而这种转变直接导致了虚拟时间体系的地位反转。无论是影院中的观众还是坐在计算机前的玩家，对于这些"观测者"来说，虚拟世界的时间体系并不是本源的，因为它只是人类的创造物，是人类艺术创造或科学创造的产物。这就意味着，虚拟世界的时空构建及其呈现形态更多是出于对游戏创意、审美体验、精神愉悦等需求的满足。在当今社会，对虚拟世界的构建仅仅是为了实现最大化的经济收益。因此，与现实世界的时间体系相比，虚拟时间体系是次生的，因而也是相对次要的。换句话说，无论电影和游戏所创造的虚拟世界多么绚烂多彩，它们终究难逃娱乐品的身份限定，因而这些虚拟时间永远只能是现实时间的"点缀"，因为虚拟世界本身就是对现实世界的一种补充。不过，主体的这种"观测者"身份并不适用于虚拟世界，因为从主体戴上VR头显、穿上VR手套的那一刻开始，他就已经切身进入了虚拟世界之中，成了这个虚拟世界的"参与者"。于是，虚拟时间对于主体来说便不再是一个外在的东西。

对于"观测者"来说，虚拟世界的时间体系之所以不重要，是因为虚拟时间纯粹是一种设定，是创作者对虚拟世界核心要素的某种设置。如果我们的现实世界也有某些基本设定或"底层逻辑"的话，那么时间一定是这个世界的基础设定或"底层逻辑"之一。虚拟时间体系便是虚拟世界的"底层逻辑"，是影响虚拟世界基本运行规则的核心要素。但这个要素对于"观测者"来说只是"身外之物"，是可以对象化、客体化的可控之物。以笔者儿时颇为喜欢的计算机游戏为例。在游戏中，时间非常抽象，日月交替也极为频繁。玩家只是操控角色在地图上行进了一小段距离，一天就过去了。短短十分钟的时间，游戏里便已经过去了一个星期，而玩家也把空无的城镇发展成了大型的城邦。尽管这款游戏的时间流逝速度非常快，但它对于我却毫无影响，因为我仍然身处卧室这个现实空间之中。因此，游戏中的虚拟时间不仅没有影响我对现实世界的时间感知，更没有扭曲我脑中基本的时间逻辑。可见，这样的虚拟时间体系虽然是游戏世界的底层逻辑，但却只是作为"观测者"的我的一个游戏对象。

之所以如此，是因为对于玩家或观众来说，虚拟时间体系并没有过多的存在论意义，只要影片或游戏的内部逻辑能够合理、一致，那么具体的时间设定并不重要。在很多人看来，这听起来似乎是一句废话，因为它几乎是所有人公认的事实。因为人们难以想象，虚拟世界里的某种设定会对作为玩家的我们有所影响？但我们有没有想过，之所以虚拟世界无法对主体施加直接影响，是因为作为"观测者"的玩家仍然身处现实时空之中。只要主体存在于现实世界，那么现实世界便是主体的主导先天架构，因而它也将直接影响主体对世界的表象与感知。显然，在这种情况下，虚拟世界也只是现实世界中的被表象对象之一。因此，对于身处现实世界的观众和玩家来说，现实世界这一先天架构主导着他们对虚拟世界的感知与表象，因而他们很难被虚拟世界所牵涉。这就意味着，虚拟世界对主体来说只能是存在者意义上的存在物，只能是客体化的被认识对象，只能是"此在"的操劳对象，无法是"世界"本身。

现实时间体系显然并非如此，对于人类来说，现实世界是切切实实的生存世界，因而现实时间有着极为显著的存在论意义。就如坐在计算机前的我一样，游戏中的时间不过是一种游戏设定，但现实中的太阳下山却意味着年幼的我必须去写作业了。因此，且不说"此在"本身就是一种时间性的"存在"，此在存在的显现同样需要时间的参与。即便是在"常人"的日常操劳生活中，时间也直接起到了生存层面上的实际功用。例如，日夜更替直接影响人们的劳动、娱乐与作息，四季更迭意味着生活环境的转变及农作物的再生产。虚拟世界的日夜更替和岁月流逝本质上对主体并无过多生存层面上的实际意义，除了游戏体验或任务进度有所不同。更重要的是，即便玩家或观众能够短暂地沉浸于虚拟世界中，但他们其实仍处在虚拟世界之外，是该世界的"观测者"而非"参与者"。不过，也正因为主体是"观测者"，他们才能够将虚拟世界对象化，进而设定其底层逻辑。换句话说，虚拟世界的创作者必须首先是"观测者"，然后才能是创作者。

通过上述对虚拟世界的分析可以发现，虚拟世界与"前虚拟世界"的最大不同就在于作为观众和玩家的主体从"观测者"变成了"参与者"，而在这种身份转变中，主体与虚拟世界中的虚拟角色实现了同一。这也是大多数的VR电影和VR游戏并没有虚拟主角的第三视角的原因。在影院电影中，除了极少数的实验性作品，几乎所有影视作品都有主角，而这些主角便是观众主要的角色带入对象。当影片的主角明确之后，观众便会在导演的引导下将自己带入角色，进而随影片展开剧情。但无论观众如何带入角色，如何沉浸于剧情，观众终究是个"局外人"，因为影片中已经有了一个主角。这个主角无论是谁，观众都仅是将思绪或意识投射到他们身上而已，作为本体的观影主体仍坐在现实空间中。

如此来看，其实大多数的影片在角色设置和情节发展上本身就已经是"完满"的了。即便没有观众，没有角色带入和心灵投射，影片的剧情依旧会持续推进，因为电影本身就是完整的。计算机游戏和主机游戏与此类似，但也有所不同，因为游戏如果没有玩家推进剧情，那么游戏的虚拟世界便会停滞。因此，就完满度上来说，游戏是有缺口的，它等待玩家去填补缺口。也正因如此，大部分游戏在制作时就已经将玩家纳入其中。即便如此，游戏中仍有一个虚拟角色代替玩家生存于游戏世界之中，尽管玩家可以控制这个角色，甚至可以决定其种族、性别、体型、外貌、职业、能力以及出生地在内的各种属性，但玩家仍必须依靠这个"虚体"才能参与虚拟世界的各项事宜。南京大学的蓝江教授曾这样解释"虚体"："数字母体或数字界面上，参与交往和交易的身份，实际上依赖于一个数字化建构的身份，即虚体。"[1]也就是说，"虚体"虽然是主体的替身，但它同样是主体得以行动于虚拟世界的媒介，而作为玩家的主体仍身处现实世界之中，它在操控角色的时候仍可以看电视、吃零食并与旁边的朋友聊天。之所以角色扮演类游戏虽然提供第一视角，但大多数玩家仍习惯于选择第三视角（能够看到代表自己的虚拟角色）的原因，就是因为玩家在潜意识中其实对虚拟世界、对自我、对虚拟与现实的区分有着明确的定位。他们虽将意识投射于角色，但很清楚虚拟世界只是对象化的世界，只是生活世界的一部分而已。

反观 VR 电影和 VR 游戏可以发现，几乎没有一部 VR 作品设置了这样明确的替代视角，或者说，VR 中的"虚体"是隐而不显的，因为每一部 VR 作品都采用了第一视角以模拟观众主体的个人视角。在这些作品中，我们绝对不会看到"自己"的脸，许多作品甚至连观众或玩家"自己"的身体细节都不会有所展露。由 Gabo Arora 和 Chris Milk 拍摄并制作的 VR 纪录短片《恩典潮涌》（*Waves of Grace*）就以第一视角见证了非洲埃博拉疫情的残酷现实，影片全程都没有透露作为观众"虚体"角色的任何信息，也没有呈现这一"虚体"的身体细节，观众仿佛一个纯粹的见证者。正如拍摄

1　蓝江.环世界、虚体与神圣人——数字时代的怪物学纲要[J].探索与争鸣，2018（3）:66–73.

这部影片的Vrse.works公司创始人史密斯所说的那样：VR让你真正成为现场见证者。同年，由阿罗拉和米尔克拍摄的另一部八分钟VR纪录短片《锡德拉头顶上的云朵》（*Clouds Over Sidra*）则将镜头转向了叙利亚难民营，让观众见证了叙利亚的生存现状，尽管个别场景中的人物还会与"我"打招呼甚至交流。但是，"我"却没有任何回复，影片也始终没有出现任何关于"我"的信息，"我"似乎存在又不存在。但可以肯定的是，在这些VR作品中，主体与角色实现了同一，主体与"虚体"完全相契。甚至说，作为观众或玩家的主体已经不再需要一个"虚体"作为中介来进入虚拟空间，因为他自己就在这一空间之中。《锡德拉头顶上的云朵》的制作人米尔克就曾在TED演讲（Milk 2015）中对VR电影的这一观影效果进行过描述："当你在头盔里的时候……你可以看到360度的全貌，在各个方向。当你坐在她的房间里，看着Sidra，你不是通过电视屏幕看，也不是通过窗户看，你是和她一起坐在那里。当你往下看时，你就坐在她所坐的地方。正因为如此，你以一种更深的方式感受到她的人性。你以一种更深的方式同情她。"因此，从观看者戴上VR装置的那一刻起，她就在虚拟世界之中，她就是观众，而观众就是她。

对于前VR时代的观众和玩家来说，主体虽然面向虚拟世界（计算机屏幕或电影银幕），甚至部分意识也进入了虚拟世界，但其所有的感觉器官所直接面向的还是现实世界，因而现实世界的时空体系构成了前VR主体的纯粹知觉形式。如果借用此前对纯粹知觉形式的比喻，那么现实时空体系便是前VR主体观测世界的眼镜，它直接影响主体对世界的感知与表象。这就意味着，只要现实时空体系仍主导主体的表象形式，那么虚拟世界无论如何逼真，如何有趣，如何引人沉浸，作为其底层逻辑之一的时空体系都是外在的，都是透过"眼镜"所观测到的"现象"，因而只能是现实时空体系"规训"下的被表象物。如果同样用眼镜进行比喻的话，那虚拟世界的时间体系便是虚拟世界的数字化虚拟眼镜，这副虚拟眼镜只有虚拟角色能戴上，它也只对虚拟角色起到先天架构的功用。对于现实世界的主体来说，它不过是对现实"眼镜"的一种仿拟而已。不过，一旦现实世界的主体佩戴上VR装置，那么主体所有的感觉器官都将被封闭，其所接收到的感知信号也将被VR装置制造的虚拟信号所置换。在未来社会，VR主体的眼之所看、耳之所听、鼻之所闻、舌之所尝、肤之所感都将来自虚拟信号，只要再配合完善、持久的自动营养供给系统，那么虚拟生存也能成为现实。对于彼时的人类来说，现实可能只是生存的另一种选择而已。

这段未来学式的科学展望让我们看到的不仅是VR技术背后所潜藏的巨大危机，它同样让我们意识到一个现实，当主体的所有知觉信息都被置换后，主体所直接面对的世界同样也被置换了。也就是说，对于VR主体来说，虚拟世界不再是一个外在的被表象世界，不再是透过现实眼镜所看到的世界，因为它已经成为主体的直观世界。于是，虚拟时间便成了对主体起主导作用的纯粹直观形式。更准确地说，一旦主体进入虚拟世界，那么他将面临与前文论及的虚拟世界一样的状况，此时的VR用户不再受到一种时间体系的影响，而是同时受到两种时间体系的共同支配：一是现实时间体系，二是虚拟时间体系。更重要的是，当主体进入虚拟世界之后，虚拟时间体系便不再是一种外在的时间体系，而是变成了"里世界"的主导时间体系，进而变成了主体内在的直觉形式。于是，玩家或观众便将在虚拟时间这副"虚拟眼镜"（表象形式）的"规训"下去感知、表象虚拟世界中的虚拟存在物。

以VR游戏《超热》为例。在该游戏中，时间的流逝速度直接与玩家的身体行动相关。当玩家快速挥动拳头时，时间就加速流动；当玩家缓步前行时，时间便逐渐放缓；当玩家不动时，时间便彻底静止了下来。当玩家戴上VR头显进入这个游戏后，很快就会发现，他被这个游戏的时间设定影响了。起初，他是混乱的，因为这种时间设定严重违背了日常的时间经验。但很快他就发现，一旦适应这种时间设定之后，最初的不适感立马烟消云散了。不仅游戏变得非常有趣，就连"世界"也开始变得自然了，仿佛时间本就应该如此。更重要的是，在将现实世界隔绝于感知之外后，他在进行了短暂的游戏时间后便失去了对现实时间的适应能力。摘下VR头显后，玩家会一时难以适应现实世界的时间流动，当他移动时，他甚至有了一种时间加速的错觉，如同虚拟时间还在支配着他。除此之外，他还会发现，在这个虚拟世界中，其对现实时间的判断是不准确的。他本以为只玩了十分钟，但当结束游戏后却发现，时间已经过去了半个小时。可以发现，当人们通过VR进入虚拟世界后，尽管身体还能细微地感知现实时间，但当现实被隔绝在外，当虚拟时间取代现实时间成为玩家的主导时间体系，当主体成为一个"参与者"而不是"观测者"后，其便在新的时间感知中失去了对现实时间的适应与判断能力。

因此，我们不禁想问，此刻的我们又如何确定我们现在不是处于虚拟世界中呢？是否如今我们所习以为常的时间体系就是正确且唯一的？或许当我们被外时空或更本源时空的同伴唤醒后，我们会发现，这个本源世界的时间体系是完全不一样的，在本源世界里，一天仅仅只有六个小时，一个月却有一百天，而两个月内，人类就会经历四季变换。更让人惊讶的是，本源世界里的时间可以加速、跳跃甚至倒流！但问题是，这个所谓的本源世界的时间体系对此刻坐在计算机前的我们重要吗？并不重要！因为此刻的世界才是我们的生存世界，我们此刻是参与者，是生存者，而不是观测者。当我们是观测者时，游戏或电影中的日夜更替与岁月流逝对我们没有意义，而当我们是生存者时，虚拟世界的日夜更替便将直接影响所有人的实际生存。这也就是为什么当VR电影将场景转换为黑夜时，观众就会本能地感到害怕，而当时间加速、场景骤变时，观众又会感到心悸的原因。因为当VR用户作为参与者沉浸于虚拟世界中时，虚拟时间系统便直接决定了主体的感知经验，因而具有切实的实践意义。

二、点状时间与晶体时间：VR世界中的时间异化与意识割裂

面对VR装置与VR世界，主体原初的绵延意识之所以被割裂，一部分是因为VR装置对主体的身体与意识进行了分割，一部分是因为现实时空与虚

拟时空的冲突造成了主体的认知混乱，但我们其实都忽略了，主体意识的割裂实质上是因为虚拟时间本身就是割裂的。在这样的时间感知中，生命谈何"绵延"？所以，在VR电影、VR游戏等虚拟世界中，虚拟时间非但没有愈合现实时间的点状分割，反而还在很多方面加剧了时间的点状化与碎片化，进而恶化了主体时间意识的割裂。除此之外，娱乐化的VR影像更是直接将主体囚禁于一个个脱离于现实时间系统的"时间晶体"之中，使他们成了永远指向当下的"时间流民"。

（一）"点"状时间与现代主体的时间意识

当我们将时间理所当然地视为主体的先天架构时，我们是否想过，这个作为主体纯粹直觉形式的"时间"究竟诞生于何时？又是谁发现了或者发明了时间？亚里士多德认为，时间没有起点，其论证逻辑如下：因为"无不能生有"，所以宇宙不可能是从虚无诞生出来的，宇宙必然是一直存在着的，那么时间又何来的起点呢？而奥古斯丁认为，虽然"无不能生有"，但上帝存在于时空之外，因而是上帝创造了宇宙，也是上帝创造了时间。现代物理学则认为，时间诞生于宇宙大爆炸，不过到目前为止，人类并不能确定宇宙诞生的确切时间，但可以肯定的是，在宇宙诞生之前，时间尚未展开。20世纪60年代，霍金和彭罗斯提出了"奇点"理论，该理论指出，宇宙诞生于一个无穷小的"奇点"，所有的物质和存在都汇聚于这个点，正是这个"奇点"的爆炸才诞生了包括时空在内的世间万物。在这个"奇点"处，时空曲率是无穷大的，一切都尚未展开。也就是说，也许就是从宇宙爆炸的那一瞬间起，时空曲率开始趋向平稳，时间便开始了其"滴答"之声。

当我们探讨至此的时候，一个问题突然出现了，为什么时间是"滴答"之声？是从什么时候开始，时间在所有人的印象中开始以"滴答""滴答""滴答"的节奏均质向前？是公元前1500年前后埃及朝官阿门内姆哈特发明了一种"漏壶"状的水钟时，还是东汉张衡制造漏水转浑天仪时，抑或是1283年英格兰发明首座砝码驱动的机械钟时？没有人能够明确地回答这个问题，但可以肯定的是，在大多数人的潜意识里，时间是有"形质"的，因为大道无形的时间并不是"常人"眼中的时间。"常人"眼中的时间是可以计数的，因而它总是伴随着某种具体的信号，并以某种具体的形态出现在日常生活中。或许现在我们可以回答"时间起源于何时"这个玄而又玄的问题：时间起源于人类第一次用工具开始"计时"之时。因此，常人眼中的时间"形质"并不是时间自身的某种物理性质，而是时间通过计时工具向主体所显现的某种感知形态。尽管海德格尔曾经提出这样的疑问："人类此在在发明怀表和日晷仪之前就已经为自己装备了一个时钟，这是怎么一回事？"[1]但这一关于存在与时间的本源性问题其实也向我们暗示了关于"作为存在者的时间"的问题，除了本源性的时间之外，生活世界中还有常人化的时间客体，而这些被主体对象化的时间客体或者说被客体化的时间形态其实与"怀表和日晷仪"这些计时工具密切相关，或者说，作为常人的生活时间其实直接受到时间工具的"形塑"。所以，时间之所以以"滴答"之声的形态印现在每一个现代主体的意识中，是因为钟表"制造"了现代性的时间，是因为以机械钟表为代表的计时工具经过漫长的岁月已经成为时间的"代言人"。在原始时代，时间绝不会有"滴答"之声，只能是脑海中的一个个日夜轮转与寒暑交替。但是在现代，秒针在机械齿轮驱动下的一次次"滴答"行走赋予了时间"点"的外在形态。于是，每一个时间点前后相继、均匀统一、循环往复。

不过，这种看似规则且协调的点状时间一直以来饱受诟病，因为在很多人看来，"点状时间是科学的，而贯穿20世纪的哲学发展历程，从现象学到后结构主义，几乎无一不对科学的世界图景持谨慎乃至抵制的立场"[2]。事实上，这种看似合乎理性的"科学的"时间形态虽然井井有条，仿佛包括时间在内的一切都尽在掌握中，但正如胡塞尔在《欧洲科学的危机与先验现象

1　海德格尔.海德格尔选集[M].孙周兴，译.上海：上海三联书店，1996：11.
2　姜宇辉.时间为什么不能是点状的？[J].上海大学学报（社会科学版），2020，37（4）：74-84.

学》中所批判的那样，现代理性科学看似是在寻找规律、发现真理，但实质上是在施加秩序、"驯化"自然。科学家在发现知识、揭露真理的过程中，也简化了世界。一旦某个代表真理的秩序或公式得到验证，人们就会强硬地将感觉世界套入其中。于是，珠穆朗玛峰只是代表一个高度，马里亚纳海沟只是代表一个深度，行动只是能量的消损过程，生老病死仅仅是一种生命规律。世界被规律化了，但也被简化了，而无法用公式计算或表达的一切，科学则毅然地与其分道扬镳。于是，科学在某种限度上忽略了存在、生命和意义的问题。现代时间体系其实也是现代理性科学的一部分，因为它实质上也是通过数字网格和数学模型将感觉世界进行了"整治"，因而在这种规律化的、高精度的时间体系背后是主体对世界的理性化与秩序化。胡塞尔认为，科学之所以会陷入危机，是因为它与生活世界失去了联系，但现代社会点状时间体系的可怕之处却在于它无孔不入地侵入了生活世界，使所有主体都被这种时间观念所把控，进而使一切行动和存在都可以被计时。正是在这种时间体系的"规训"下，人们产生了一种"未来可以计算""世界可以计量""生命可以度量"的错觉，于是，历史变成了一个个时间节点，而生命变成了一个个数字或者一段段时间区间。

正因如此，点状时间总是被视为冰冷的、了无生机的，它富有节奏，却压抑得让人窒息，因为世界已经被一个个前后相继、永不停息的"点"所规划了。更可怕的是，每一次"滴答"之声似乎都意味着生命的流逝，这些点如同铭刻于生命之上的印记，使生命看上去仅仅是一定数量的点的累积。这也就是为什么当有人告诉你"如果按照平均寿命来算，你的生命还有多少天、多少秒"时，你总是会陷入莫名惊恐的原因，因为此时生命在你眼中只是数字的计算，没有任何内涵和意义。可能此时会有人安慰你：虽然时间是"点"，但这样的"点"却是无限密集的，因而生命与世界仍然是绵延的。然而，无论这种原子式的时间点多么微小、密集，但正如芝诺关于"飞矢不动"悖论的遐思所揭示的那样，点又怎么能汇聚成线呢？如果点永远是点，永远孤立而分裂，那么点状时间所暗示或所呈现的就不是一种"成功"的时间，而是一种"失败"的时间。德勒兹在其著作《差异与重复》中对时间的点状形态做出了如下评价："诸时刻的前后相继不会形成时间，也不会使时间消散；它不过是标志着时间那总是失败的诞生瞬间。"[1]之所以如此，是因为在很多人的思想观念中，点状的时间必定是"异化"的时间，甚至根本就不能被称为时间，因为当人们用"点"这种描述物质广延性的词语去形容时间时，时间就已经被空间性要素遮蔽了。更重要的是，当时间被分化为一个个点后，时间本身似乎也被消解了，因为割裂的点往往会将作为整体的时间侵蚀至瓦解与崩溃。

如果说是计时机器制造了时间的客体形态，那么点状的时间形态只能说是中世纪至近代社会的主导时间形态，但可以肯定的是，它绝不是时间的终极形态，因为新的时间工具必将带来新的时间观念和客体化时间的新形态。我们甚至可以说，时间本身就是永无终止的流变，其形态永远不会被固定或束缚，因为一切有形时间都不过是人类对其"身形"和本质的主观化捕捉。甚至可以说，客体化的时间形态更多的是在顺应人类自身的规则需要，因而时间的客体形态实质上是主体赋予世界秩序的一种手段，而非时间本身的真实面貌。事实上，当前电子时代的数字钟表正在逐渐取代机械钟表的主导地位，随之而来的便是"之前的所有时钟的可见形态的缩减和还原近乎极致"[2]，因为数字钟表不仅不再发出"滴答"之声，甚至连表盘和指针都舍弃了，只剩下不断跳动的数字。因此，如果说机械钟表的时间形态是"滴答""滴答"的点的话，那么这些点由于机械装置的物理运动在视觉呈现上是连续的（如果仔细辨别钟表的"滴答"声的话，可以发现，"滴答"其实是由"滴""答"两个独立的声音组成的，"滴"其实是秒针起步之声，而"答"是秒针落位之声）。也就是说，"滴答"之声虽然是点状的，但其所显现的秒针运动却是连

1　德勒兹.差异与重复 [M]. 安靖，张子岳，译.上海：华东师范大学出版社，2019：130.

2　姜宇辉.时间为什么不能是点状的？[J]. 上海大学学报（社会科学版），2020，37（4）：74-84.

续的。因此，在现代主体的意识中，时间虽然是由一个个被视为"点"的秒组成，但秒针的连续运动使时间呈现出连续的观感效果。但电子化的数字时钟完全不同，它彻底割裂了时间的连续性幻象。它没有指针的跳动，只有数字的变化，直观、客观但却冷漠，冷漠到它就只是一个数字，不再有任何运动的迹象，不再有生命向前延展的一丝体验。点就是点，只是一个个数字，这些数字间的粘连和相继依靠的不是物理运动的连续性，而是主体的数学观念。"1：46"的下一分钟是"1：47"不是因为分针即将从"46"指向"47"，而是因为每一个主体都知道基本的数字规律。所以，时间的连续性不再与运动的连续性相关，而仅与主体的科学意识相关。在这种数字的骤变中，时间的点状形态趋向极致，因为点与点之间不再具有任何"粘连"，不再具体到任何运动上的接续与联结，点就是自身，每一个点均匀分隔，互不影响。于是，时间的运动不再是连续的，而是跳跃的，甚至是闪现的。前一秒突然闪现至这一秒，然后闪现至下一秒。最终，在不断的数字闪现中，时间彻底被割裂了。

从机械钟表到数字钟表，时间的客体形态也从"点"转向了"数字"，但很显然，计时机器不仅"制造"了时间，赋予时间感知形态，它也在通过这种外在的时间形态不断渗透、掌控乃至改造着主体的日常生存经验。因此，在客体时间的形态突变中，"此在"的生存体验必然将发生鲜明的变化。其中最令人担忧的，就是点状时间对主体生命形态的撕扯与破坏，因为时间的模式化分割并不只是时间本身的片段化和孤立化，同时也是生命的模式化与碎片化，因而是对生命力的一种消解。如果生命也能被秩序化、模式化，那么人类所谓的生命旅程不过纯粹是时间点的累积而已。在尼采等哲学家看来，生命的价值更在于其超越性，在于其不被秩序和规则所束缚。因此，时间越是精确，越是标准化，越是以点状均匀分布，生命的意义就越是苍白和空洞。正因如此，柏格森、詹姆士以及胡塞尔等哲学家才会如此迫切地想从时间的哲学角度重新恢复生命的绵延特性。显然，在点状时间的背景中，绵延、持续和创造性的生命体验既是希望，也是一种奢望。

（二）虚拟现实世界的时间异化

如果现实世界已经被点状时间所主导，那么我们是否有可能在虚拟世界中重拾自由、延绵的生命体验？答案是：几乎不可能。虽然现实时间体系与虚拟时间体系是两种不同的时间体系，彼此之间并不存在必然联系，但从"观测者"的视角来看，虚拟时间体系相较于现实时间体系只是一种后创的时间制度。尽管虚拟世界完全可以运行不同的时间系统，但虚拟时间体系大多仍以现实世界的时间制度为标准。审视目前的虚拟世界，除了梦境，大多数的虚拟世界仍搬用现实世界的时间系统。最关键的是，即便虚拟时间体系可以重构时间的运转规则，如时间可以作为一个操控因素使玩家能够控制时间的"流速"与方向，但这些重构的虚拟时间系统没有背离现代世界的点状时间结构。即便在虚拟世界中，我们可以将一年设置为20个月，1小时100分钟，1分钟10秒，但时间的这种"进制"结构及时间的片段化与点状化并没有根本上的改变。可见，无论人们如何发挥想象力，将时间作为一种对象化因素进行摆置和重组，以"数学模型"为基底的时间模型始终是时间的基本架构。无论是中国古代的十六时辰制、十时辰制、百刻制、十二时辰制还是古埃及人的十二时制，无论是等时法还是不等时法，无论是格林尼治时间还是协调世界时，生活世界的"时间"总是物体运动对人的感官影响形成的一种量。但只要它是一种"量"，就必定是基于数学模型的，因而必定有分割与区分。因为这些时间系统都是构建在计时单位的基础上，只要有单位，那么其所计量的对象就必然会被划分，所以时间就必然会被分割为单位或片段。就像上文所说的那样，这是由人类的理性，由人类的秩序本能所决定的。即便是虚拟世界，但只要这个世界是由人类创造的，是人类理性创造的产物，那么虚拟世界中的时间系统也必定是点状的。即便不是"点"，也是块状的。

如果时间作为一种计量体系必定是点状且均质的，那么这是否意味着人类只要社会化生存，其生命就必然遭受被压迫、被割裂的风险与危机？显然不是，时间对主体的规训虽然自古有之，但这一问题直到工业革命之后才变得尤为迫切和严重。也就是说，时间的计量体系只是问题的诱因之一，更大的缘由在于点状的公共时间对生命时间及私人时间的侵蚀与管控。严格来说，日出而作、日落而归也是对生命的一种规划，但我们显然不会对日出和日落心生怨念，因为它们既是一种时间规划，也是人类对世界和自然规律的适应结果。但是，倘若日常生活的所有进程都被时间严格规范，倘若人类的工作与休息时间被精确到分钟乃至秒，倘若公司连员工的上厕所时间都有明确规定，那么我们是否还能够将其视为是对世界及自然规律的顺应，而不是权力组织利用时间工具对主体施加压迫呢？换句话说，时间对主体的压迫实质上来源于时间系统对生活世界无孔不入的渗透与侵蚀。因此，时间走向"异化"不是时间体系本身出现了重大问题，而是现代世界的工具理性进程挟持时间体系，将主体的生活秩序和生命节奏带向了异化。海德格尔曾经说过，时间性乃是世界现象展开的境域，此在对世界及存在的阐释总是时间性的，因而世界与本源性的时间之间更多的是一种契合关系。但我们知道，现代性时间是线性的、自动的、均匀的，而世界是反时间性的，它充斥着意外、歧出与断裂。生命更是超越时间的，时间本应是生命及生活的一种辅助工具或提示，然而现实性的点状时间如今却企图用它的秩序之网尽可能地磨平世界与生命的差异性，并将其自身乔装为生活乃至生命的核心标准。于是，时间便不再与世界相关联，不再与价值和意义相关联，而是变成了单纯的计量系统。生活与工作也不再服膺于自然规律，而是依附于纯粹的时间规范（数字刻度），割裂式的点状时间逐渐将我们的生命撕裂得体无完肤。或许时间的理想模型应该是汉代的"夜半、鸡鸣、平旦、日出、食时、隅中、日中、日昳、晡时、日入、黄昏、人定"体系，而不是纯粹的数字体系，因为至少前者使时间在一定限度上恢复了其与世界的内在关联。

种种迹象表明，全球性时间体系的蔓延之处便是生命的规训之地，或许唯有在其之外，人类才有可能重获完整的生命体验。但不幸的是，虚拟世界也在现代时间体系的辐射范围，甚至说，虚拟世界正是点状的数字时间能够迅速扩张的关键，因为当手机、计算机以及包括VR头显在内的虚拟设备成为人类工作和生活的必需品时，数字时间便彻底侵入了我们的生活。在机械钟表时代，时间的获取并不是随时随地的，因为只有管理者和资产阶级才随身携带手表或怀表，工人阶级和学生大多通过工厂和学校的作息铃声获知时间。但在智能化时代，人们无时无刻不在获知时间，我们只要拿出手机、打开计算机，我们就会看到时间，即便我们不想，时间都会主动映入我们的眼帘，并时刻提醒我们现在是该干什么的时候了。有过 VR 观影经验的人此时可能会反驳，因为他们知道，在部分 VR 游戏或者 VR 观影的过程中，时间是被遮蔽的，如影院的电影放映虽然时刻受到时间的制约与限定（影片时长、节奏和帧率），但现实时间本身在影片的呈现过程中是隐匿的。因此，如果从这一视角来看的话，虽然 VR 作为一种虚拟空间，却有可能为人类带来片刻的持续性生命体验。

除了 VR 软件和 VR 平台的初始界面，绝大多数的剧情类 VR 电影都不会刻意标注或显现时间。对于电影艺术来说，银幕与银幕之外是两个截然不同的空间，银幕即是一个虚拟世界，如果这个虚拟世界出现了现实世界的时间标记，这显然是突兀且出戏的。但这并不意味着电影所营造的虚拟世界就不会被点状时间所撕扯，因为传统影院电影并没有限制观者的感知自由，观者仍有机会看手机或直接抬起手腕看手表。相比之下，VR 电影则从根本上隔绝了现实时间的侵扰。为了深化观众的沉浸感，VR 封闭了主体的知觉器官，以虚拟感知信号替代了真实的物理信号，除非观者主动摘下 VR 设备，否则根本没有机会被点状时间所牵扯。更重要的是，VR 影像对肢体信号及交互设计的引入使得 VR 电影的观者实质上不是在静观，而是在行动。真正处于行动中的主体是不受时间牵引的，当主体将注意力转移至计时工具或主体被动地被时间所吸引时，主体必定在那一刻短暂地脱离了操劳与行动的持续状态。也就是说，常人被时间所束缚基本上都发生于操劳间歇之际，真正的实践与行动总是参考时间，但不滞于时间。在很多 VR 作品中，身体行动与空间情境的配合早已使主体忙于进行虚拟化的操劳，而在这种操劳中，时间不再成为生命的束缚。例如，在 VR 游戏《甜蜜逃亡》

中，玩家的首要任务就是"逃"。玩家将会进入一个糖果主题游戏场景，穿过一座座水果软糖和巧克力山峰，展开一场"甜蜜的"逃亡之旅。在游戏过程中，玩家除了逃就是逃，根本无暇顾及其他。显然，在这种身体的不断运动及精神的高度集中状态中，点状的时间已经服膺于主体的激情行动，失去了其撕扯生命的效力。

尽管 VR 在这方面为生命的绵延体验提供了可能，但这并不能从根本上拯救主体的生命分裂。首先，就目前 VR 电影的平均时长来说，这种生命的绵延体验实在太过短暂。目前主流的 VR 电影多数不超过二十分钟，长片更是凤毛麟角，由 Felix&Paul 工作室设计，时长四十分钟的 VR 电影 *Miyubi* 就已经达到其他 VR 电影时长的两倍甚至三倍。很显然，这种近似镍币影院所映电影的平均时长带给观者的不是成熟的电影艺术的审美经验，而是如冈宁所说的"吸引力电影"一般，"直接诉诸观众的注意力，激起视觉上的好奇心，通过令人兴奋的奇观——一个独特的事，无论虚构还是实录，它本身就很有趣——提供快感。"[1] 而在短暂的虚拟体验之后，人们要么返回带有时间显示的初始界面，要么直接摘下头显，回归点状时间所支配的现实世界。总之，点状时间将又一次重新攫取主体的生命之流。

其次，VR 影像本质上是一个界面，一个无边界、无死角的数字界面。它既可以像电影一样，是一个故事、一个情境的显现，也可以像计算机和手机屏幕一样，是一个多功能的桌面。因此，"在所有交互界面中我们认为最为'自然'的虚拟现实交互界面，也在使用同样的矩形框"[2]。这意味着，在"世界"这个大的界面之中可以存在各种以界面形式存在的"小世界"，而玩家/用户可以随时在这个"桌面"上调出各种子界面（菜单）。事实上，在《上古卷轴 5 VR》等 VR 游戏中，玩家一边推进剧情、展开行动，一边调出菜单查看道具和任务。因此，玩家既需要沉浸于这个虚拟空间，时刻注意敌人的

1　冈宁，范倍.吸引力电影：早期电影及其观众与先锋派[J].电影艺术，2009：61-65.
2　马诺维奇.新媒体的语言[M].车琳，译.贵阳：贵州人民出版社，2020：82.

袭击，又需要注意界面上的各种数值与变化。于是，玩家的视线与注意力不停地游移，在"世界"与"界面"之间反复切换，在"被抛"与"投入"的存在状态中频繁转换。这种注意力或认知活动的频繁转换不正是新媒体时代的典型症候吗？这样的 VR 主体不就与现实世界中那个频繁在窗口界面中切换的主体别无二致了吗？时间的稳定结构显然已经被"小世界"（界面）给破坏了。一些游戏还会进行这样的设定：当玩家调出菜单进行查看时，游戏进程自动予以暂停，时间也随着菜单一起显现。于是，在主体意识继续绵延的时候，虚体的行动与世界的运转却陷入停滞，而这也是一种身心的分裂与时间的断层。可见，这些菜单与"小世界"的显现总是或多或少地在打断玩家的持续性体验。时间不仅频繁显现，还一次又一次地被玩家的选择与犹豫而割裂。

最后，真正的虚拟世界不会是一个单机世界，它在未来必将全面走向赛博化和网络化，而在这种互联与共在趋势中，不同的虚拟世界最终也将融合为一个全球性的虚拟大世界（元宇宙）。事实上，如果虚拟现实的终极目标是构建一个仿拟的现实世界，那么这个世界就必须是一个能够实现"共在"的世界，因为"共在"就是此在基本的存在形式。当然，这种共在不是玩家与众多 NPC 共存的虚拟在场，而是包含众多此在的关联性共存。因此，严格意义上的虚拟"世界"必须是网络化的，是"元宇宙"形态的，因为互联网是实现虚拟共在的唯一可能。但正如前文所说，如果说点状时间对主体生命的撕扯主要源于公共时间体系对私有时间的倾轧，那么虚拟世界则将这张时间之网抛向了所有用户。倘若现实世界为少量主体留下了田园牧歌之地，以使人们逃离现代都市，重拾生命的美好，那么虚拟世界根本不存在任何主体规避压迫的空间，一切逃逸路线早已被互联网所封锁，因为正是网络将秩序性的公共时间系统铺陈至每一个虚拟地址的角落。现代世界的时间能够做到统一化，就是依靠网络授时系统对所有联网计时设备的统一校时。无论精度多么高的机械手表，都必然存在一定的走时误差，即便是电子表和数字表也无法做到无误差的精确走时。但目前全世界所有国家却都可以做到统一时间，其中的缘由就是因为在每一个整点时，由天文台获取的精确时间就会通过互联网对所有联机设备进行自动矫正，于是，所有的时间个体都被纳入同一系统中。因此，虚拟世界在根上就是全球性的，它无法规避全球时间的倾轧。

（三）时间晶体与意识撕裂

如果点状的现代时间体系是割裂主体绵延生命体验的第一诱因，那么以照片、电影、VR为代表的第三持存则是这一现象的第二诱因，因为第三持存作为一种"时间装置"也在每时每刻地干涉着主体的时间经验及生命体验。巴赞曾经说过："摄影不是像艺术那样去创造永恒，它只是给时间涂上香料，使时间免于自身的腐朽。"[1]因而在巴赞看来，电影的终极旨归并非记忆的留存，而是时间的封存。因此，作为影像媒介的电影、照片以及虚拟现实都是一种外在化的时间客体，它们将时间封存并予以呈现。如果将时间理解为描述运动的一项参数，那么虚拟现实等影像媒介与钟表等计时工具并无二致，因为无论是日晷、沙漏还是机械钟表（除了数字钟表），它们的计时原理都是基于对物质运动变化的记录与呈现。日晷是对日光照射角度变化的呈现，沙漏是对沙子流动情况的呈现，机械钟表则是对三根指针转动变化的呈现，它们都试图利用物质运动来间接展现客观化的时间运动。相较这些计时工具，影像虽然也是对运动和事件的记录与呈现，但它们所呈现的这些运动显然没有被先天地认定为是规律的和均质的，因而它们所呈现的时间不是秩序化、标准化后的时间，不是单纯的一个数字，一个计量，而是"原生态"的、本源的，包含了生活与世界的客观化时间。因此，这种时间是具有差异性的，情境化的时间。

尤其是VR，它不仅封存了时间，还将彼时的空间进行了封存，因而它所呈现的是包含了各种空间信息的时间，是一种空间化的时间。传统电影作为时间客体虽然也是属地的，但是它更注重蒙太奇的运用。在蒙太奇这把剪刀

---

1 巴赞.电影是什么![M].崔君衍，译.南京：江苏教育出版社，2005：7.

的剪裁下，时间被自由、灵活地编辑、重组和再生产。一个全新的时间客体便由此诞生。尽管电影最后所呈现的依然是情境性的时间，但时间的本源面貌早已被重构。与此相比，VR 所注重的是一种情境性的时空结构，因而它总是尽可能地规避蒙太奇，甚至规避转场，以求保证场景与情境的完整性，杂耍性的蒙太奇几乎成为 VR 电影的禁忌。正因如此，VR 恢复了时间与空间的原始关系，使时间不再仅仅是纯粹的点或片段，而是空间性的时间，是情境性的时间，而这才是时间的本源面貌。我们总是习惯将时间想象为"延绵的线"，但这显然只是针对时间的运动轨迹，而忽略了时间真实的呈现面貌。时空是不可分割的，时间必然是空间性的时间，必然是世界的时间，因而比起点和线，时间是管状的，而这种管状的"空间—时间"比起标准化的世界时间显然更接近生命时间的原初面貌。

相比钟表，电影和虚拟现实作为一种时间客体是可逆的。现实世界的时间增量总是正向的，总是永远向前的，正所谓"逝者如斯夫，不舍昼夜"，现实世界的时间运动是一个不可逆的过程，"未来"在成为"现在"的那一刻就已经变成了"过去"。时间的神秘就在于它的不可把捉性，它只能被间接标记，而无法被真正地显现，因而时钟所显现的永远只是正在逝去的当下，即便我们将指针和数字回调，时间也不会回转。但电影和 VR 等影像媒介却能够将正在流逝的时间予以留存，甚至进行回溯，因为它们不是间接地标记时间，而是直接地记录、呈现时间，它将时间予以封存，使时间可以随时绽开。点状化的世界时间之所以可怕，很大一部分原因在于它不可逆的流逝感，钟表指针的每一次滴答响动及电子屏幕上数字的每一次变化都能让你明确感到时间的流逝，因而这些时间客体的每一次运动都仿佛在暗示生命本身的消亡，但 VR 这类时间客体却"奇迹般"地对时间进行了"把玩"，似乎时间也因此变得不再"残酷"。综合以上两点来看，虚拟现实作为一种全新的影像化时间客体似乎为现代主体化解点状时间的危机提供了某种可能。

但很不幸的是，尽管 VR 作为一种"时间晶体"为主体延绵的生命体验带来了些许契机和希望，但总的来看，这一"时间晶体"最终还是加速了时间的崩溃和主体的分裂。德勒兹曾在《运动—影像》和《时间—影像》中提出"晶体—影像"的概念，他用这一概念来指影像的实在面与潜在面之间的无限循环。本书所提出的"时间晶体"借鉴了德勒兹的"晶体—影像"概念，但同样侧重于物理学层面上的"时间晶体"概念。"时间晶体"虽然乍一听是一个类似于"晶体—影像"的哲学层面的创造性词汇，但它实质上是一个物理学词汇。时间晶体（Time crystal）这一概念于2012年由物理学家弗朗克·韦尔切克（Frank Wilczek）提出，用以指代一种具备自然属性并会以一种超短程周期的重复性模式在时空中无限运动的空间晶格，而这种周期性、结构性的运动模式不正与日常生活中由原子规律排列而成的晶体一样吗？如果晶体继续延展，那不正与电影和VR雷同吗？在德勒兹的理论体系中，"晶体"指的是物体自身分化为不同面向，两个不同面向间发生不断的反射、折射、回环关系。[1]电影和VR作为一种客体时间所封存和所呈现的不正是时间的不同面向吗？过去、现在和未来在这些影像化的时间客体中相互交织、相互映射，已流逝的时间和未来的时间彼此暗示，时间的潜在面与实在面也因而互相转化、生成。更重要的是，作为"时间晶体"的电影和VR确实将时间"存储"了起来，并使其在一段时间范围中无限循环。但不管如何重复，如何截选，这段"时间"都不会超出晶体的边界，仿佛时间真的被封存在一块块晶体之中，永远无法越出其间。例如，我们可以用VR摄像机拍摄一段时长为五分钟的VR影像，而这五分钟的时空便好似被封存了起来，它可以让我们在未来的任意时刻将这段"时间晶体"予以释放，但这块晶体无论如何播放、运转，它都只能重复那五分钟。

除了对时间的封存及周期性的重复运动，"时间晶体"的另一个物理特征就在于它"超额外维度"的存在形式。换句话说，"时间晶体"是额外的时间维度，并不是现实世界的时间维度。或者说，"时间晶体"如果存在，那么更高维度的时空就被证明是存在的，如同电影《星际穿越》（克里斯托弗·诺兰，

---

1 孙澄.时间的景深：德勒兹电影理论研究[D].上海：上海大学，2014.

2014）中所展现的那样，当人们从五维世界去观测四维世界时，时间便如同晶体一般呈现在人们面前，高维度的生命体甚至能够直接对这些"时间晶体"施加影响，这就是为什么影片主角库伯能在五维时空通过重力扰动向其女儿墨菲传递关键信息的原因。如果从这种视角来看，似乎照片和电影会更加贴合"时间晶体"的真实面貌，因为对于观众来说，电影正是一种低维度（二维）的存在。因为观众处于更高维度的世界，所以看电影的我们才更像是一个"观测者"。正因如此，人们不仅能观看电影，还能对电影进行剪辑、渲染。当然，VR所构成的"时间晶体"同样是"超额外维度"的，因为从本质上来说，VR影像也是二维的，只不过其在视觉效果上是"三维"的，但这并不影响VR在现实世界之中构建出一个额外维度的"时间晶体"。就像前文所提及的那样，虚拟世界中的虚拟时间体系既在现实时间体系之中，但又并非现实时间长河中的某个片段截取，因为这些虚拟时间本质上是一种人造时间，它们游离于现实时间之外，构成了相异于现实时间的某种"异时间"。

与电影不同的是，虽然VR影像也是二维的，但这种二维影像并非闭合的，它们为主体开了一个口子，唯有当观者戴上VR头显时，其所构建的伪三维空间才能够予以闭合。这就意味着，VR作为一种"时间晶体"永远是涉己的，因为它所封存的不仅是时间，还有主体。也就是说，由虚拟现实所构建的虚拟时间并非如电影和照片一样是独立的客体时间，而是永远关涉主体的虚拟时间，这种时间与主体完成了同步，仿佛主体的心理时间一般。更准确地说，这种虚拟时间的运转必须依赖主体的内时间意识，因为唯有主体的意识进入虚拟世界，虚拟时间的运转才真正开启，否则这一虚拟世界就是隐匿且孤立的。总之，相较于电影和照片，VR其实是一块块统摄了主体的时间晶体（图1）。而正是VR的这一区别，造成了VR"时间晶体"对现实时间及主体记忆的再次割裂。电影和照片对时间的凝聚与封存虽然也会对主体的时间意识和自我同一性产生诸多影响，但它们并没有造成严重的现实时间割裂或主体分裂，因为无论主体如何将意识投射于虚拟世界，其注意力如何在画面上滞留，甚至其记忆如何被电影中的他性记忆所干涉，他们自始至终都只能算是"观测者"，因为他们自身仍处于现实世界，仍以现实世界的时空架构为其纯粹直觉形式。因此，对于观众来说，电影所封存或所创造的虚拟时间始终是他性的，是非涉己的。作为"观测者"的主体在观看电影时，他们和电影这一时间客体仍共处于现实时间体系之中，并没有超离其外（图2）。

换句话说，表面上我们是在"观测者"的维度上摆弄时间，但实质上主体和这些时间客体仍处于现实时间的把控。因此，电影"时间晶体"对于主体来说确实是"超额外维度"，因为它是一种对象化的时间，而不是主体的生存时间。它如同水面上泛起的涟漪或浪花，尽管翻涌而起，状貌诡谲，千变万化，并于水面之上凸显而出，但它永远无法撤离现实时间这条长河。照片和电影作为时间晶体实质上是"时间中的时间"，它们并没有孤立于现实时间，尽管它们存储并再生产时间，但这一系列对时间所进行的操作仍发生在时间之中。所以，主体即便短暂地被电影这些作为时间晶体的"点"或"浪花"所牵引，但由于他仍身处于现实世界，其意识便一定会回归现实世界。当然，人类的生理机制也决定了主体的注意力终将从集中趋向涣散，从点回归至面。一旦主体的目光趋向游离和涣散，其意识便从虚拟世界中撤离，回归现实。从这一视角来看，电影和照片看似将主体从现实时间中拽离，但这些时间晶体实质上以时间客体的姿态增补着现实时间，以此填充点状时间所割裂的时空缝隙。

图1 "现实时空—VR时空—主体"关系示意　图2 "现实时空—电影—主体"关系示意

点状时间的弊病在于这些时间之点都是孤立和非连贯的，因而它们永远无法真正地绵延成生命之线，但这并不意味着我们就无法从点本身出发来拯救、唤醒点状的生命时间。史蒂芬·科恩（Stephen Kern）就曾在其《时空文化：1880—1918》中提出一种拓展点状时间的方法——空间延展[1]。这个方法概括起来就是，虽然点与点之间是孤立的，但我们可以在空间维度上通过对点的数量的扩充来填充、修补时间的连续性。虽然时间的断裂形态并没有完全愈合，但在各种信息技术、媒介技术、互联网技术的帮助下，每一个主体得以经历的事物与事件的数量得到几近无限的扩展。于是，一切孤立的事件、一切断裂的时间点都被牵引到同一个当下。最终，通过点的数量增加，时间的绵延体验与生命的绵延体验得到了补足。但这种共时层面上的数量补足必须有一个条件，那就是对于主体来说，这些点能够以"共时"的状态共在，这样才能实现空间上的延展。

科恩的这种方法显然并不适用于非共在的VR，因为对于"单机版"的VR用户来说，点状的时间客体根本不可能以"共时"的姿态与他们共在，因为VR这块"时间晶体"将主体也封存其中，主体因而不再是"观测者"，而是变成了"参与者"。对于"观测者"来说，时间客体可以铺陈于主体面前，就像照片可以同时向主体呈现一样，但对于"参与者"来说，时间体系是唯一的，一部VR作品就是一种虚拟时间体系。即便这个世界有无数部VR作品可供主体欣赏和试玩，但主体一次只能尝试一部作品，一次只受到一种时间体系的主导，多种时间体系的共存只会让作为参与者的主体陷入混乱。当用户戴上VR头显时，即便是现实时间也要退居其次，而现实世界中的其他时间客体更不可能共同出现在同一时空之中，它们对于主体来说是异时的，是非共在的，所谓空间上的延展自然成了无稽之谈，而这一切都是由"观测者"和"参与者"的差异引起的。显然，当主体成为"参与者"后，虚拟现实这一时间晶体便不再是一种"超额外维度"，它直接成了主体的生存维度。对于参与者来说，VR所构建的虚拟空间并没有为主体目光的游离提供可能，当参与者的目光涣散或游

---

1 KERN S. The Culture of Time and Space 1880–1918[M]. Cambridge:Harvard University Press，1983.

离时，其并不能回归现实世界，而是仍滞留于虚拟之中。从某种意义上来说，主体已经与时间一起彻底被数字影像所封存，孤立而不自知。对于仍"坚守"在现实世界的人类观测者来说，这些虚拟世界的时间客体则裹挟着一个个孤立主体形成了不同的晶体，成了一个个独立的时间块，它们彼此之间互不干涉、互不影响，因而绝对不会出现联结的可能。可见，"我们的时代危机并非加速，而是时间性的散射和分解。时间上的不同步使时间毫无方向地盲目飞行，嗡嗡作响，并分裂成一系列点状的、原子般的'当下'"[1]。

当 VR 这块"时间晶体"将主体裹挟其中后，其所创建的虚拟世界便开始以主体为中心，空间与时间都伴随着主体的行动而展开。这使虚拟世界中的时间进程永远是指向当下、指向现在的，因为这样的虚拟时间不再以不同主体的共在为基础，而仅仅以个体化参与者的感知为中心。于是，客观的公共时间变成了一种自我指向、自我关涉的自恋式时间，他者被排除在了时间与世界之外。可以说，这样的时间体系在宏观上是顺应一定方向的，而在具体的影像进程中，时间却永远指向此在的当下。在一些 VR 游戏中，影像和虚拟时间甚至直接与玩家的身体运动相关联，当玩家行动时，虚拟时间便继续推进，而当玩家静止不动时，虚拟时间便停滞下来。可以看到，整个虚拟世界中的时间体系都围绕主体展开，而这样的时间无论是流逝还是回溯，是加速还是放缓，它们都以主体为中心而指向"现在"。

需要指出的是，这种指向当下的时间性其实与此在沉沦的生存状态及 VR 的娱乐属性密切相关。在海德格尔的存在论体系中，"沉沦"就是"操持"于当下，娱乐也是一种沉沦，是对常人状态及生存现状的认同与肯定。因此，"沉沦的时间性"就是"现时性"，未来只不过是单纯的此地、此刻的继续与延长。因此，未来在严格意义上，在即将到来这个意义上是锁闭的。未来是不可预期的、充满惊喜的，而可支配的"当下"是充满同质化的世俗。对于此在来说，未来就是一个神秘的"他者"，而对未来的封锁也意味着对他者的拒绝。娱乐作为一

---

1 韩炳哲.透明社会[M].吴琼，译.北京：中信出版集团，2019：55.

种典型的沉沦，其时间性自然也是现时性，因而娱乐的此在支持的也是"此时"与"此地"。与"沉沦"相对，此在本真生存的"受难"揭示了一个完全不同的时间结构，它指向的不是现在，而是未来。未来是"受难"的时间性，对于受难的此在来说，存在的意义不在当下，而在未来。

很显然，VR作为一种娱乐手段绝不是受难，而是一种对审美化、游戏化乃至欲望化的虚拟情境的沉沦，它追求的永远是当下的感知与当下的快乐，它所关注的也总是自我的时间性与体验性。相应的，观众与玩家在VR娱乐中所追寻的意义也大多不在未来的某一时刻，而更多的是集中于现下时刻的"好玩"和"好看"，它无关本真的生存与对未来的许诺。也许绘画、摄影、电影等影像艺术与观众之间因审美距离而产生的"超离"姿态能让主体拥有透视未来的可能，但在消解了所有审美距离的VR艺术和VR娱乐中，感知与体验的当下性永远是第一要义，其对"情境"的模拟与复现让观众/玩家只能在对"现时"的关注中推进行动。试想一下，当我们在看电影时，我们尚且能够推测剧情，展望故事发展，但如果我们现在看的是VR短片呢？很显然，大多数观众都将在影像空间中关注每一刻的"当下"。而正是这一个个当下构成了VR的审美内核及观众的快感来源。于是，在VR中"此在"由一种"能在"的"未来"时间维度变成了持续性的"现在"乃至更好的"现在"，而来自"他者"世界的否定性都被排除在外。正因如此，韩炳哲才会说："我们当今世界的一大特点是当下的绝对优先权。时间被驱散，变成了可支配的、当下的一个单纯排列。此时的未来变形为经过了优化处理的当下。当下的绝对化消灭了有时间牵制的行为，例如负责和许诺。"[1]

总之，VR"时间晶体"的结构内核就是"当下"。在这一时间客体中，"当下"有着毋庸置疑的核心地位，它虽然也是点状的，但这个"当下"之点却展现出远超其他时间之点的密度与重量。它如同一个即将坍塌的恒星，周

---

[1] 韩炳哲.在群中：数字媒体时代的大众心理学[M].程巍，译.北京：中信出版集团，2019：88.

边的其他时间之点都被其牵引过来，仿佛一切时间都将坍塌于这个"当下"之中。而在时间晶体不断坍塌至当下的过程中，"过去"和"未来"这两个时间维度便更为紧密地向"当下"收拢，并逐渐演化为一种"伪当下"。也就是说，"当下"虽然还是连续性体验的当下，但"过去"和"未来"却在这种持续性的当下体验中成了另一种"当下"，其意义与价值无非是"当下"的回溯与延续。这不是对时间序列的切割，而是对时间点与时间之流的同质化，因为对于主体而言，时间已经不再是具有方向性的回顾与展望，而只是此刻的愉悦。因此，VR时间晶体不再有历史和未来可言，因为当历史成为可以不断重复经历的当下时，便失去了其借鉴意义，而历史恰恰是因为它的不可逆和非当下才值得人类反思。伴随着当下不断拉近未来，未来变成了可以操作、可以不断重复经历的未来。最终，在这种无限趋近中，未来与当下发生了同化。不仅如此，未来也终将在"时间晶体"的无限循环中成为过去，历史与未来将变得模糊不清，对历史的回望及对未来的展望与规划便不再具有任何现实意义。

经过以上讨论，我们发现在VR时间晶体中，主体被彻底地割裂了，主体在被点状时间割裂的基础上又被以当下为核心的时间晶体割裂了。如果说点状的现代性公共时间割裂了时间，割裂了主体延绵的生命体验，但至少这样的时间体验和生命体验还是连续的。机械钟表的时间点虽然对时间进行了片段化处理，但这些点的运动好歹还是井然有序、前后相继的。与此相比，虚拟现实的"现在"时间点却直接使时间"坍塌"了，使过去和未来被同化了。生命的价值与意义总是在延绵不断的生成之流与历史之流中不断涌现，但虚拟世界中的主体如今却被永久地禁锢在"当下"，失去了过去和未来。这样的主体注定是残缺的主体，因为主体人格的同一必须经由历史和记忆的确证及指向未来的自我设定。或许这印证了姜宇辉教授所说过的那句话："对于现代性时间，未来即天堂；但对于加速的时间，当下即地狱。"[1]

---

1 姜宇辉.时间为什么不能是点状的？[J].上海大学学报（社会科学版），2020，37（4）：74-84.

第四章
大他者的阴谋：虚拟现实中的
欲望主体分析

　　德勒兹曾在解读尼采时发出感叹，"人"这种生物从一出生就背负了太多的规则与律令，像一个背着太多稻草的骆驼一样，被压得喘不过气。作为真正的人、有生命的人，我们应该抛下这些束缚我们的规则，成为自己生命的主人。但是，这一切又谈何容易。在法国精神分析学家雅克·拉康（Jacques Lacan）看来，人之主体性的构建事实上来自他者的映射，在镜像阶段，个体自我的初步形成需要通过对镜中那个虚影的小他者的指认，而在进入符号界后，主体便开始在对大他者（Autre/Other）的无意识服从中塑造着自我。因而我们可以说，主体就是大他者的产物，因为在现实世界中，大他者所制定的就是想象关系的边界与秩序，它神秘、无形但又无所不在，人的自我始终受到作为象征性秩序的大他者的规训。这就意味着，只要人还是生存在社会的人，就无法放下律令，无法挣脱"大他者"的束缚。

　　然而，随着VR对虚拟空间的开辟与创建，人类获得了一个全新的社会空间与生存空间，在这个虚拟空间中，一切对象都化为虚拟，一切客观实在都转为数字符码，一切人际关系都面临重构，一切规则律令也都将被重新改写。面对世界的虚拟化与影像化，财富、地位、权力都化为乌有，仿佛在这个"无主之地"中，大他者也暂时性地退却了。那么，当VR装置将主体的意识与灵魂抽离至这个"大他者退却"的虚拟世界之后，主体是否可以抛下一切背负之物，释放那些被压抑已久的欲望冲动及生命能量呢？借用斯拉沃热·齐泽克（Slavoj Zizek）的一句名言："电影是终极的变态艺术，它不提供你所欲求的，它告诉你如何欲求"，如此来看，虚拟现实难道不是一种比电影更激进、更彻底的"终极的变态艺术"吗？那些充斥暴力与色情的VR电影和VR游戏不就是专门为主体提供的满足欲望的狂欢空间吗？但问题绝非如此简单，因为真正的问题在于：面对欲望的狂欢，主体是否还是他自己？面对大他者的退却，主体又是否能够解开束缚，重塑自我呢？又或者，大他者真的在这个虚拟世界中退却了吗？一切是否都只是大他者的阴谋？最重要的是，面对VR世界中的欲望滋生与欲望变态，被囚禁于其中的主体意识是否还有撤回现实的可能？主体又是否能够在大他者退却的契机中找到重获自由乃至恢复主体性的可能？

第一节
"大他者退却"——VR游戏中的欲望生成

在齐泽克看来，赛博空间就是一个"大他者退却"的空间，因而赛博空间的崛起必将导致一个"大他者退却"时代的来临。那么何为"大他者退却"？所谓"大他者退却"是指统治现实世界的象征性秩序（大他者）在赛博空间中消失了，也就是说，发布禁令从而规训个体的无形作用衰退了，用于调节主体思想及主体行为的隐秘他者在虚拟空间中瓦解了，因而"主人能指"（Master-Signifier）功能也被悬置了。在今天这样一个主体生活越发虚拟化的时代，那些娱乐性的VR游戏、VR电影所构建的虚拟现实空间不正是一个典型的"没有主人"的世界吗？在这些"无主之地"中，一切视线、一切行动都将被允许，所有的现实秩序都将在这里失效，所有的权力关系也将在此被消解，因而那些用于规训个体的主人律令在虚拟空间中彻底衰退了。

一、VR游戏中的欲望释放

很显然，在虚拟现实世界中，没有一个所谓的"主人"，更不需要一个"主人"，因为虚拟现实空间的意义就在于它对天性和欲望的释放，仿佛这个世界的一切秩序都处于原始之中。也就是说，大他者的退却导致不再有秩序来限制或规范主体的欲望，个体能够成为自己的主人。所以，随着虚拟现实技术越来越成熟，许多技术决定论者都欢欣鼓舞，因为在他们看来，虚拟现实的到来"打开了全球化多重性倒错的解放视野"[1]，社会象征禁令因而被解除和弃绝，虚拟娱乐空间切实地动摇了俄狄浦斯情结对于主体的形塑作用："在那里发生的一切都是从象征性阉割的结构向某种新兴的后俄狄浦斯力比多机体过渡。"[2]因此，在虚拟现实空间中，不再有一个压迫性的"父亲"对主体进行阉割，主体完全进入了自由选择的认同阶段，将决定权掌握在自己手中。这意味着，作为主体的个人将有可能停留于想象界以进行充分的自我形塑和自我肯定，而不必进入象征界接受大他者的"询唤"。因此，虚拟现实实质上向人们提供了一个可以充分发挥个体想象力创造能力的自由空间，用户成了"自由漂浮的"主体，可以自己做自己的主人，无所窒碍、无所畏惧。例如，VR软件Tilt Brush将虚拟世界变成了一张富有生机的无尽画布，用户可以在这个3D世界中自由创作，不受任何束缚；沙盒建造类VR游戏BricksVR则为玩家提供了一个允许自由构建的虚拟世界，玩家可以根据自己的想法自由创建场景。由此看来，一个主体自由解放的虚拟时代可能正在到来。

可以想象，无论是主体对大他者的主动弃绝，还是大他者在虚拟娱乐空间中的无奈退却，作为象征性秩序的大他者的隐匿必然意味着VR电影、VR游戏等VR娱乐成为一个宣泄主体内心欲望的场所，欲望的生成与发泄成了虚拟影像娱乐空间中的唯一宗旨。由于一切对象、一切行动甚至一切存在都被转化为了虚拟影像，因而主体并不需要为自己的这些虚拟行为负责，一切不过都是数字符码之间的信息转化。在VR游戏《原罪》中，玩家可以肆意拼杀，毫无顾忌，游戏不仅为玩家提供了多种战斗角色、战斗武器和战斗场景，还提供了丰富的胜利奖励，仿佛一切都是为了战斗。更重要的是，VR游戏所营造的沉浸感及其对主体身体的调动使玩家获得了此前所有主机游戏都无法给予的真实感和酣畅感。然而，无论游戏给予多么逼真的感知体验，玩

1　齐泽克.实在界的面庞[M].季广茂，译.北京：中央编译出版社，2004：292.
2　齐泽克.实在界的面庞[M].季广茂，译.北京：中央编译出版社，2004：285.

家都很难会产生任何负罪意识，因为所有主体都很清楚，这不过是一场为了娱乐而娱乐，为了发泄而发泄的虚拟战争。正是由于它的虚拟，因而这个虚拟现实空间无关生存，无关存在，无关现实。所以，对于主体来说，VR游戏本质是一种"距离性的展演"，一种虚假性的在世，一处随时可以进入，随时可以"撤回"的无主之地，但"正因为我们没有直接置身其间，因为我们与它保持了相当的距离，我们才觉得可以自由地外化、展示我们内心隐秘的幻象"[1]。也就是说，虚拟现实娱乐空间并不存在一个保持文本意义一致性的意识形态幻象，个体完全可以根据个人欲望来构建自己的行动。大他者的缺席甚至会产生主体欲望的逆反效果，即现实中越是受到禁止和难以实现的，在虚拟现实中就越受青睐，越容易激发快感。这使得虚拟现实空间成为一个解禁之地，一切行动都是肆意的狂欢，这也正是VR游戏如此兴盛的原因。

身份也是欲望的对象，因而在虚拟现实中，不仅欲望是自由的，身份也是自由的，大多数的VR用户都乐于构建一个与现实身份全然相悖的虚拟形象，并享受这种身份转换的极端自由所带来的兴奋与快感。现实生活中的主体身份严格来说是一种象征性身份，尤其是社会身份，每一个主体的社会身份其实都是大他者"委派"的结果，是主体在大他者的凝视下对自我的一种角色认定，因而"我"的社会身份在某种限度上早已被决定好了，或者说，"我"不过是意识形态为主体所预留的询唤位置而已。假如我是一名教师，那么我的职业就已经决定了我是谁，我应该是什么样的，应该做什么及不应该做什么。现实生活中的那个大他者及所有周边的小他者时刻都会用一种对于教师的角色判定来要求我，而那个本真的"我"只允许短暂地出现在极为私密的个人空间之中，因为即便是在家庭这一"私人空间"中，"父亲"这一社会角色依旧在询唤着我。但VR空间（尤其是VR娱乐空间）却由于VR装置对主体感官的封闭而抽离了主体的意识和自我，使自我（ego）得以从其自然身体中跃出，进而进入虚拟世界，成为一具摆脱了现实世界象征性秩

---

1 齐泽克.实在界的面庞[M].季广茂，译.北京：中央编译出版社，2004：298.

序束缚的虚拟实体。这实际上以科学技术的方式最终实现了诺斯替教关于自我的梦想："数字化全球网络的前景不仅产生了更新的诺斯替教新世纪灵性，而且这种灵性甚至积极地维持着这种数字化技术的发展。"[1]虚拟现实空间中的个体可以任意改变身份，可以是一位老师、一位学生、一位企业家、一位服务员、一位运动员等，甚至可以任意改变自己的性别，就像VR社交游戏Horizon允许玩家随意设计自己的社交形象一样，性别、肤色、穿着、职业都是玩家的一个自主选择。

VR深化了虚拟主体身份自由的这一特性。严格来说，身份不仅仅是标志性符号，它实质上还包含着身体性的特征。例如，"军人"这一身份绝不仅体现在军装这一符号的装裱物中，它更内在于行走、站立、敬礼等身体行动中。在虚拟世界中，主体的身份狂欢不再是操纵虚拟角色的"符号"狂欢，而是一个肉身参与的身心狂欢，玩家不仅可以追随内心、自由地进行"角色扮演"，还能在身体行动上深化其对这一虚拟角色的认知与自我认同，进而在一种身体性的体验与认同中实现欲望的真正释放。而这是传统主机游戏所不具备的，在网络游戏中我们化身英雄锄强扶弱，但事实上我们难以对此产生深度的认同感，仅仅是将欲望和希冀投射在这一虚拟角色之上。但在VR电影和VR游戏中，化身英雄不再意味着敲打键盘，而是意味着其必须不断地移动身体、闪展腾挪、施展拳脚才能打败敌人，因为所有的"身份"不仅是符号性的，更是身体性的。在VR电影《独囚之后》中，玩家不仅化身为一名囚犯，还被要求在狭小的牢房蹲上十几分钟，这种感官上和身体上的双重扮演迅速让玩家进入了角色，并产生了深深的恐惧。从身份的自由构建这一层面来看，虚拟现实世界确实赋予了主体一种审美式的自我构建可能，使主体在象征和身体两个层面上自由发展："主体并没有被呼唤去占据在社会-象征性秩序中预先授予他或她的位置，而是获得了在不同社会-象征性

---

1 ZIZEK S.The Fragile Absolute:or,Why is the Christian Legacy Worth Fighting For?[M]. London:Verso, 2000：55.

身份之间转移，把其自我建构成美学作品的自由。"[1]不过需要注意的是，我们必须谨慎地保持自身与虚拟化身的安全距离，因为"我们越是把虚拟人身（cyberbody）错当成自身，机器就越是把我们扭曲，以适应我们所用的替代物"。[2]

　　当然，这种乐观主义的"欲望生成学"显然没有触及主体欲望真正的生成机制，因为我们对身份的欲望在很大限度上并不是源于对自我意志或内心真实感受的遵从，而是在无意识中遵循着大他者的询唤。很多玩家即便是在游戏中也依然渴望扮演律师、医生和市长这类在现实世界比较具有社会地位的角色，而这就是他们仍受制于大他者的典型表现，现实世界的象征秩序依旧管控着他的欲望生成。唯有当所有主体都不再纠结其社会身份，仅想体验不同的人生时，大他者才在虚拟世界中真正地退却了。更重要的是，主体欲望的生成如果从精神分析的视角来看就无关乎主体的生物性本能，而关乎于一种与现实分离的"潜在性"幻象的支撑。拉康曾对其患者小安娜进行一个著名的心理学分析，小安娜总是梦到自己吃蛋糕。如果参照弗洛伊德的分析，梦境内容其实是对深藏于潜意识中欲望的直接反映，因而小安娜的欲望就是吃蛋糕。但是，如果参照拉康的精神分析，就会发现小安娜所欲求的其实不是蛋糕，而是吃蛋糕时父亲怜爱的眼神和关注。也就是说，小安娜所欲求的不是具体的物性对象，而是被欲求，是成为他者的欲求。正如孩子总是对着妈妈要这要那，可他真正的目的是要求妈妈的爱。小安娜之所以快乐，是因为她觉得满足了她父亲希望她吃蛋糕这一欲求，但这样的欲求幻象是潜在的，是隐藏起来的，因为这个幻象一旦被发现，我们反而"不知所欲"了。因此，唯有幻象缺席，主体的欲望才能得以生成："要想发挥功效，幻象就必须被保持'隐匿'状态，必须同

1　齐泽克.实在界的面庞[M].季广茂，译.北京：中央编译出版社，2004：288.
2　海姆.从界面到网络空间：虚拟实在的形而上学[M].上海：上海科技教育出版社，2000：104.

它所支撑的表层结构保持一定的距离。"[1]

二、VR游戏中的"幻象"缺失

虚拟现实娱乐空间的问题在于，当一切都变得唾手可得时，幻象与现实的距离就被消融了，欲望与快感也将因此终结。在拉康看来，欲望就是"匮乏"，因为主体的内在结构就是匮乏。这个"匮乏"不是简单的对象匮乏，而是由主体内在的结构性匮乏所引起的对象性匮乏。也就是说，主体欲望的生成不是因为其所欲求的东西匮乏了、不存在了，因而主体对其产生欲望，而是因为主体欲望的真正面目就是匮乏本身，是欲望对象的永久性的间断式悬置，因而欲望本身永远无法被满足，主体永远处于欲望状态，当一个欲望被满足后，它就不再是欲望的对象，因而欲望又继续转向其他对象。他始终无法接近那个永远被欲求但永远无法被真正满足的小客体a（object a），因为他其实是一个"空洞"的主体，而这欲望的匮乏就是源于主体内在的结构性匮乏，在拉康看来，主体的完满仅存在他还在母体中时，一旦主体出生，就变成了天生的匮乏，而那份完满也只能永久地缺席，因为主体已经再也不可能回归母体。但主体仍在不懈地追求这份完满，主体对于镜中幻象的误认就是主体对镜中完满自我的想象。但很显然，无论主体如何寻觅，他都不可能弥补这种结构性的缺失（能指的缺失），因而主体的欲望永远无法被满足，他只能不停地"要"，只能"永远欲望"。即便象征界的大他者能够在一定限度上缝合主体的能指和欲望缺失，但这种象征秩序的缝合永远会留有残余，于是这个从象征界中逃逸的对象就成了主体的快感来源。

也就是说，欲望的意义恰恰是由匮乏和缺席支撑的：因为欲望无法被满足，或者体会过欲望满足以后的幻灭，所以才会追求欲望的满足。欲望如果一直得到满足，欲望主体也就不复存在。从这一层面来看，快感的生成恰恰

1　ZIZEK S.The Plague of Fantasies[M]. London:Verso，2008: 24.

在于对欲望的禁令。大他者越是禁止，欲望便越是滋生，压抑正是欲望生成的动力装置。可见，虚拟现实的潜在问题在于它对欲望的彻底解禁，一旦欲望不再受到限制，欲望也就不再能够生成快感，因为快感恰恰生发于实在界在符号界所撕开的缝隙之中。但在虚拟世界中，主体却可以尽情地将自己内在的幻象投射在虚拟之上，无须承受大他者的凝视。例如，一个生活中所谓的"老实人"在游戏和虚拟世界中可能会扮演一个草菅人命的杀手，一个满口仁义的读书人在虚拟世界也可能将道德弃之如屣。这种欲望释放所带来的身份逆转正是虚拟世界的运行法则，似乎虚拟世界的存在意义就在于它有悖于现实世界，因而其所能尽之事恰恰是现实所不能之事。

不过，如果将主体欲望实现的这种狂欢状态简单地归咎于 VR 娱乐空间的虚拟性，那么我们显然错误地倒转了"虚拟"与"现实"的运作机制，使罪责在真实与虚拟的虚假辩证中丧失了批判的力度：主体之所以在 VR 娱乐空间中变成"非人"，不正是因为 VR 娱乐空间既是虚拟的又是"真实"的吗？不正是因为它仅仅模拟了现实的表象却没有模拟现实的秩序吗？事实上，虚拟现实就其数字化的影像形态来说，就是博德里亚尔所说的"拟像"。博德里亚尔对"拟像"的批判针对的就是拟像世界中想象界和实在界的交融，这种交融使欲望不再指向现实对象，而是直接指向影像。这意味着，在 VR 娱乐空间这一个虚拟世界中，由于象征界的悬置，想象界直接刺入了实在界。因此，在虚拟世界中所发生的，正如博德里亚尔所说的：文化的生产从对现实的模仿转向以自身内在逻辑为基础的生产，即拟像所造成的影响已经代替了"现实"本身。"影像不再能让人想象现实，因为它就是现实。影像也不再能让人幻想实在的东西。因为它就是其虚拟的实在"[1]。因此，遵循博德里亚尔的批判逻辑，虚拟现实并非对"现实"的模仿，而是拥有其内在逻辑的自我创造。在虚拟世界中也不再存在任何实存之物，因为它正在创造一个"超现实"（hyperreality）。

1　博德里亚尔.完美的罪行[M].北京：商务印书馆，2000：8.

"超现实"的生成逻辑就是虚拟的现实化，不过这种"现实化"不是指物质性的实体化，而是指作为一种虚拟却能产生现实的效果。博德里亚尔认为，这样的拟像正在慢慢遮蔽现实，而主体将在拟像世界中迷失自己。虽然不无道理，但博德里亚尔忽略了这样一个事实，那就是现实本身就是虚拟的。因此，虚拟现实的问题并不在于其将现实进行了虚拟，而在于它还远不够"虚拟"。包括法国哲学家保罗·维利里奥在内的很多哲学家和知识分子都表明他们对本真世界的怀念与渴望，可问题是，"本真世界"真的存在吗？这种想法难道没有混淆"表象"与"现实"之间的区别吗？所谓"本真世界"不也是一种经过大他者中介的"虚拟"表象吗？这就意味着，当我们把某个虚拟人格视为主体在虚拟现实中实现的一种"虚拟"愿望时，我们恰恰忽略了，我们的现实身份本身就是虚拟的，是经由大他者中介所形成的一种"象征性身份"。事实上，所有的现实人格都是戴着面具的人格，因为人格本身就是面具。我们都是生活这出戏剧的演员，在不同的场合，扮演不同的角色，戴上不同的面具。在家里是孝敬父母的子女，在公司是吃苦耐劳的员工，在学校是发愤图强的学生，人格正是由这些不同的面具所组成。这些面具虽然可以让主体可以演绎各种性格，但面具的本质其实是压抑和隐藏，面具的形成是应对大他者凝视的结果。因而面具具有两个向度：向内，面具完成了对真实自我的隐藏及对真实欲望的压抑；向外，面具以其对大他者所询唤位置的填充及对社会期待的顺应来抵御大他者的凝视，正如荣格所说："人格面具是个人适应抑或他认为所采用的方式对付世界体系。"[1]这也是为什么现实中许多穷凶极恶的杀人犯在生活中都是邻里乡亲口中的"老实人"。因此，某种意义上来说，虚拟现实是一种工具，一种供实在界合法穿透符号界的工具。

但不得不承认，虚拟现实确实提供了一个舞台之外的世界，在这个世界中，主体可以心安理得地摘下面具，不再扮演任何角色，从而"真实地

---

1 荣格.原型与集体无意识[M].徐德林，译.北京：国际文化出版公司，2011：20.

做自己"。这意味着在虚拟世界中，"幻象"直接被展露在一个个虚拟对象之上，并成为这个虚拟世界中的"现实对象"。齐泽克曾对赛博网络空间发表过以下看法："今天，赛博空间社会功能的问题在于，它潜在地填平了这样一道沟壑，即主体的公共象征性身份和其幻象背景之间的距离：幻象被越来越多的直接外化于象征公共空间之中；隐秘的私人领域被越来越多的直接社会化。"[1] 而当主体开始直面支撑自身现实行为的幻象对象时，逾越禁忌所带来的快感只是暂时的，随之而来的是无尽的茫然与空虚。所以拉康说，人的欲望比虚无更空虚。这就是为什么当我们在玩《侠盗猎车》《荒野大镖客》等自由度极高的游戏时，仅在游戏的初始阶段感到快乐，而随着欲望的持续发泄，游戏开始变得索然无味，不再能够产生快感，玩家最后收获的只能是深度的无聊。这不仅是因为现实是主体无法回避的存在根基，还因为欲望满足之后的主体总是急于回归大他者的看护。欲望总是生发于实在界和符号界之间的裂缝中，它是实在界在符号界所留下的"刺点"，如果大他者的凝视不复存在，快感也就失去生成的动力源。因此，虚拟现实这一将主体隐秘幻象外在化的影像世界没有带来主体的自由解放，反而使主体面临着更深层次的不安与无助。换句话说，丧失了隐秘状态而被彻底实现的"幻象"将不再是"幻象"，虚拟现实中的主体欲望也将随着幻象的终结而终结。

如此看来，虚拟现实并非把现实虚拟了，而是使"现实"不再虚拟了。这印证了齐泽克对网络空间的评价："受到威胁的不是'现实'，因为'现实'已经溶解在其拟像的多样性中了，而是表象。"[2] VR娱乐引起的不是现实的置换，而是表象的瓦解，是大他者的退却。尽管大他者压抑着主体的欲望，规训着主体的行径，但大他者同时构成了现实世界的超验维度。事实上，实在界只能通过表象（象征性虚构）得以返回，恰恰是宗教、意识形态、道德这

1　ZIZEK S.The Plague of Fantasies[M]．London:Verso，2008: 24.
2　齐泽克.实在界的面庞[M].季广茂，译.北京:中央编译出版社，2004: 287.

些"表象"缝合了实在界的裂缝，使主体在秩序中获得存在的心理根基，但VR影像、CG影像这些拟像却将这些表象给淹没了。用拉康的话说，表象是特定的象征性虚构，而拟像是想象界和实在界混合的产物，倘若拟像开始替换表象，那么实在界就将被淹没在想象界塑造的影像中。因此，在拟像所主宰的虚拟世界中，实在界越来越与其想象性的混合产物难以区分，于是现实反而不再"现实"。

第二节
"大他者的回归"——VR 世界中的欲望控制

事实上，面对虚拟世界中所发生的"大他者退却"，主体走向"空洞"几乎是一种必然的结果，因为从根本上来说，作为象征性秩序的大他者其实从未退却，"大他者的退却"本身是一个虚假的幻象，是虚拟意识形态所构建的新幻象。它的直接功用就是隐藏虚拟世界中的大他者，营造出它已远去的假象，从而使主体产生摆脱束缚、走向自由的错觉，于是将虚拟实境误认为一个"无主之地"。主体幼稚地以为大他者这位"老父亲"已经无力迈进虚拟世界，殊不知整个生活世界都笼罩在老父亲的威慑之中，我们以为自己在自由狂欢，但其实我们仍"身陷囹圄"。吴冠军教授曾说："所有身体在'现实'中而意识进入"元宇宙"的人们，实际上只是从一个大他者控制下的牢狱（现实）逃到另一个大他者的牢狱（元宇宙）里，甚至很多时候将不得不同时接受两个大他者的规训。"[1]可见，大他者非但没有"退却"，反而以一种更加隐秘的数字化在场对这个世界持续施加着象征性秩序的效力。甚至说，在VR空间中，这种效力变得更加广泛且高效。从这一层面来看，虚拟世界

1　吴冠军，胡顺.陷入元宇宙：一项"未来考古学"研究[J].电影艺术，2022(2): 34–41.

中所呈现的意识形态不在场的假象，才真正体现出了大他者须臾不离的在场和主体必须借其栖身的真相。[1]大他者从未退却，俄狄浦斯在虚拟世界并未终结。也就是说，VR头盔、AR眼镜乃至智能手机等虚拟设备所构筑的"界面"（inter-face）并未阻隔俄狄浦斯的侵入，而是延续了现实世界中大他者的威严。对于VR空间中可以随意改变外貌、形体的虚拟角色和虚拟身份来说，它们远没有我们想象得那么自由。事实上，主体在虚拟世界中所采用的身份从来都不是主体自己，主体并没有摆脱大他者所召唤的象征性身份的束缚。只是由于大他者幻象的不可见性及隐秘性使主体并不自知而已。也就是说，主体对虚拟形象的选择和"捏造"仍然受制于大他者，它们从根本上来讲就是符号秩序构建的产物。当主体把代表自己的虚拟形象塑造成其想象中的完美形象时，恰恰是在将某些关于外观、人种、职业、民族、穿着等的意识形态观念予以现实化。这也是为什么在虚拟世界和电子游戏中，存在着那么多身材高大、长相俊俏的人物形象，因为这反映了日常生活中主体对于审美的某种潜意识观念。如今笔者在VR社交平台VRchat上的国人形象难道不也是因为近些年国家在提升民族自信方面所做出的诸多努力吗？由此可见，当主体以为自己在自由构建时，他其实仍在遵循着他者的观念协助着某种意识形态的生产。

　　个人世界中的形象构建尚且存在非他者化的一丝可能，但当虚拟世界逐渐成为一个共在的虚拟社群，即当主体开始如同在现实世界中一般开始面对"他者"时，虚拟形象便总是无意识地牵涉到主体的自我商品化和自我操纵。因为伴随他者出现的显然不仅仅是生物个体数量的增加，更是他者在互动交往中产生的凝视和话语。因此，共在之"群"的形成必然意味着话语秩序的同时构建。也就是说，现实世界的大他者必将在虚拟世界中实现象征性话语秩序的"回归"，而主体则将再次陷入对那永远无法捕捉的小客体a的徒劳寻

1　李岚.齐泽克论网络社会主体的自由与意识形态[J].内蒙古师范大学学报(哲学社会科学版)，2017，46(3): 30–34.

觅及沉浸在他者对我们的臆想之中。

甚至说，虚拟现实世界远比现实世界更加遵循象征性的符号秩序。首先，与现实世界不同，虚拟世界是一个真正意义上的被建构的世界，这不是马克思"人受制于世界的同时又以其能动性改造世界"这种层面上的被构建性，而是这一世界本身就是被建构的人造符码世界。也许你会说现实世界同样是上帝的造物，但至少对于人类来说，"此在"本质上的生存论境遇是"被抛入"，是无法预料、无法抵抗地"在""此"，因而此在的敞开是被抛入式的敞开。但虚拟世界却是纯粹的人造世界，是仅有"此在"在此的符码世界，是嵌套于现实世界之中的"次世界"。它不是此在敞开的基础，而是此在敞开的结果，因而主体的生存境遇不再是不可抵抗的"被抛入"，而是"在被抛入的基础上主动将自我抛入"。通过对虚拟主体这一生存境遇的简单概括，可以发现无论主体生存于何种环世界之中，"被抛入"是此在永远无法改变的基础生存境遇，主体性的构建正是在此在被抛入某个被观念之网所构建的现实的基础上才有可能。也就是说，主体永远是观念现实之中的主体，只要主体是在现实中构建虚拟，那么虚拟必然是大他者这一象征性符号秩序的产物。

其次，虚拟现实是一种虚拟的虚拟，它是在现实的虚拟性的基础上对大他者的再虚拟，是对象征性符号秩序的二次象征和二次编织。由象征性秩序网络所"生产"的主体基于一定倾向的意识形态观念来构建虚拟世界，这种二次"虚拟"使虚拟现实并非看起来那么自由，它其实在很多方面比现实更严密、更秩序、更"虚拟"，也承载着更鲜明的意识形态和道德倾向。因而如果某一主体不是误入，而是自主地进入虚拟世界，那这恰恰说明这一"虚构性叙事"吸引着他，而他也将在虚拟世界中将这一意识形态幻象继续放大，从而使某种象征性秩序无限增殖。VR游戏《危机防线》中，玩家需要扮演特警队员，在逼真的情景模拟中处理各种恐怖事件，如上车、开枪、逮捕等，身体的连贯行动使玩家仿佛真的是一名警察。可以想象一下，这款游戏的目标客户不就是那些心怀正义并对警察报以崇敬，且与创作者拥有一致的价值观的人吗？他们在酣畅、沉浸的游戏体验中难道不是更加加深了他们的原有观念吗？不过，尽管主体在这种意识形态狂欢中更加明晰了现实世界的秩序边界，但现实生活的人格面具只能压抑切实的行动，不能压抑意识形态本身的滋长。

主体越是在虚拟世界中肆意放纵欲望，就越容易产生解开了现实束缚、摆脱了符号秩序的假象，深陷大他者的凝视之中，因为欲望本身就是象征性符号秩序的产物。换句话说，虚拟现实所提供的欲望是被塑造过的欲望，是大他者所筛选过的欲望，它绝不是生命本质的绽放。当我们通过建模软件"捏造"我们理想中的审美形象并对它们发泄欲望时，我们恰恰在不断地将符号秩序予以现实化。当我们在虚拟世界中穿着豪华服饰、住着大房子、带着大钻戒的时候，我们无非是将在现实世界中无法实现的欲望以一种虚拟的方式实现而已。现实的符号秩序非但没有消失，反而在虚拟世界中被无限放大了。在现实中，我们可能由于种种原因而压抑自己，但在虚拟中，我们有什么理由去拒绝它们？主体所能想象的一切欲望都在虚拟中迸发、释放，而象征性的符号秩序便在这虚假的狂欢中越发巩固。虚拟世界中所有实践的虚拟性决定了它们永远只是一种想象性活动，而想象本身并不能实现对欲望的实际满足，它们只会使欲望在真实对象的缺席中不断膨胀。因此，想象性的虚拟实践越是频繁，越是深入，欲望便越是在对象的匮乏中繁衍，主体便越是空洞，越是被这些欲望对象所填满，因而也就越是被大他者所俘虏。也就是说，当现实中的虚拟幻象在以大他者的凝视规训着每一个秩序网络中的主体们的时候，"虚构"则作为其协助者和巩固者强化着大他者的凝视，使大他者的威严视线更加凝聚、集中。

从这种意义上来说，虚拟比现实更可怕。因为虚拟现实不仅强化了现实的虚拟性，也抽空了现实的"真实性"。作为现实的数字化虚拟呈现，虚拟现实将现实彻底地进行了符码化和逻辑化处理，因而它排除了实在界的残余，使虚拟现实空间成为想象界和象征界的编织物。我们的"虚体"与我们真实的自己永远是不同的，虚拟世界里的虚拟角色其实是被表征、被阐释的虚拟主体，是主体自己及他者交叉阐述的结果，因而主体与虚体之间必然存在着阐述主体和被阐述主体之间的裂隙。如此来说，虚拟现实的虚假恰恰在于它过于完美，在于它将真实世界中的失败点和灰暗处全部遮蔽了。"完美"只是一种虚构，或者说，现实的"完美"和"真"恰恰在于其"真的"不完美。例如，爱情这类观念的发生恰恰就在于主体的不完美，仰慕、崇拜总是发生于对主体完美的见证，而爱却时常发生于对主体不完美的洞悉，爱情的不理性就在于它是来自真实界的瞬间刺出，是理性的刹那隐去，因而它时常超脱于大他者的秩序。但虚拟现实却抽空了主体的真实界残余，使其彻底成了符号化的人，他如此完美，但也如此虚假，他如此理性，却也如此"单向度"，因为他已经失去了刺穿符号界的唯一可能。

以上这一切的发生最主要的原因就是：在虚拟世界中所发生的根本不是欲望主体的"重生"，而仅是VR时代的"新制度主义"转向。就像杰里·艾琳·弗利格（Jerry Aline Flieger）对于"俄狄浦斯在线"（Oedipus Online）所做的解释一样，所谓的"俄狄浦斯情结"并没有从虚拟空间中消退，而是继续作为一种主体的规训机制在虚拟世界中施加效力。事实上，它已经作为一种全新的数字化大他者（继续）调节着虚拟世界中的主体化进程。更重要的是，主体能够在虚拟现实中"穿越幻象"才是真正意义上的幻象，因为虚拟世界本身就受制于它所处的政治权力统治的网络中。虚拟世界的发明、发展以及当前的崛起本身就是一系列政治、经济、权力关系相互作用的结果，因而虚拟现实的虚拟性不仅是其数字影像构成的虚拟性，更是现实本身之虚拟性的延伸。"个体用户越是被允许进入普遍化的社会空间，那个空间就会被越是私有化"[1]。也就是说，我们对虚拟世界中所发生的俄狄浦斯的终结、俄狄浦斯的延续、穿越幻象等主体性嬗变的情状分析其实只是虚拟现实自身技术性特征所开辟的诸种可能性，而这些可能性最终如何导向现实，则始终必须视当前社会政治生活的意识形态斗争而定。

1　ZIZEK S.Living in the End Times[M]. London:Verso, 2010: 407.

比尔·盖茨曾宣称，赛博空间的崛起必将致使一种平等的"无摩擦的资本主义"（friction-free capitalism）出现，这一虚拟世界价值观不仅是对其所持新自由主义经济幻想的一种反映，也是他基于赛博空间的诸种特性所做出的预测性推论，如他对无摩擦交换抽象空间的判断便是基于赛博空间中物质生成的自动性。在这种视野下，仿佛虚拟世界会自然地在特定技术特性的指引下自我演化成某一种形态的社会空间样貌。齐泽克借用蒂齐亚娜·特拉诺瓦（Tiziana Terranova）的概念将比尔·盖茨这类自我构建的虚拟空间观称为"赛博空间的自发意识形态"，而这种意识形态有意模糊了虚拟世界背后的一系列政治、经济、技术的权力关系，这些恰恰也是虚拟世界最终无法完全消除的。事实上，当前及未来的大多数VR娱乐空间都将是现实政体和当代经济制度的一种缩影，如越南开发的一款"元宇宙"概念游戏 *Axie Infinity* 就打造了一个可以进行真实交易的游戏空间，该游戏利用区块链技术使玩家们可以使用一种类似于比特币的虚拟货币自由交易游戏中的数字艺术品（NTF），而其所获得的虚拟货币还可以立即提现，在游戏中，有些虚拟宠物售价高达数万美元。不仅如此，该游戏还允许玩家购买虚拟土地，于是，有些玩家便在游戏中当起了土地开发商，炒起了地皮，一块虚拟土地同样能炒到数万美元的高价。事实上，这样的游戏完全就是虚拟版的资本主义社会，一切都要依靠资本进行运作，而游戏中拥有土地和高级宠物的玩家则拥有着远高于常人的社会地位，因为这些"虚拟角色"将直接影响玩家的现实收益和现实生活。在未来，围绕VR技术和区块链技术的虚拟现实"元宇宙"将构筑出一个个生存版的 *Axie Infinity*，甚至未来的虚拟世界可能将比"绿洲"更"虚拟"，更加充斥着意识形态与资本主义的气息。而之前所提到的VR游戏《危机防线》，还有《超杀VR》《辐射4VR》等战斗类VR游戏事实上已经透露出少许的政治味道。可以发现，这些作品的影响其实并不直接来自于技术，而在于社会关系的网络，即那种数字化影响我们自我经验的主导方式是被晚期资本主义的全球化市场经济框架所调节的。[1]因此，虚拟世界本身的构成其实总是受到现实世界某种明确理念的指引，所以，对于VR的社会文化分析必然始终与其所处的现实政治场域产生勾连。而这也正是齐泽克所担心的："赛博空间将如何影响我们，这并没有直接刻入其技术特性；相反，它是以（权力与统治的）社会–象征性关系网络为转移的，而这个网络总是已经多元决定了（overdetermine）赛博空间影响我们的方式。"[2]

当我们在虚拟现实中无所不能、叱咤风云，并认为自己是"超人"的时候，我们恰恰离尼采意义上的"超人"渐行渐远，因为虚拟世界的主体在本质上没有超越任何观念之网，没有冲破任何社会束缚，更没有能力重估任何价值。甚至虚拟世界中的超人深陷于秩序与观念的漩涡。因为超人给主体所带来的快感背后也有着资本、政治和各种意识形态的强大助推，正是它们不断推动着虚拟世界的欲望化与自由化。所以，虚拟世界的"超人"恰恰是懦弱的人，他在虚拟中越自由，他就越是被束缚于象征性符号秩序无法动弹。

1 ZIZEK S.The Universal Exception[M].New York：Continuum International Publishing Group, 2006：160.
2 齐泽克.实在界的面庞[M].季广茂，译.北京：中央编译出版社，2004：299.

第五章
**生命的治理：虚拟现实中的
规训主体分析**

"权力在生产，它生产现实，它生产对象领域和真理仪式"[1]，福柯认为，现代社会是一个以主体管制为目的的"规训"社会，知识与话语是拥有和实施权力的必要手段。但在数字技术如此发达的今天，VR与CG等技术/艺术已经凭借其对知识形态乃至存在形态的影响与生产日益成为权力的最佳载体，因为在这样一个充斥着虚拟艺术及影像艺术的社会里，比起知识，对影像与媒介的掌控似乎更能影响或引诱主体。事实上，权力也确实越发地被虚拟影像、虚拟景观以及数字媒介的生产者与把控者所攥紧，福柯理论中的"知识—权力"模式也正在逐渐发展为"影像—权力"或"媒介—权力"的新模式。这就意味着，在一个人类的认识与实践对象已经由物理实体变成数字影像、生存空间已经由自然世界变成虚拟世界的时代，数字媒介与虚拟景观已然成为一种新的权力话语，它们通过对虚拟情境的生产、传播与应用将所有主体规训成了一具具被抽空了灵魂的虔诚肉体。所以，一旦虚拟现实被权力与政治所裹挟，那么它就会成为一种对人类实施全面而隐秘之规训的手段。

不过需要注意的是，虚拟现实对主体的"囚禁"与"规训"不仅是感官层面上的，更是意识和精神乃至整个生命层面上的，因为VR绝不仅是一种针对主体感觉器官的影像技术或仿真技术，它也是针对主体欲望、记忆、意识、思维、想象力的技术。"生命治理"最早构建于福柯的理论体系之中，尽管它也是针对主体的政治治理术，但福柯的"生命"更偏向生物层面，这便在一定限度上缺失了生命的精神维度。这对于当前这个时代恰恰是不够的，因为在由数字技术主导的世界里，精神权力的心理技术似乎已经开始取代生命权力的原有位置。不过摒弃生命政治而强调精神政治也是一种偏颇，因此，本书准备沿用"生命治理"这一概念，只不过此"生命"已经由作为"Bio"的生命转向了作为"life"的生命，因而本书的"生命治理"指的是对生命本身的治理，即对主体身与心的综合治理，而规训也

1 福柯.规训与惩罚：监狱的诞生[M].刘北成，杨远婴，译.北京：生活·读书·新知三联书店，1999：218.

将延展为对主体精神与肉体的双重管制。VR 对主体的"规训"便是这样一种针对生命整体的控制与塑造，一种针对主体生命本身的全面治理。因此，VR 很可能将超脱一种单纯的影像技术和仿真技术，全面、隐秘、持续地对每一个个体实施着监控与规训，进而将生命本身塑造成为符合特定政治需要的规范化"公民"，将主体形塑成为服膺于权力与统治的那种所谓的理想的"人"。

如此来看，对主体感官的遮蔽及对其意识与灵魂的抽离只是 VR 完成其生命治理的第一步，因为唯有将主体的意识进行抽离，VR 才能完成它对主体注意力的攫取、对记忆的篡改以及对意识的干扰与控制。一旦"精神—主体"被虚拟现实技术所把控，那么"身体—主体"自然也就"在劫难逃"了。更何况，当人们满怀期待地将滞留于现实世界、未被 VR 装置所遮蔽的身体视为主体回归的唯一希望时，虚拟现实早就通过身体追踪、芯片植入等手段对身体进行了捕获与引导，一切尽在其掌控之中。于是，一条"感官遮蔽—意识封存—记忆修正—思维控制—知性剥夺—身体规训"的生命治理路线就在 VR 中被淋漓展现了。当主体戴上 VR 头显并自愿将意识向虚拟装置敬奉的那一刻，一次针对生命本身的治理术便开始施展，一场将自我献祭的通"灵"（虚拟）祭祀同时将拉开序幕。

第一节
虚拟现实艺术的记忆治理术

巴赞曾在《电影是什么！》中提到"记忆是最真实的电影"[1]，因为没有比记忆更能够直接映射进主体心灵的"影像"了，或许正因如此，人们才常

---

1 巴赞.电影是什么！[M].崔君衍，译. 南京：江苏教育出版社，2005.

说人生就是一部电影吧。事实上，记忆在人的主体化进程中起到了至关重要的作用，因为记忆直接决定了我们是谁，我们存在的种种经历转化为记忆，构筑了我们的灵魂，"我"就是由完整连贯的记忆之流所塑造，过去的所作所为与所思所想决定了"我"是谁。仔细回想日常生活，你会发现，其实每天醒来，我们都要对过去进行一次回忆才能明确自己今天的行动与意向，如果昨晚我们做了一个极其可怕的噩梦，那么这种记忆回溯有可能被短暂地阻遏。也就是说，记忆不仅起到了重要的主体建构作用，还对看似毋庸置疑的主体生成进行着反复确认。然而，如此重要的记忆却有着极强的不稳定性，所谓的记忆错乱及失忆便是记忆功能紊乱的结果。抛开生理性的功能紊乱，记忆本身也很难是客观的。准确来说，记忆并非对过往经验的精准记录和完美复制，它时常是扭曲的，是经过美化的，因为主体的人格、情绪以及具体境遇都会影响记忆的生成结果。在很多情况下，记忆还会过滤我们不想记忆的东西。因此，记忆其实是一种建构性的存在。

记忆的这种建构性决定了记忆在权力的干涉下将不可避免地成为被干预、被治理乃至被消除的对象。如此来看，巴赞将记忆视为最真实的电影确实卓有深意，因为记忆确实犹如电影一般是可以被"创作"的，不仅如此，它又呈现出远比电影逼真的体验感。正如德利奇所说，记忆"不是事实，而是创造，是发明"[1]。再者，主体记忆的构成不仅包括个体记忆，还包括集体记忆。人类的社会性本质及个体记忆的不稳定性决定了群体记忆才是社会构建及群体认同的核心。君特·格拉斯曾说过，记忆不完全是个人性的，个体记忆的媒介都是与集体记忆共同建构的。"集体记忆"理论的创始人莫里斯·哈布瓦赫认为，所有的个体记忆其实都是集体记忆，集体记忆的力量和持久性来自全体成员，那么个体则是作为集体的成员在进行回忆。[2]因此，权力的辐射目标对象绝不是个体性的，而是群体性的，记忆治理的对象因而也不仅是

1　德利奇，陈源.记忆与遗忘的社会建构[J].第欧根尼，2006（2）：74–87，118.
2　冯亚琳，埃尔.文化记忆理论读本[M].北京：北京大学出版社，2012：65.

针对个体的，更是针对大众的。

历史上出现最早的"记忆治理"技术是古罗马时期一种针对叛国者的特殊刑罚——"除忆诅咒"[1]。在电影时代，历史与记忆可以直接以影像的形式呈现在观众面前，越来越多的个体记忆与大众记忆转化为电影、电视和纪录片等艺术形式予以呈现。之所以如此，是因为在大多数人看来，记忆与图像、影像直接相关，阿莱达·阿斯曼就曾证明，我们的意识和无意识"都是同外界文化资料库里的图像连接着的，我们无处不受到它们的包围，所以我们自己的回忆画面无论怎样具有独有性和个人性，这类外部图像都不可避免地在塑造着我们的回忆画面"[2]。这便意味着，对影像的生成与处理必将成为记忆治理的核心。伴随人类逐步进入虚拟现实时代，对个体记忆及群体记忆的治理不仅是可能的，甚至可以说是必然的。一方面，数字影像技术使得影像的可编辑性得到了前所未有的提升，进而影像对记忆内容的呈现将更加多样，但同时更容易被政治裹挟；另一方面，虚拟现实技术的成熟也使得记忆影像的体验将更具实感，进而使记忆更加"深入人心"。这两方面技术的卓越提升所带来的一个结果就是：虚拟现实时代的记忆治理已经不再满足于删除个别记忆的"除忆诅咒"，而是更倾向于通过记忆的直接生成来控制主体，用记忆的幻象来麻痹主体。当所有人都沉迷于美妙的记忆之时，谁又愿意轻易放弃呢？最终，一种关于记忆的"自我技术"得以彻底完成。

一、作为第三持存的 VR 电影

除了催眠及病理性的失忆与记忆错乱，记忆治理技术的基础就在于"第

1　冯亚琳，阿斯特莉特·埃尔.文化记忆理论读本[M]. 北京：北京大学出版社，2012：65.

2　韦尔策.社会记忆：历史、回忆、传承[M]. 季斌，王立君，白锡堃，译.北京：北京大学出版社，2007：114.

三持存"的出现。换句话说，记忆之所以能够被治理便是因为记忆可以转化为一种持存，因而权力真正需要面对的治理对象并不是记忆本身，而是经过转化的"第三持存"，虽然记忆治理的最终目标是控制主体的内部记忆。那么，到底什么是"第三持存"？

（一）斯蒂格勒与第三持存

胡塞尔在《内时间意识现象学》中严格区分了两种不同类型的记忆：第一持存和第二持存。他把个体意识对时间客体的直接感知称为第一持存，把个体对记忆之物的回顾、回想和再记忆称为第二持存。他以听音乐为例来解释两者之间的特点与区别：当我们在听一首音乐的现场演奏的时候，当下听到的每个瞬间的音响总是在消逝，可是，这种音响的消逝在主体听觉中会发生一种滞留，这种滞留与我们即将听到的下一个音响发生连接，这才使我们能够听到连贯的旋律。胡塞尔指出，这个由主体在现场刚刚听到的且正在消逝的音响被认为主体体验中的初始持存，即第一持存或原生持存，对象的当即，也是对象的"刚刚逝去的过去"，因而时间对象的当即原初就具有延伸性，即一种"大当即"。[1]简单来说，第一持存其实就是在原初印象中构成的东西。当音乐结束之后，我们意犹未尽，当再次回味起这首音乐时，脑海中所回响起的旋律便是第二持存。显然，脑海中再次浮现的这段旋律已经不是当前发生的听觉经验，而是对我们过去音乐记忆的重新激活，胡塞尔指出："我们譬如回忆一段我们刚刚在音乐会上听过的旋律。这时很明显，整个回忆现象经过了必要的修正完全具有与对此旋律的感知相同的构造。"[2]由此可见，第一持存与感知相伴，具有原初性，第二持存则与第一持存之间存在着一个断裂，它并不像第一持存那样忠实地再现事实状态，而是主体通过想象对第一持存进行的当前化。因此，第一持存具有优先性，因为它是对记忆之物最本源的感知经验，第二持存则是在原初感知的基础上对对象的再"感知"，因

---

1 斯蒂格勒.技术与时间：2.迷失方向[M].赵和平，印螺，译.南京：译林出版社，2010: 6.
2 胡塞尔.内时间意识现象学[M].倪梁康，译.北京：商务印书馆，2010: 68.

而它其实是第一持存的某种"修正"。

但无论是第一持存还是第二持存,二者其实都是一种仅存在于主体意识和记忆之内的主观性记忆,而这显然忽视了记忆的客观维度。胡塞尔之所以仅区分出第一持存和第二持存这两种记忆类型,其实是因为在其时间结构中,主体的"体验才是唯一的原初范畴及构成性范畴",因而他简单地排除了主体从没有直接体验过的"过去的踪迹"。但如果人类只拥有第一持存和第二持存,文明根本无法累积和发展,历史则将是纯粹的物理维度的时间流逝,不会留下存在的证明与痕迹。在希腊神话中,因为"爱比米修斯的过失"[1],人成了有缺陷的存在,"人仅仅因为一个遗忘才诞生,这就是爱比米修斯的遗忘:他在分配'属性'时,忘记了给人留一个属性,以至人赤身裸体,一无所有,所以人缺乏存在,或者说,尚未开始存在。它的存在条件就是以代具或器具来补救这个原始的缺陷"[2]。因而,人类意识的缺陷和遗忘使记忆的客观维度成为一种必需。个体性的主观记忆永远是短暂的,生物性的限制使得人类自身很难拥有长久且准确的记忆,人们总是忘东忘西,并常常记错东西。即便一个人拥有大家都羡慕的好记性,但其一生的个体记忆也终将伴随其生命的终结一起消散。正因如此,斯蒂格勒提出了第三种记忆——第三持存,一种外在于主体意识的客观性记忆,一种被封存在各种媒介上的物性记忆。显然,这样的记忆已非原生,早已脱离了记

---

1 在希腊神话中,众神委托普罗米修斯和爱比米修斯给每一种生物分配适当的种系属性。爱比米修斯说服普罗米修斯把分配的差事交给自己:"待我分配完毕,您再来检验。"在分配的过程中,他按照机会均等的原则,给每种动物以天生的专长,比如:鱼能游水,鸟可飞翔,马能飞奔,猴会上树,虎有利齿……即使没有专长,也会给予它们自我保护的能力,绝不让任何一个种类灭亡。可是,他忘了给人分配一种属性,以至于人赤身裸体,一无所获。爱比米修斯的"遗忘过失",造成了人类的"天生缺陷"。为了补救这个原始缺陷,人类需要身体之外的义肢(工具和技术)。

2 斯蒂格勒. 技术与时间:爱比米修斯的过失[M].裴程,译. 南京:译林出版社,2000:135.

忆最初的"与境"（context）[1]，但作为一种客观记忆，它不仅是可重复经验的，更是可修正的，因而它直接依赖于作为后种系生成的增补存在的义肢性技术。如果仍以音乐为例，那么能够记录音乐旋律的录音带、光碟以及MP3就是第三持存。

斯蒂格勒曾将人的记忆区分为遗传记忆、个体记忆以及"技术与语言的记忆"，前两种记忆是一种生物性记忆，动物也有。第三种则是一种人类独有的的记忆类型，一种能够被外化、被复制、被共享的记忆，这便是他所说的第三持存。如果按照麦克卢汉将媒介视为人的延伸的逻辑进行推演，那么一切技术其实都是人的延伸，锤子是人手的延伸，眼镜是人眼的延伸，记忆技术（第三持存）便是人类记忆的延伸：人类将其内部的记忆延伸至外部的物质工具之上，从而为记忆的技术化创造了条件，因此，第三持存就是一种记忆技术，它关系到技术性的个体化，正如反转的语法化过程一样。[2]

事实上，正是因为第三持存的出现，历史文化记忆乃至文明才能得以存在和发展，因为文明的条件就是由无数个体记忆汇聚、凝练的历史文化成果能够不断得到传承。虽然人的生命会终结，但其记忆却可以通过外部载体保存和传递："生者的经验记录在工具（物体）中，因而既可传播又可积累，这便构成了遗产的可能性。"[3]也就是说，第三持存作为记忆的辅助工具，为人类的集体记忆和跨代际的可传递记忆的实现提供了可能。这也正是人类与动物的重要区别：人类能够将不曾经历或者直接感知但是通过体外之物（技术）持留下来的过去，即作为第三记忆的"曾在"予以物质化。对这些作为遗产的第三持存的继承也许就是这个世界给我们的馈赠，正如海德格尔在《存在与时间》中所说："此在没有经历但继承下来的过去，是

1　"此处的context不是指文本中的上下文与境，而是作为技术增补人的存在能力的历史性场景关系，所以是给予的特定与境。"张一兵.斯蒂格勒《技术与时间》构境论解读[M].上海：上海人民出版社，2018：102.
2　STIEGLER B. Symbolic Misery–Volume.1:The Hyperindustrial Epoch[M].Cambridge: Polity Press, 2015: 52.
3　斯蒂格勒.技术与时间：2.迷失方向[M].赵和平，印螺，译.南京：译林出版社，2010:4.

此在被抛入世界时获得的遗产。"[1] 所以，人类所谓的社会化，其实就是让每一个新生的人类个体能够通过第三持存来重新经历文化记忆进化的所有阶段，重新接纳和吸收传承下来的历史文化记忆，因为"教育的本质是后种系生成在个体中的重演"[2]。可见，第三持存也在某种限度上解决了人的可朽性以及本质缺失的哲学问题。

（二）电影作为第三持存

人类的记忆与影像密切相关，我们的想象与梦境总是如电影一般，是以影像片段的形式在大脑中予以浮现，这也就是阿莱达·阿斯曼认为主体的意识与无意识直接与图像相连接的原因。所以，记忆总是与影像有着难以言明的亲缘性。这种观念在斯蒂格勒那里更是如此，影像（image）在其看来就是最为关键，也是最为重要的第三持存，因为只有影像能够真正地将瞬间予以客观捕捉，只有影像能够将第一记忆予以封存，只有影像才能摒弃个体的主观意识侵蚀，对事件进行精确复现。基于这些原因，斯蒂格勒理所当然地将电影视为了第三持存的最佳物质性基础。在斯蒂格勒看来，电影这种作为客体记忆的第三持存事实上取消第一持存的优先性及其同第二持存的对立，因为这些录音、录像技术的卓越之处就在于它们是对感知对象直接的、客观的记录。一方面，它非常直观地暴露了第一记忆仅是意识的持存而非意识本身，第一持存也只是意识的遴选而并没有抓住意识的全部。另一方面，它也凸显出第二持存对记忆的修正，因为当我们回头再去看以往的录像时，我们往往会发现，真实的过往与我们记忆中的景象总是不太一致。因此，恰恰是第三持存使我们看到了想象在感知中的介入。综合这两点我们会发现，第一持存的纯感知并不可能，它并不比第二持存更趋近意识自身。

更重要的是，影像技术为人类实现了某种"时间穿越"的可能。感知既

---

1 海德格尔. 存在与时间[M]. 陈嘉映，王庆节，译. 北京：生活·读书·新知三联书店，1999: 204.
2 张一兵. 斯蒂格勒《技术与时间》构境论解读[M]. 上海：上海人民出版社，2018: 67.

是当前的，也是过去的，因为每一个当前的感知都会在一瞬间成为过去，而那一瞬间就将永恒流逝。然而，以电影为代表的第三持存却"给时间涂上香料，使时间免于自身的腐朽"[1]。电影作为一种第三持存能够客观、清晰地把那已然流逝的第一记忆又带回到我们面前，而这恰恰也是电影的魅力所在。虽然电影并不一定呈现记忆、叙述历史，但电影作为一种第三持存所具备的种种潜能却早已受到广泛关注，如其对记忆细节的呈现："电影有着微观史的某些优势，能够展现具体的表现，它会迫使你去想象某些事情是如何发生的，而那是你只用文字写作不会费心思考的。"[2]海登·怀特也曾提出"视听史学"的概念，他试图通过这一概念唤起学术界对"电影作为一种历史书写"的重视，因为在怀特看来，电影作为一种史料的合法性身份不但毋庸置疑，而且它甚至比其他类型的史料更有价值。可见，作为第三持存的影像技术正在受到前所未有的关注与重视。

斯蒂格勒对电影这一影像持存的关注其实也是基于其对现实的考察，因为在现代社会，影像等第三持存正在替代人脑成为记忆的主要承载物。在文字时代，人们就习惯用"好记性不如烂笔头"这样的俗语来形容人类对于第三持存的依赖。在影像时代，记忆能以更加形象化且更具还原度的形式予以保存。"好笔头"作为一种书写技术只能对感知对象以及主体内心活动进行概要式、抽象式记录，文字本身作为一种抽象符号发挥的就是指涉功能，它在能指与所指之间建立起意义关联的桥梁，故而再翔实的文字都只是对记忆的某种"转录"。电影影像则并非对感知对象的某种间接指涉，而是对历史现实"遗迹"的直接"复制"，它打破了能指与所指之间的意义转轨，直接将原初的感知对象置于眼前，以使主体能够在亲临过去的同时对记忆进行确证。但众所周知，第三持存仅仅是对外部记忆存储的一种统称，其内部的技术支撑决定了其作为一种记忆辅助装置所能够发挥的具体功能。因此，伴随

1　巴赞.电影是什么！[M].崔君衍，译.南京：江苏教育出版社，2005：7.
2　帕拉蕾丝－伯克.新史学：自白与对话[M].彭刚，译.北京：北京大学出版社，2006：78-79.

数字影像技术以及虚拟现实技术的出现与成熟，第三持存更是不断地展现出其凌驾于人脑的优越性。

（三）VR作为第三持存

不难预见，在虚拟现实时代，第三持存几乎不会只是一种单一的媒介构成系统，也不会只是对物质现实的客观复制。以电影为代表的影像艺术可以通过数字编辑技术对其所呈现的虚拟影像进行任意的修改与"创作"，这便意味着记忆本身已经转化为一种数字化记忆，它成了一种能够被编辑与修改的存在。不过这样的第三持存已不再是对第一记忆的眷恋与追溯，也并非如第二持存那样是对第一持存的主观唤回，因为尽管第二持存大多情况下是对第一持存的"修正"，但主体的主观意愿还是更希望能够准确唤回第一持存，但当前的数字化记忆往往有意地偏离第一持存，并以此创造全新记忆。电影《阿甘正传》（罗伯特·泽米吉斯，1994）便利用数字技术虚构出阿甘受到时任美国总统尼克松接见的历史，数字技术对画面的故意"做旧"使很多观众都将其认定为真实历史，很难相信这仅仅是一次对记忆的篡改。或许，数字化记忆技术的出现势必将带来一个记忆狂欢的时代，记忆的准确性与真实性不再是人们关注的重点，记忆的趣味性与娱乐性才是现代人类的真正向往。于是，记忆本身不再是对时间的封存与对历史的追溯，而是逐渐成为一种可供把玩、娱乐的商品，记忆技术的发展逻辑也不再是对记忆本身的唤回与再现，而是对记忆的商品化与娱乐化。例如，美国电影《全面回忆》（伦·怀斯曼，2012）所呈现的未来图景，记忆的外化升级已经使它成了可供把玩、可供消费的娱乐品。也许在数字化记忆时代，人类的关注重点早已不是对记忆的准确封存，而是不断地尝试创造一种新的记忆，从而让人们能自发地生活于其中，并以此获得安全、健康和快乐。

除了数字影像技术对记忆的随意涂抹与主观创造，VR的出现使记忆技术进入了一个崭新的阶段。在虚拟现实之前，所有的记忆技术准确来说都只能被称为一种记忆的辅助技术，因为这些记忆技术其实是用来帮助主体进行记忆的工具。换句话说，主体实质上是利用这些工具来回忆本源的过去，因为这些第三持存只是对某些记忆元素的记录。录音机是对声音记忆的捕捉，照片是对某一画面瞬间的记录，即便是电影，也只能说是一种多感官的记忆存储装置而已，它起到的仍然还是符号媒介的功用，指引我们唤起封存的记忆。但VR却是对记忆情境的再现，它所还原的不是第一持存，不是原初某个主体的主观记忆，而是整全的历史时空。第一持存无论多么具有原初性，它都是有所面向和有所针对的，因为它必然是某一主体注意力遴选的结果，毕竟唯有主体注意力所辐射的内容才有机会成为记忆，而主体的注意总是有所选择的。但VR却并非对某一面向的呈现，而是对某一历史时空整体面向的全面复原，其对情境的完整复制使主体所未能注意到的细节全部予以呈现。因而对于使用者来说，虚拟现实记忆不是对某一本源的唤醒，而是直接实现了某一历史时空的降临，这使第三持存不是用来感知的，而是用来体验和沉浸的。由加拿大剧作家塔纳西尔（Jordan Tannahill）创作的体验式VR电影《拉近我的距离：一面镜子》（*Draw Me Close: A Memoir*）就描绘了作者5岁时的经历。在那一年，他的母亲被诊断为癌症末期。影片重现了很多作者儿时的记忆场景，观众通过对这些场景的亲身体验，获得了一种前所未有的共情效果。最令人惊奇的是，作者还让观众在这些记忆场景中可以与他的母亲自由交流，甚至互动！在影片的观看过程中，每个观众都配有一个头显和一个追踪器，在他们进入一个与电影中相似的房间后，房间里便出现了一位配备运动捕捉装置的演员，该女演员的任务就是扮演塔纳西尔的母亲。因此，观众在观看影片的过程中就可以通过追踪器实时地关注这位演员（母亲）的一举一动，他们不仅能够与作者的母亲沟通，还能真正地拥抱她。于是，记忆以无比真实的姿态重新在这个时空复现了，观众不再是冷漠的旁观者，而直接成了这鲜活记忆的经历者。这是此前任何一种艺术形式都无法做到的。

英国BBC广播公司为纪念1916年爱尔兰复活节起义100周年而创作的VR电影《复活节起义：反叛者之声》（*Easter Rising: Voice of a Rebel*）（奥斯卡·拉比，2016）则让观众"置身于"都柏林街头，跟随19岁少年麦克尼夫

（Willie McNieve）的脚步，回顾那段反抗英国政府的真实历史。麦克尼夫在这个周末所经历的一切都将会被详细地展现在观众眼前，观众也仿佛真的成了历史的经历者与参与者。不可思议的是，就在麦克尼夫的诉说中以及观众的身体行动中，他者的历史记忆似乎与观众的记忆同化了。也许在那么一瞬间，观众已经在左右观望和徐徐走动中彻底忘记了自己所处的时代。除此之外，现代社会已经有人开始利用虚拟现实技术将巴黎圣母院、圣母百花大教堂、万神殿、罗马大教堂等全球历史人文景观制作成了可以免费"参观"的360° 全景VR[1]，对于那些曾经去过这些地方的人来说，VR不仅呈现出他们对这些景点的记忆，还使他们有机会将曾经所未能参观或感受到的方面予以补充。于是，从某种意义上来说，第一持存的本源意义已经被虚拟现实记忆所消解，重要的已经不是主体记住了什么，而是主体还有什么没记住。

二、记忆工业时代的"记忆殖民"

所谓"第三持存"其实就是独立于主体之外的物质性记忆存储载体，尽管我们可以将其视为一种人类记忆的延伸装置，但这种延伸实质上是一种源自本源身体之外的功能"加载"，即利用物性装置来实现人类记忆功能的完善与"进化"。因而其区别于第一持存与第二持存的关键就在于它是外化的，是非本源的。也就是说，第三持存的出现意味着记忆将逐渐开始独立于大脑这不够完善但却是记忆唯一载体的人体源生器官，而成为外化于主体并可以对象化的物性客体。随着第三持存的出现，记忆不再是专属于某个个体，而是成了一种可以存储、读取、共享、修改、生产乃至消除的对象性存在。尤其在今天这样一个科技水平飞速发展的时代，CG技术以及VR技术已经使可复制性、可编辑性以及可体验性成为"记忆的引人注目的

---

1 国内的指尖上网站就收录全球众多风景区的全景VR。

存在方式，记忆也由此变成了工业活动的原材料"[1]，这便为记忆工业的出现与发展提供了可能。

对记忆的记录、编辑、呈现以及传输能力非常依赖于影像编辑技术、影像呈现技术以及网络信息技术的技术性支撑。实际上，相较于前工业时代，作为第三持存的记忆技术已经获得了长远的发展与进步。在今天，摄影、电视、电影、AR、VR、互联网等"直接的"和"实时的"第三持存性媒介伴随不断发展的技术体系越发在人类的日常生活中发挥着无法替代的重要作用。手机记事本、电子备忘录、抖音短视频、智能相册的出现使日常生活中的存在记忆逐步开始电子化和网络信息化，并最终统一以标准化格式存储进网络云空间。可以说，人类的记忆因为这些外在化技术得到难以想象的扩展。更重要的是，这些第三持存已经不仅是在存储记忆，它们甚至直接影响主体的心理过程、集体认同以及个体化能力。在现代社会，越来越多的人在生活中依赖这些记忆装置，如果离开这些技术体系，人们可能就不知道该如何行动和生活。因此，在如今这样一个以记忆技术为核心支撑的社会中，第三持存早已不是第一持存和第二持存的辅助工艺或补充手段。正相反，第一持存和第二持存在很大程度上其实受第三持存的影响或控制。由此可见，第三持存正在逐渐成长为一种支配性的力量。

不过，第三持存日益复杂化和高效化的结果就是它很可能导致人们无法回忆或者不愿意回忆。一方面，人类很可能将在未来逐渐丧失记忆的生物性能力，一切回忆都将依靠第三持存辅助设备，正如许煜博士所说：技术，也是记忆的技术，也是短路的工具，因为他们将记忆外置，而不需要在用心去记忆，也即是回忆的消失。这对于柏拉图来说是真理的隐藏。另一方面，第三持存为人类所构建的致幻图景很可能使人类失去回顾历史的欲望，更倾向沉迷于愉悦的"现在"，电影、VR这些记忆技术事实上已经显露出这一现象

---

1 斯蒂格勒.技术与时间：2.迷失方向[M].赵和平，印螺，译.南京：译林出版社，2010：71.

的些许苗头。

顾名思义，所谓"记忆工业"就是记忆成了工业化批量生产的对象，即记忆成为一种能够被消费、购买以及交易的物品。在这样的商业体系中，直接的商业价值与经济产能将成为衡量某种记忆持存的唯一标准，其对原初经验的记录与呈现只能是依附于商业价值的附属值。因此，在记忆工业时代，第三持存的核心价值就在于它作为一种商品是否能够被消费，如果能，那么它的市场潜力又有多少？第三持存对记忆记录与呈现的逼真与否仅仅决定其是否能增添记忆的商业价值而已。这不正是霍克海默和阿多诺曾经对"文化工业"所进行的批判吗？大众文化不正因为其文化产品的模式化和标准化而丧失了其原初的文化维度，彻底成为一种娱乐吗？不得不承认，记忆的工业化事实上与文化的工业化不仅在发展路径上极为相似，也造成了十分相似的文化结果。

人的记忆其实就是一种讲述，一种诉说，遗忘也是记忆必不可少的组成部分。但第三持存的出现以及记忆工业的成熟不仅使遗忘难以实现，同时还将记忆变成了一种可以相加和积累的素材。难怪马诺维奇曾说："在'肉身世界'中我们需要努力记住，而在赛博空间中我们需要努力忘记。"[1]但问题是，在记忆不断复制、累积的过程中，记忆就失去了活性，变成了一堆数据。存储起来的数据可以用来计算，却不能用来讲述。这样的记忆不过是对事件或者信息的记录，它的意义只是对时间轴的填补，而非对生命体验的复现。除此之外，当记忆成为一种商品开始产业化生产时，一种"大众记忆"的新型记忆形态便开始逐渐蚕食记忆的独有性，这显然会致使记忆本身的"意蕴"消损。记忆总是某一个体或者某一群体的记忆，个体的记忆是私密的，群体的记忆则是区域性或者民族性的，共同的记忆往往是群体认同乃至民族认同的核心要素，因而每一段记忆都有其自身独特的意蕴。但如同本雅明对机械复制技术的批判一样，记忆工业将在商业利益的催动下对个体记忆以及群体

1　马诺维奇.新媒体的语言[M].车琳，译.贵阳：贵州人民出版社，2020：64.

记忆进行大规模的复制与模式化的生产，这将会导致记忆的独特意蕴消弭于金钱的估量之中。

更严重的是，与本雅明所说的机械复制技术对传统艺术意蕴的破坏不同，记忆的可复制性所破坏的可不仅仅是记忆本身的独特意蕴，还是对主体乃至生命本有的独特性与崇高性的撕扯。可以肯定的是，记忆工业的出现将导致现代社会的一场主体性嬗变。在斯蒂格勒看来，记忆工业的出现是一件令人恐惧的事件，一旦人类的整个记忆成为工业批量生产对象，就意味着我们对生命存在的独特感悟也一并成了数字化流水线上的标准化产品。那么，人类所丧失的就绝非记忆的独有性如此简单，它甚至可能将抹去整个人的生命轨迹。生命的独有性和个性的唯一性将不复存在，在场性将彻底崩溃。如同马尔库塞所批判的那种丧失了否定性和超越性的"单向度的人"，记忆工业也正在造就"单向度的记忆主体"。不过，这种"单向度"的产生与文化工业的单向度还是有着些许不同，第三持存所造成的人格单向度很大限度上是由于记忆本身的单一化。在各种影视作品中，对"我是谁"的追问往往总是通过对消逝记忆的唤醒来实现。成龙在影片《我是谁》（陈木胜、成龙，1998）中所饰演的杰克是一名中情局的特工，他在执行完任务的返途过程中因为飞机失事坠落丧失了记忆，彻底忘记了自己是谁。全片都是在成龙不断追问"我是谁"的过程中向前推进，随着剧情的展开，杰克找回了记忆并发现自己之所以被追杀的真相。正是伴随记忆的恢复，杰克才逐渐开始明晰自己到底是谁、是什么身份、有什么目的乃至自己是否有罪。也恰恰是在记忆的唤醒过程中，影片中的叙事世界才得以展开。导演颇具哲学意味地直接用"我是谁"为失忆中的成龙命名，这不仅带来了十足的喜剧效果，似乎还在追问这样一个问题：作为符码的一个名字是否就决定了我是谁？主体之"谁"难道不正是一个需要究其一生来反复确认的问题吗？讽刺的是，对"我是谁"这一问题的追问过程恰恰决定了我究竟是谁，人生乃至世界就是在对这一问题的追寻中愈发"敞亮"，因而主体的存在过程即记忆决定了这个主体之"谁"。总而言之，主体之"我"绝不是一个肯定的界定，主体恰恰是一个问号，是一个尚待记忆填补的空洞。

一直以来，电影艺术都因其对他者世界乃至虚构世界无休止的构建而遭人诟病。首先，影像媒介本身就是对存在本源的遮蔽与遗忘，它所呈现的并非世界本身，而是世界之像，因而吸引我们的可能只是事物所现之影，而非事物本身。事物真实的"与境"或场域已经被消除或置换了，取而代之的是由蒙太奇所虚构的影片情境，随着拼音文字的出现，开始出现与境抽拔的过程，而记忆工业使之进一步加剧（迷失方向就是这种去与境化，即场的消失）。[1]其次，电影所放映的叙事内容永远是他性的，无论其是虚构的，还是由真实事件改编的，其核心永远是他者故事的视觉呈现。他者永远是神秘的，永远是无法真正洞悉的，他者永远散发着一股疏离的气息，既可怖，又让人好奇，就像没有经历过的人生永远是最精彩的人生。所以，正是因为这种"他性"，电影才是迷人的。但不可否认的是，电影艺术对主体存在的这种双重偏离（既是对存在的偏离，也是对自我的偏离）很容易让主体在他者记忆的洪流中误认了自己。许多迷影者常常会产生人戏不分的错觉，看完一场电影后久久无法"出戏"，严重者更是将自己误认为剧中角色。这种现象便是他性记忆倾轧主体自我认同的典型症候，在主体的大脑中，各种第三持存所携带的数字记忆正进行着疯狂的"记忆殖民"，它们企图实现对记忆整体乃至完整人格的侵占。

这种"记忆殖民"现象在 VR 时代将会更加普遍，也会更加隐秘、高效。正是因为虚拟现实技术的成熟才为他者记忆的殖民化提供了更进一步的基础。如果说在传统电影时代，银幕空间与观影空间的分隔在一定限度上对现实与虚拟、自我记忆与他者记忆的混同进行了阻隔，那么在 VR 时代，VR 所营造的沉浸式体验直接将主体包裹进他者（虚拟）的记忆世界之中。虚拟现实的现象学目的就是构序极度逼真的完整生存场景，它所呈现

1　斯蒂格勒. 技术与时间：爱比米修斯的过失[M].裴程，译. 南京：译林出版社，2000：8-9.

的不是蒙太奇式的记忆画面，而是整全的记忆时空。对于主体来说，他不是在观看一段记忆，而是在切切实实地经历一次事件。主体在观看记忆时虽然或多或少会有所沉浸，但外部世界对他们身体的"扣留"始终使他们能够意识到自己的所看所感实乃是他者的记忆。但VR却将他者的记忆当作一种现时情境予以再现，它直接将"过去时"的记忆转化为"现在时"的在场，将印象的记忆画面转化为情境的立体世界，而这种由他性记忆向自我在场的转化也使得主体能够通过这种虚拟的在场真正地将他者的记忆转化为自己的记忆。

可以预见，由VR装置所制造出来的这种"永久在场"将使主体失去其与"过去"的紧密关联性，因为过去正在被由VR装置所构建"伪当下"所替代。过去成为一种模糊印象甚至是纯粹虚构，它使人们逐渐失去了区分历史的能力。当我们一次次地在《拉近我的距离：一面镜子》《复活节起义：反叛者之声》这类VR电影的记忆场景中穿梭时，我们便开始忘记，这究竟是我的"当下"，还是他者的"过去"？主体似乎不再由过去所建构，不再是过往人生经历累积的结果，而是由无数个伪当下拼贴成的"伪我"。这其实是在主体记忆的内部中凿出一个巨大的空洞，因为持续的现时在场已经不再为历时的自我回首留下时间，主体的正常记忆空间彻底被第三持存所填满，它们将本源记忆被挤压为无。于是，世界被"封印"在永无止境的"现在"之中，处于一种"遗产无人继承"的状态，一切不仅真伪难辨，真实的生命存在和历史也趋向空洞，主体在凌乱的记忆废墟中迷失了行进的方向。这便是VR所带来的全新记忆术，而这正是传统电影所不具备的。通过虚拟现实所带来的这种记忆技术，记忆工业不仅可以更加大规模地进行数字化记忆的再生产，还能更有效地将产业化、标准化的记忆信息强行灌输进主体的大脑，最终倾轧主体的记忆体系。这也许并不会如同电影《记忆大师》（陈正道，2017）中所展现的那样，直接将他者的记忆替换成自我的记忆，但记忆工业终将致使主体内部出现多重记忆，仿佛多重人格一般，总有陌生的声音与画面在大脑中不断涌现，最终将主体引向末路。或许，在一个VR艺术与

VR娱乐盛行的记忆工业时代，"我是谁"本身就是一个伪命题，真正值得一问的应该是"我能是谁""我将是谁"？

三、记忆抹除与虚拟"在场"

（一）"除忆诅咒"与"在场"的遮蔽

福柯曾说："记忆是斗争的重要因素之一……谁控制了人们的记忆，谁就控制了人们行为的脉络……因此，占有记忆，控制它，管理它，是生死攸关的。"[1]这一说法绝非危言耸听，回望历史，哪一次的重大变革没有对社会记忆的操纵？又有哪一次的改朝换代没有同步进行着历史记忆的美化行动？从汉武帝下令焚毁《今上本纪》，到唐修八史，历代统治者都希冀通过权力干预社会记忆与历史记忆的自然形成，而记忆也确实总在权力的威慑或诱惑下趋向扭曲。正所谓前朝历史后朝修，作为记忆文本的各种史书传记自然就免不了夹带"私货"、暗藏诋毁，而涉及今朝之事时便难免自媒自炫，难怪人们常说"历史由胜利者书写"，因为"官方记忆政治的特点是，打造一种现时的记忆来篡夺过去的记忆结构"[2]。统治者篡夺的不仅是过去，还有未来，他们希望通过这种美化而将记忆传承万年，如德国学者阿斯曼夫妇所说："政权将其过去合法化，将其未来永恒化。"[3]尽管暮去朝来，柴天改物，但政权与记忆之间却一直固守联盟，社会记忆与历史记忆的记录权和解释权永远掌握在统治阶级手中，因为掌握了记忆，便巩固住了政权统治。也许现实正如小说《1984》中那句经典语句所说的一样："谁控制过去，就控制未来；谁控制现在，就控制过去。"由此可见，记忆尤其是社会记忆是社会群体实践与社会集体意识活动的结果，即便是个体记忆，也包

1　福柯.规训与惩罚：监狱的诞生[M].刘北成，杨远婴，译.北京：生活·读书·新知三联书店，1999: 113–114.
2　冯亚琳，埃尔.文化记忆理论读本[M].北京：北京大学出版社，2012: 29.
3　冯亚琳，埃尔.文化记忆理论读本[M].北京：北京大学出版社，2012: 28.

含着对整个社会与时代的切实感悟与生存洞悉，因为按照莫里斯·哈布瓦赫的说法，不具有社会性的记忆是不存在的。记忆的重要性和可塑性也使其成为社会控制的核心环节，因此，要进行有效的社会控制就必须对记忆进行有效控制，如美国社会学家罗斯在《社会控制》中所提到的那样："如果不打算让我们的社会秩序像纸牌塔搭成的房屋一样倒塌，社会就必须控制他们。"[1]

社会控制并非就是一个贬义的并带有压迫意味的概念，它实质上是一种具有历史必然性的、普遍的社会现象，是社会功能高度复杂化的产物，在通常情况下，所谓的"控制"其实更多是在行使"管理"职能。因此，社会控制其实是维持社会秩序必不可少的社会机制，它广泛存在并贯穿历史发展的长河。毋庸置疑，社会控制的核心是对人的控制，而对人的控制又包括对情感的控制、对判断的控制以及对意识的控制。这三种控制客体其实都与记忆紧密相关，主体的性情、智力与选择倾向除了受先天生理性差异的影响，主要由其生存经验所决定，而主体的一切生存经验最终都将转化为记忆予以储存。再者，主体的价值观、道德观乃至宗教信仰除了受个体记忆影响，也必然受到家族记忆、社会记忆等群体性记忆的影响和制约。从某种意义上来说，这些群体性记忆便是拉康所谓的"大他者"的核心素材，它们无形中规约着主体的行为意识。由此可以推论，当主体的内在面向是由记忆构建的情况下，那么记忆就理所当然地决定着主体的情感、意识与判断。

这种对主体记忆的操纵与控制实质上就是福柯意义上的"记忆治理"，尽管掌权者更倾向于将记忆治理视为一种社会管理学方法，但就其施行目标直接指向生命本身来说，它本质上应是"生命政治"的一个重要环节，因为记忆恰恰是生命的内部彰显，是生命力度的证明与基础。在许多人看来，记忆（包括社会记忆）甚至是存在的唯一证明。因此，政治权力对生命的治理

1 罗斯.社会控制[M].秦志勇，毛永政，等译.北京：华夏出版社，1989：43.

包括对主体记忆的训诫，抑或说，生命治理的终极指向其实是对记忆与人格的治理。纯粹的身体性压迫永远只是一种初级手段，因为生命的内在力量并未消散，它仍蕴含着反击的潜能。准确来说，生命治理的核心就是将生命本身塑造成为符合特定政治需要的规范化主体，如古代斯巴达在寡头政治的统治下通过思想教育与军事训练将公民培养成符合军国主义需求的战士，其公民军事训练制度甚至从他们孩童时代便已开始。事实上，现代资本主义国家对市民健康的规范化管理其实也是一种生命治理，因为生理学上健康的人往往才被视为合格的生产力，只有人体的生命健康了，他才更有可能是"有用"的，政府才能良性运作，资本主义的经济实力才能不断提升，统治阶级的统治力量最终才能得到有效保证。

对记忆的治理与生命治理遵循着相同的实践逻辑，无非为了将主体形塑成为符合政治需要的那种所谓的理想的"人"。记忆治理最常见也是最原始、最暴力的技术就是对记忆的消除。与治理生命类似，当某些个体或群体不符合政治权力的要求或规范时，最极端的办法就是将之抹除。最典型的"记忆抹除"就是前文所提到的"除忆诅咒"，近代历史中的"记忆抹除"更是俯拾皆是。20世纪30年代，苏联摄影师曾拍摄了一张斯大林和他的副手们视察运河的照片，有四个人出现在这张照片中，照片正中间的是斯大林，而他左侧的那个矮小男人便是其忠实拥护者尼古拉·叶若夫。两年之后，叶若夫彻底失势，这张照片却"诡异"地变成了"三人照"，叶若夫"神奇"地消失了，仿佛他从未伴随斯大林左右，更并非斯大林的得力助手。在历史的长河中，随着叶若夫在历史记忆中的一次次"缺席"，其政治影响力似乎便这样被误判了。

但显然，对叶若夫所采用的这种记忆技术已经不是纯粹的"除忆诅咒"，而更接近于一种记忆修改。在技术处理手法上，它并非如"除忆诅咒"一般直接消除叶若夫的所有存在证据，甚至也没有消除照片本身，而是对照片进行了修改，悄无声息地将叶若夫从斯大林身边撤离，进而将其从公众视野中移除。更重要的是，这种记忆技术的真实目的并非抹除叶若夫的存在本身，而是试图通过对图像等第三持存的修改来弱化其与斯大林之间的政治联系，抑或将其从各种历史现场抽离来影响对其历史政治地位的评估与判断。可见，这种记忆技术的核心目标并非消除记忆，而是对记忆进行扭曲，使群体记忆与社会记忆能够在符合掌权阶级某种主观政治目的的方向上生成、演化与承续。当然，通过记忆技术完全消除一个人的存在本身也是不可能的，即便是古罗马看似如此彻底的"除忆诅咒"也无法真正实现对记忆的根除。罗马皇帝图密善就曾被施以"除忆诅咒"之刑，但很显然，他在历史上并未真正地被抹除，否则我们也不会知道这一历史事实。中国古代历史上第一个连中六元的黄观也曾被明成祖朱棣除名，但后来黄观还是得以昭雪，后人不仅为他建立了黄公祠，还在他的县城建立了状元坊。由此可见，除非各种影视作品中的记忆移除手术成为现实，并具有大规模施行的可能，否则相较于记忆抹除，记忆修改作为一种完全不同的记忆治理策略其实更加高效，也更加可靠。

不过"除忆诅咒"和记忆修改其实都在致力于一件事，那就是对"在场"的遮蔽或消除。不管是"除忆诅咒"对被惩罚者画像、雕塑的销毁，还是叶若夫从照片上"神秘"消失，二者实质上都是为了隐匿其真实的在场。存在本身就是一种在场，在海德格尔看来，此在的存在就是在世存在，即在这世界之中在场。通过在场与阐释，存在得以向我们敞开，记忆便是对在场痕迹的记录以及对存在敞开过程的追溯。在诸种记忆形态中，图像与影像可以说是对"在场"这一存在形式较为直观的证明，影像记录与影像档案日益受到官方主流机构的重视便是源于此，《开国大典》（李前宽、肖桂云，1989）、《建党大业》（韩三平、黄建新等，2011）、《辛亥革命》（张黎、成龙，2011）等大量历史题材类影视作品所展现的源源生机亦是这一现象的直观反映。不过，严格来说，图像与影像的在场终究是一种符号性的在场，是一种形象的在场，缺少存在的实感。但虚拟现实所呈现的在场却是整体情境性的在场，它所构建的不仅仅是某个记忆画面抑或记忆片段，而是整全的"记忆之场"。

（二）"记忆之场"与"记忆置换"

事实上，历史叙述与个体记忆之间存在着一条永远无法填平的沟壑，所有的鲜活记忆总是不可避免地会被历史的宏大叙事所吞没。也就是说，所谓叙述本质上就是主体对记忆与经验的重塑，与其说我们直接面对着一个给定的过去，不如说我们每时每刻都在用自己当下的体验再现或重塑过去。正是基于历史叙述和记忆复现的这种弊端，诺拉提出了"记忆之场"这一概念，用来指代那些在历史长河中遗留下来的历史痕迹以及历史场所。在诺拉看来，在历史的宏大叙事中，经验性和具身性的鲜活记忆终将被去与境化的历史叙述所淹没或重构，完全偏离其原初事实，因此，历史真相的唯一佐证或许只有被保留下来的"记忆之场"："在历史那带有征服和根除色彩的强大推力之下，记忆被连根拔除，这像是具有启示效果……如果我们仍然身处在我们的记忆之中，可能我们不需要找到这样的场所，如果没有这样的场所，记忆就会被历史裹挟而去。"[1]诺拉意识到，恰恰是记忆之场才可能让我们洞悉被逐渐消弭的生命记忆与当下的历史叙事之间的断裂，它犹如一个通向过去的支点，使过去可以在我们面前洞开。

当下许多的VR作品所致力于复现的就是这样的"记忆之场"，它不仅是对历史事件的场所或遗迹的复制，也是对历史人物与历史情节的再现。2021年5月，内蒙古广播电视台策划的《主播讲党史》短视频栏目就采用了虚拟现实技术，对中国共产党发展历程中重要事件的背景、环境与人物进行建模和仿真，实现了近乎真实的历史场景呈现，不仅还原了历史事件，还让观看者能够进行沉浸式的视觉体验，进而真切地"进入"历史，而不是旁观历史。由首都博物馆举办的"王后·母亲·女将——纪念殷墟妇好墓考古发掘四十周年特展"也利用VR技术再现了一个全景式的虚拟墓穴，通过现场配置的11副VR眼镜，参观者可以"进入"上下六层、深达7.5米的虚拟挖掘

---

1 诺拉.记忆之场：法国国民意识的文化社会史[M].黄艳红，等译.南京：南京大学出版社，2017：5.

现场，"切身"地了解墓穴的面貌。斯雅克（CyArk）组织与Google公司合作开展的世界文化遗产保护项目Open Heritage也是通过VR技术对世界范围内的各种知名历史建筑进行了数字化复原。以此将各种记忆之场予以封存，其中就包括位于战火纷飞的叙利亚首都大马士革的阿兹姆宫殿，也许在若干年后，我们不仅可以看到宫殿本身，还能透过这一VR记忆之场看到宫殿上所残存的战争痕迹。

可以预见的是，由于老化、自然灾害乃至战争等不可抗力因素的存在，许多作为记忆之场的历史遗迹终究会不复存在，因而VR版的数字记忆之场将成为这些历史现场的重要"遗存"。事实上，斯雅克组织的联合创始人Ben Kacyra正是因为有着1500年历史的巴米扬大佛在2001年被塔利班摧毁，他才决心开启开放文化遗产项目。在他们进行过VR复原的历史建筑中还有缅甸的一所古寺，不幸的是，这所古寺在2016年一场地震中毁坏了，但幸运的是，我们现在还可以通过VR技术继续一睹它的风采。因此，VR"记忆之场"终将伴随现实"记忆之场"的退场而正式入场。但让人焦虑的是，虚拟记忆之场的出现事实上正在消解真实的记忆之场，它正在用一种虚构的在场替代历史的现场，进而将记忆与历史重新纳入宏大叙事之中。如果诺拉所说的记忆之场是一束可以照亮过去的光线抑或是一把刺穿历史叙事的剑刃，那么虚拟现实技术所拥有的影像生成能力实质上折断了利刃，遮蔽住了光芒，因为对影像的编辑与生成本身就是一种叙事，它不可避免地又将叙事引入了记忆之场。准确来说，VR记忆之场与现实记忆之场的最大区别就在于后者是历史现场的遗存，是实存的记忆见证，而前者终究是一种用于构序的"装置"，一种关于记忆的装置。

阿甘本曾如此解释"装置"（dispositif）："我会这么来指称装置，即它在某种程度上有能力捕获、引导、决定、截取、塑造、控制或确保活生生之存在的姿态、行为、意见或话语。"[1]VR技术和信息技术不正是此在生

1　阿甘本.论友爱[M].刘耀辉，尉光吉，译.北京：北京大学出版社，2016：17.

活世界中最大的捕捉装置、控制装置以及构序装置吗？与其说VR记忆之场是对历史的封存，不如说它更倾向于是一种对记忆进行构序乃至治理的装置。这便意味着，诺拉的"记忆之场"正在被强大的数字化记忆装置打磨光滑，它们不再是刺穿历史叙事的利刃，而是变成了被封印的石中剑，因为那些被封印的"记忆之场"都变成了复制品。在VR这一虚拟现实装置的构序下，记忆、意识、情绪、注意力乃至生命本身都将被重新结构化，诺拉试图通过"记忆之场"复现的可能只是被政治和意识形态所裹挟的虚假之物。也许在VR时代，对主体记忆的治理将彻底成为不可抗拒的命运。

更让人沮丧的是，VR时代真正可怕的不是记忆抹除和记忆修改，而是记忆置换。如上文所说的那样，现代资本主义社会的"老大哥"甚至已经不屑进行如此复杂的记忆治理，而更倾向于直接用娱乐性的他性记忆不断"轰炸"主体自身的个体记忆库，最终实现记忆的覆盖与置换。不过严格来说，这种记忆置换并没有造成个体记忆的消失，它只是迫使个体记忆屈居在心灵的角落，等待一个唤醒的时机。但问题就在于，VR时代的记忆工业体系并没有给主体预留这样的契机，在虚拟世界和娱乐化影像的环绕与沉浸下，现时本身已经无关紧要。更重要的是，自文化工业以来，大众媒介所催发的记忆置换并不是个体性的，而是群体性的，如好莱坞电影工业对观者的记忆灌输就是数以亿计的。因此，当所有的个体记忆都在被相同的他性记忆所置换时，群体记忆竟惊奇地达到了一种难以置信的一致性。而在后续的交际往来中，他性的群体记忆不断地加强，最终以极其牢固的姿态在每一个的头脑中驻扎。于是，差异性的个体记忆便在这部庞大的影像装置中被完美缝合了。如果说在传统电影时代，主体还保有着恢复记忆的可能性，那么在VR时代，个体的自我记忆似乎失去了被唤醒的可能。传统电影的影院空间仍将主体滞留于现实空间，从而使主体能够间歇性地回归现实，这便为主体记忆的复苏预留了可能。但VR电影却将主体紧紧地包裹进虚拟世界之中，似乎连最后一丝逃逸的可能也被无死角的环绕式影像给封锁了。一旦进入这个虚拟世界，源源不断的3D影像便会持续轰炸观者的眼球，它丝毫没有为主体视线的逃逸留下空间，主体自然也就没有了反省其身的时间。如同"常人"总是操劳于世界而无暇顾及存在本身一般，在虚拟世界逐渐成为生活世界之后，主体也根本无暇顾及自己的实存，就像《黑客帝国》里的尼奥一样，他生活的全部便是操劳于那个虚拟世界。

总而言之，在记忆工业时代，记忆技术的核心也许不再是强制性的遗忘，而是不断地、重复地、模式化地经验与记住，不断地用现时快感去侵占主体的历史感，最终使记忆本身在持续性的现时体验中逐渐消解。正如齐泽克所言："在数字化记忆里，后现代将'历史的尽头'叠加到过去的不完全不受约束的过去之上……我们生活在由机器为我们制造的不受时间影响的乌托邦，也是一个我们能被有效地屈从于这种被动状态的地方。"[1]这意味着在虚拟现实时代，主体记忆的治理术将伴随生命政治技术的演进而进入一个全新阶段。它不再是君主制时期的那种压抑性的生命治理，也不是现代民主制国家那种福柯式的生产性、规范性的生命治理，虚拟影像时代的生命治理与记忆治理应该是"母体"式的梦境注入，用一个个娱乐性的虚拟梦境直接注入主体的意识之中，使他们在虚拟化情境中完成行动上的自我误导和自我消解[2]，进而彻底丧失其批判的否定性可能。如此看来，现代记忆术的核心已经不是记忆的技术，而是梦的技术，即当一个人永远在做梦时，个体记忆的真实与否也就不再重要了。但我们不禁想问，在这样一个做梦的时代，是否还会出现一位墨菲斯从梦境的边界递给我们回到现实的蓝色药丸？

---

1 蒋原伦.今日先锋11[M].天津：天津社会科学院出版社，2001：121.
2 典型情况就是VR用户的意识与行动的背反，当玩家以为他在虚拟世界中砍人时，他其实是在一下下挖矿，那么他身体的攻击性自然便被消解了。

第二节
虚拟现实中的意识治理

斯蒂格勒曾指出："从宽泛意义上说，第三持存是意识的义肢。没有这一义肢，就不会有思想，不会有记忆的持存，不会有对未曾经历过的过去的记忆，不会有文化。"[1]这一观点乍听之下颇为离奇，因为将第三持存视为人类思想生成的根基无疑是在否定人的主观能动性，重新将主体性置于物性的统治之下。智者学派代表普罗泰戈拉曾说："人是万物的尺度，是存在者存在的尺度，也是不存在者不存在的尺度。"[2]显然，在斯蒂格勒看来，人不是万物的尺度，而是以万物为尺度。不过，斯蒂格勒想强调的只是人的思想与意识并非凭空而来，每一主体之意识的生成都有其存在基础。著名的"萨丕尔—沃尔夫假说"就指出，语言其实是思维的筑基者，人类的思维习惯、思维模式等高层次思维其实在很大程度上都依赖其语言结构。看似独立的主体思维实质上不可避免地受到语言的影响，因而使用不同语言的人对世界的感受和体验也不尽相同，也难怪海德格尔会说"人活在自己的语言中""语言是人'存在的家'"[3]。萨丕尔和沃尔夫的这种语言决定论恰恰为斯蒂格勒的"第三持存决定论"提供了重要依据，因为语言就是最为原始的第三持存之一。

斯蒂格勒的这一"第三持存决定论"并不难理解，因为自人类进入后种系生成的时代起，作为物性义肢的第三持存就已经构成了此在"在世存在"

1　斯蒂格勒.技术与时间：3.电影的时间与存在之痛的问题[M].方尔平，译.南京：译林出版社，2019：50.

2　北京大学哲学系外国哲学史教研室.西方哲学原著选读（上卷）[M].北京：商务印书馆，1981：5.

3　海德格尔.存在与时间[M].陈嘉映，王庆节，译.北京：生活·读书·新知三联书店，1999：192.

的"先在"。海德格尔在《存在与时间》中指出，在此在被抛入世界之中时，总已经有一个他自己并没能经历的"已经在此"的先在，而此在的这种"被抛"又决定了此在的当下与能在，因此，这个"已经在此"中的"过去"并不是此在曾经经历的时间，而是属于当下的在此。海德格尔的这一存在论思想在马克思那里早有表述，从历史唯物主义的视角来看，其实就是现实的个体总是生活在一定历史性的生活条件之中，因而每一个历史主体都将遭遇前人所遗存下来的"生产力总和"。索恩-雷特尔则将这种制约社会存在的先在的物质构序方式指认为社会先验。无论是哪一种理解，它们其实都意味着同一个事实，即在此在进入世界时，总有一些先行的有序构架已经将世界进行过构序了，因而此在只能在这些"先在"的构序中继续存在。在斯蒂格勒看来，这些"已经在此"的"先在"就是技术性义肢和文化性义肢，"义肢性是世界的已经在此，因此也就是过去的已经在此"[1]。例如，中国的"00后"一出生所面对的已经不仅仅是电视、冰箱、洗衣机这些简单物性义肢，而是由5G网络、虚拟现实、人工智能等前沿性人工义肢所构建的全新生活筑模。

更值得注意的是，义肢性第三持存所构建的不仅是主体生存的物质性先在，它还为主体构建了康德意义上的先天观念架构，它们作为一种先验范式的认知统摄深刻地影响着主体的思维意识与知性能力。这便意味着第三持存已经"成为我们直观和知识世界的先在综合架构，在我们遭遇现实世界之前，这一已经无法摆脱的数字化先在综合筑模已经通过自动整合座架（Ge-Stell）了我们可能看到、听到和触到的世界和一切现象"。康德所谓的自然以一定形式向我们呈现，现在被改写成"存在以网络上的智能手机和电脑屏幕的构序形式向我们呈现"[2]，未来也许又将改写为存在以纯粹虚拟影像的构序形式向我们呈现。显然，斯蒂格勒的这种"第三持存先验论"抑或"第三持存决定论"并非康德意义上的唯心主义先天观念论，它有着历史唯物主义的根

1　斯蒂格勒.技术与时间：爱比米修斯的过失[M].裴程，译.南京：译林出版社，2000：165.

2　张一兵.斯蒂格勒《技术与时间》构境论解读[M].上海：上海人民出版社，2018：136.

基，因而由第三持存所引起的主体意识嬗变其实是符合自然与社会的发展规律的。但问题就在于，当第三持存与科学技术成为权力与资本的附庸，当文化工业和记忆工业开始作为构架式力量的工业外在化而对先天观念架构进行强行构序之时，主体的认知意识也必然走向异化和物化。

一、虚拟现实与无意识本我

德国媒介理论学家基特勒曾在其《留声机 电影 打字机》中发出过如此感慨："自从机器取代了中枢神经系统的功能之后，没有人能够分辨出轰鸣声是来自血管还是海妖，是来自耳中还是大海女神安菲特里忒。"[1]基特勒不愧是当代德国最具原创性的传媒思想家之一，他用诗性的话语表达出一个当今全媒体时代所有人都无法回避的问题：当第三持存等义肢性媒介已经接替乃至侵占主体的思维与意识时，我们是否还能够分得清那内心深处的模糊声音是来自本我的呼唤还是来自那由媒介技术所召唤出的"海妖之魅惑"？那发源于各种第三持存并无时无刻环绕着主体的"耳边低语"是否已经悄无声息地迷惑了所有主体的心神？而那被魅惑的迷惘之人又是否已经成了被笛声催引的孩童，抑或他仍清醒地保持着自我？也许，连人类最后的圣洁之地——理智与情感其实也只是机器和装置运作轰鸣的结果，而并非来自心与血的震流。

基特勒是悲观的，他不仅看到了媒介的本体论维度，还看到了媒介对主体的禁锢与束缚，看到了那隐藏在媒介背后的"狡黠"与"阴暗"，如此来看的话，与其说《留声机 电影 打字机》是一部媒介发展史著作，不如说它更像是"一部媒介绞杀人类、令其唯有以腐尸和幽灵方式残存的血泪诗篇"[2]。因此，在这个被誉为"数字时代的德里达"的男人看来，媒介不仅改造着人

1　基特勒.留声机 电影 打字机[M].邢春丽，译.上海：复旦大学出版社，2017：54.
2　姜宇辉.致一个并非灾异的未来——作为后电影"效应"的"残存"影像[J].电影艺术，2018（4）：29-36.

的身体，抹除着人的意识[1]，操控着人的无意识，甚至连"灵魂"这个看似最难以剥夺的超越性维度也一举攻陷、令其最终沦为"神经心理学仪器"[2]，因而他得出结论："我们都是小机械（gadgets）的主体，也是机械数据过程的工具。"[3] 可以发现，斯蒂格勒作为德里达的得意门生与基特勒这位"数字时代的德里达"有着颇为相近的媒介观与技术观，他对技术社会中的主体生存同样持悲观态度，在其看来，由第三持存所构建的技术世界不仅直接组建并控制着主体的意识内容，还规训着主体的意识结构与思维方式，是资本主义现代性工业化"也是'精神'的工业化，它直接影响了大写的我们在构成的过程中所需要的条件"[4]。

这并非危言耸听，因为这些来自第三持存的"阴谋"正在我们的日常生活中悄然上演着。试想这样一个场景，周末你在家连看三部《黑客帝国》电影，整个过程你极为投入，看完之后你准备下楼走走，但出门后你慢慢发现，现实生活中的每一个细节似乎都留下了影片的残影，仿佛你正处在尼奥所在的那个虚拟世界。你不仅开始幻想自己如同主角一般掌握时空，让子弹乃至世界停滞，你还开始质疑所处的世界是否也仅仅是"母体"所编织的虚拟影像。而在这些你能够意识到的思绪背后，你并没有注意到，你已经开始用分镜和蒙太奇的方式来感知时空的运动，你会不自觉地用一种最适宜照片或电影表现的二维视角去观察和记录这个世界，世界在某一刻竟也以多视角、多景深的形式向你展现，当你见证生活中的美好细节时，画面有时竟不自觉地打上了光晕，甚至还有熟悉的背景音乐随之响起。更为可怕的是，你已经潜移默化地接受了某些影片或某些游戏的意识形态询唤，并以这种意识形态观念开始重新看待这个世界，或许从此刻开始，你忽然发现你已经陷入

1　基特勒. 留声机 电影 打字机[M]. 邢春丽，译. 上海：复旦大学出版社，2017：196.
2　基特勒. 留声机 电影 打字机[M]. 邢春丽，译. 上海：复旦大学出版社，2017：150.
3　基特勒. 留声机 电影 打字机[M]. 邢春丽，译. 上海：复旦大学出版社，2017：6.
4　斯蒂格勒. 技术与时间：爱比米修斯的过失[M]. 裴程，译. 南京：译林出版社，2000：188.

了一种虚无主义，如果一切都可能是母体所编造的梦，那我们所有的努力又有何意义？至此还没有结束，因为今晚你可能还会将白日里那影像所带来的视觉与精神的双重震撼带入你的梦境，并再一次将这个虚构的故事予以演绎。日复一日，经过无数次的影像洗礼，你可能忽略了一个事实，那就是这些影像已经深埋进你的潜意识之中，并时刻形塑着你的言行、欲望乃至人格，你早已不是原来的你自己，而是一个全新的"电影我"。

也许当你惊异地发现这一切并准备让自己清醒过来时，你才会发现，这一切的发生远非所谓的"迷影"后遗症如此简单，因为问题并不在于你"入戏太深"，而在于世界早已被电视、电影、游戏、虚拟现实等各种影像所充斥环绕，甚至说，世界本身正在"影像化"。影像并不仅仅闪烁在影院和你家的客厅之中，而是映现于整个世界，这个世界根本没有一个非影像的空间供你"出戏"，抑或说，你自以为的出戏其实无非又一次的入戏而已，你往返于"出入"之间，早已无处可遁。如同经典科幻电影《异次元骇客》所展现的一样，当你终于逃出那个由计算机程序所创建的虚拟世界来到真实世界后，你失望地发现，这个所谓的真实世界不过是另一个虚拟世界而已。这正是虚拟影像时代的真实情状，"你本以为离开了一个影像的洞穴，但只是进入了另一个更为庞大、漫无边际、无处可逃的影像的宇宙"[1]。或许，经过这一番畅想，我们发现了一个极其恐怖、无法规避但又或许并非一个灾祸的未来前景：世界就是虚拟影像，虚拟影像就是世界，而在这样的现实中，我们的本我将由虚拟影像来构建，抑或说，虚拟影像就是我们的本我。

拉康曾指出，无意识由语言构成，即隐藏在意识层背后的无意识具有一种内视语言的意义结构。这并非"萨丕尔—沃尔夫假说"的翻版，因为拉康所说的语言并非那种语法意义上作为"能指的游戏"的语言，而是语用意

---

1 姜宇辉.致一个并非灾异的未来——作为后电影"效应"的"残存"影像[J].电影艺术，2018（4）：29-36.

义上关联社会语境的"话语"。也就是说，在拉康的理论体系中，主体的无意识其实是话语秩序，即大他者的产物。但问题就在于，大他者又是由何组成？如果按照斯蒂格勒的思路，那么作为话语秩序的大他者其实就是第三持存，不过它不是某种具体的第三持存，而是作为整体存在的第三持存，它可以是语言、是绘画、是小说、是电影、是游戏，是一切外在于主体的象征性他性存在。因为在斯蒂格勒看来，技术社会的主体意识畸变问题正是由于记忆的外在化与义肢化，在意识活动转变的进程中，义肢有着决定性的意义。我们将会看到，义肢影响了康德所说的构架论的条件。这便是我在《迷失方向》中所说的新型第三持存在发挥作用。[1]

前文已经提过，第三持存的出现与发展本质上是主体的记忆与意识不断"体外化"的结果，而这种将记忆与意识进行对象化抑或"客体化"的操作虽然帮助人类弥补了"爱比米修斯的过失"，使记忆得以延续，文化得以传承，但这种体外化的记忆本身又将作为一种他性对象反作用于每一个主体。更重要的是，记忆的"物化"必然也意味着记忆的工具化与商品化，这便使记忆与意识本身成了可以使用、编辑以及生产的对象性存在。也就是说，第三持存的出现与发展虽然促成了大他者的成型及其权威地位，但是也导致大他者本身成为一种可以生产乃至操控的对象，而这些经过"调控"与"设计"的"人工"话语秩序又将作为一种先天观念架构去规训、形塑每一个主体。

斯蒂格勒对于当代"文化工业"的批判遵循的便是这一逻辑："想象活动的工业化其实就是构架式力量的工业外在化，因此也是认知意识的异化和物化。"[2]也就是说，文化工业的症结就在于资本主义将构成文化构序的核心要素——想象力当作一种物化产品进行了批量化生产，进而彻底扰乱了文化

---

1 斯蒂格勒.技术与时间：3.电影的时间与存在之痛的问题[M].方尔平，译.南京：译林出版社，2019：4.

2 斯蒂格勒.技术与时间：3.电影的时间与存在之痛的问题[M].方尔平，译.南京：译林出版社，2019：47.

秩序的自然形成。在文化工业之前，那个统一的"大写的我们"以及那个不可捉摸的大他者虽然也是"历史蒙太奇"的构序结果，但其对历史事实所进行的选择性意识形态拼贴实质上仍以历史自身的本有力量为核心，意识形态仅起到蒙太奇式的辅助构序作用。但文化工业时代却是一个"历史"退居其位，"意识形态"喧宾夺主的时代，"我们"和大他者的具体形态开始逐渐无关历史，而直接由文化工业所塑造。这便意味着历史的构序力量正在隐退乃至消解，"我们"、大他者乃至世界的样貌很大程度上直接屈从于政治与资本的构序逻辑。因此，文化工业时代的"历史蒙太奇"实质上是"弱历史"甚至是"非历史"的，它是横向的共时剖面网络，而不是纵向的历时延伸网络。但这并不是说主体已经不再是历史的主体，而是说不管历史如何发展，主体似乎都被限定在某个固定的且已被规划好的平面之中，因为由资本和政治熔铸的那个物化的文化筑模早已将我们框定。"能在"先于此在存在，因为"能在"正是此在无法规避的命运，但在各种文化娱乐商品的侵蚀中，此在成为沉沦于当下的常人，丧失了"投开"自己的能力，"未来"被"现在"这一时间面向所遮蔽。或许，时间在主体身上留下的唯一痕迹就在于它让沉迷于电影的我们"进化"成了沉迷于VR电影和VR游戏的我们。但可悲的是，这个"弱历史"抑或"非历史"的共时剖面网络却仍不时地显露其历史面向，让所有主体得以窥见一个关于未来的幻影。然而，这个虚假的未来已与我们无关，因为我们无关历史，而仅仅关乎这个世界的幻影，抑或说，我们其实根本没有未来，未来早已被畸形的先天架构所封印。

这也是为什么电影工业受到了如此之多的非议与批判的原因，因为"所有电影都具有好莱坞影片的性质，所有影片都在等待它的'遴选'和代价"[1]，而在数字化先天综合筑模已经替代了康德的先天观念综合的今天，"规制和决定了全世界面对经验现象综合座架的先在性观念图式，正是来自美国好莱

1　斯蒂格勒.技术与时间：3.电影的时间与存在之痛的问题[M].方尔平，译.南京：译林出版社，2019：40.

坞电影所制造的占位性大他者——大写的我们"[1]。也就是说，在影像主导的文化工业时代，作为文化秩序的大他者正是在好莱坞这类文化工业中心中依先在性的实践筑模被批量化、规模化地生产出来的。"好莱坞已经成为这个世界的图式论之都，因为电影这一技术能够使各种具有统一化功能的表象和幻象得到接受"[2]。

由此，斯蒂格勒得出了一个非常德勒兹式的结论：意识犹如电影，因而"大写的我们亦犹如电影"[3]。之所以呈现出这种构序关系，根本上还是因为电影作为一种义肢性第三持存在这个影像时代通过其卓越的大众普世性构建了最为缜密也最具影响力的先天意识架构，它作为一种支配性的技术"座架"规训着每一个无处逃遁的主体，"今天的数字化生存对人的最内在的支配和座架是从看不见的电影式的先天意识构架开始的"[4]。这便在一定程度上解释了，为什么数字影像时代是一个意识形态的大时代，因为康德的先验图式论正是由于这些信息化数码第三持存的出现而被资本主义工业化了。这很可能导致这样一个结果：伴随先验图式论的工业化，世界也将趋向统一化，因为当代统治阶级和资产阶级正是通过电视、电影、游戏、虚拟现实等影像产品将意识形态嵌入到每一个人的意识之中，进而有效实现了观念世界的统一乃至资本世界数字化生存的统一，也难怪斯蒂格勒会感叹："世界统一化的过程通过电影得以实现！"[5]

显然，对电影工业的一番论证完全适用于虚拟现实产业。VR作为一种新型的第三持存很可能将成为未来世界起主导作用的传播媒介与生存设备，也

1　张一兵.斯蒂格勒《技术与时间》构境论解读[M].上海：上海人民出版社，2018：274.
2　斯蒂格勒.技术与时间：3.电影的时间与存在之痛的问题[M].方尔平，译.南京：译林出版社，2019：140.
3　斯蒂格勒.技术与时间：3.电影的时间与存在之痛的问题[M].方尔平，译.南京：译林出版社，2019：133.
4　斯蒂格勒.技术与时间：3.电影的时间与存在之痛的问题[M].方尔平，译.南京：译林出版社，2019：117.
5　斯蒂格勒.技术与时间：3.电影的时间与存在之痛的问题[M].方尔平，译.南京：译林出版社，2019：133.

许就像电影《头号玩家》所呈现的一般，在未来社会，无论是娱乐、社交还是工作，VR都必不可少，它已经成为人类进行数字化生存的基础装备。也就是说，与作为娱乐的电影不同，VR具备着"进化"成一种生存装置的可能性，就像网络一样，它将涉及人类生存的每一个细节。可以肯定的是，在未来，VR将成为主体进入三维虚拟世界的准入口，每一个渴望"虚拟化生存"的主体都只能选择屈服于VR装置的技术规范。人们不仅会逐渐习惯VR头盔、VR眼镜、触感手套乃至整套触感服的额外重量，还会重新配置自身的感知系统以适应虚拟生存。虚拟世界全新的时空体系以及VR装置对现实世界与虚拟世界的物理分隔都对主体的感知能力和思维意识能力提出了新的要求。很显然，一系列的感知规范和行为规范都将伴随VR的普及而被确立，这意味着这样一个事实：VR将成为未来世界较大的构序装置之一，因而也将成为较大的主体规训和意识形塑装置之一。一方面，VR作为一种新型的第三持存将配合云存储技术最大化地存储和显示记忆影像，这将使VR成为他性记忆的最大存储库，VR世界中所发生的一切都可以对象化为可供回访的记忆影像，如同我们现在可以保存和回放游戏录像一样，虚拟世界中的每一个VR主体都可以见证历史的发生以及世界的进程，也就是说，VR将成为未来主体最大的他性对象（他者）。

另一方面，VR作为未来最常用的显示设备将替代电影成为他性意识的最大接收器，因而其所携带的先天观念综合将更大范围且更有效地形塑主体。事实上，VR设备的全包裹设计也决定了VR将比电影更容易控制主体的信息接收，主体的视野完全被虚拟影像所浸没，根本无处可逃，除非我们摘下头套。但是如果虚拟世界侵占现实世界成为人类主要的生存世界，那么摘下设备便意味着我们主动放弃了生存。现在我们放下手机，离开计算机还有现实世界供我们栖息，但在未来，当我们摘下VR眼镜的那一刻可能会如同尼奥一样，只能面对现实的荒漠。可以想象一下，虚拟世界中的主体势必将面临更猛烈的信息轰炸，接收更繁重的影像意识流。如同《黑镜：第一季》第二集中所展现的那个故事一样，未来的大多数人类只能生存在一个全部墙壁都是屏幕并不能自己关闭的小隔间之中，每天一睁眼就不得不面对各种影像和广告的侵袭，唯有有资产者才能通过花钱关闭影像。这间满是影像的房间其实都是VR装置，它将我们彻底包裹在影像之中，未来世界的无产阶级只能无奈地接受虚拟世界的降临。如今备受批判的"信息茧房"甚至可能成为未来人类的福音，因为信息茧房至少是主体进行自主信息接收的结果，而未来人类面对的将是信息的牢房。如此说来，虚拟化生存可能不是更自由的生存，而是更具可控性的生存，当今网络时代的信息推送和大数据监控就已经可见一斑。也正因此，拉尼尔才在其书中宣称，虚拟世界技术在本质上是终极斯金纳盒子的理想设备。虚拟世界完全有可能是有史以来最恐怖的技术。[1]

　　更重要的是，就目前的VR市场来说，虚拟现实的主要功用还是游戏和娱乐，至少说在未来，娱乐仍将是虚拟现实的主要功用之一，但无论是作为电影的虚拟现实还是作为游戏的虚拟现实，它们实质上仍是一种文化工业产品，仍受到资本与政治的操控。也就是说，文化工业仍将是VR时代的主导文化形态，甚至悲观地说，文化工业将在VR时代达到一个顶峰。这是极为可怕甚至是致命的，因为大多数的VR所致力于构建的是一个整全的虚拟世界，这便意味着这个世界就是所有用户的"先在"，每一个进入这个世界的主体都必须接受这个世界的规则。以《头号玩家》为例，"绿洲"就是詹姆斯·哈利迪所创建的虚拟世界，这个世界的规则完全由其个人制定，正是他设定的三个任务才开启了主角的冒险。但影片也包含了这样一个情节，片中的反派试图通过完成任务来获得"绿洲"的拥有权，进而将绿洲改造成他理想中的样子。这位反派正是资本与政权的隐喻，试想一下，如果"绿洲"真的被他控制，那么他便可以将其价值观、道德观及政治理念融入这个世界，而所有进入"绿洲"的玩家都必须接受

1　拉尼尔.虚拟现实：万象的新开端[M].赛迪研究院专家组，译.中信出版集团，2018：71.

他所制定的规则，诚服于他的掌控。也就是说，这个由符码所构建的虚拟世界自身就是最具压迫性的象征性秩序，它通过其数字化先天观念架构规训着所有的虚拟生产者，影响着他们的意识生成。弗洛伊德将梦视为我们潜意识的显现，但在这样的虚拟世界中，我们的梦也将是虚拟的，因为主体的意识之所及唯有这个虚拟的世界，主体的本我已经彻底屈服于这个虚拟大他者。如此看来，在电影时代所发生的一系列意识畸变问题将在虚拟现实时代变得更加严峻。

二、无处逃逸：虚拟现实中的注意力捕获

对主体意识以及无意识的控制与形塑其实有一个前提条件，那就是对主体注意力的捕获。在通常情况下，除了内意识，主体意识得以生成的前提就是注意力的投射。脑科学关于"意识神经关联"（neural correlates of consciousness）的研究也表明人的意识生成与注意力直接相关，因为人脑中的顶叶和大脑额叶这两处控制注意力的区域在人进行意识活动时总是活跃的。也就是说，注意力具有一种加工优先级，它总是先于意识对知觉信息进行加工，而意识则是对这些已加工信息在大脑中的选择性映现。换句话说，没被注意的信息即使在视野内，也不会被意识到。但是，没被意识到的信息不一定没被注意到。胡塞尔的意向性（Intentionality）概念实质上也表明，意识在运作过程中，始终要朝向某物并以其为目标，即有一个意识对象。在胡塞尔看来，意向性就像一束光，它照进黑暗，让意识对象从模糊混沌中显现出来，而投向并照亮事物的那束光芒就是注意力，正因为注意力如聚光灯般聚焦于对象并将其从黑暗中凸显，事物才得以在主体的意识中敞开。难怪俄罗斯教育家乌申斯基也曾精辟地指出："'注意'是我们心灵的唯一门户，意识中的一切，必然都要经过它才能进来。"[1]

---

1 乌申斯基.人是教育的对象[M].李子卓，等译.北京：科学出版社，1959：23.

（一）视界包裹与深层捕获

以上研究表明，虚拟现实时代所发生的意识畸变和无意识控制等问题的关键其实是主体的注意力问题，我们一直忽略了这样一个问题，那就是VR装置对主体所施行的一系列技术规训实质上是从对注意力的捕获以及监测开始的，因为要想控制主体的意识，就必须先捕获他的注意力。这种策略在我们当下这个注意力经济的时代中也尤为明显，因为注意力经济的核心就是通过吸引人们的注意力来实现经济产能的增长。著名的诺贝尔奖获得者赫伯特·西蒙就曾公开预测："随着信息的发展，有价值的不是信息，而是注意力。"不过，其中隐含着一个非常关键的构序逻辑，那就是对注意力的捕获不仅是为了增强印象，提升存在感，增加顾客消费的可能性这么简单。在大多数情况下，尤其是在文艺产业内，注意力其实是欲望的触发器，以最为典型的电影艺术为例，影片唯有抓住了观众的眼球，画面与情节背后的欲望机器才能得以运转，作为视觉主体的观众才可能在意识的完全沉浸中被影响。也就是说，瞬间的注意往往只是视觉呈现的问题，而持续的注意必然涉及欲望的生成和维持。因此，包括小说、电影、电视、游戏、VR在内的大多数文化工业产品在施行意识控制时基本遵循着这样一个操作路径：注意力捕获—欲望诱导—意识控制。

不过需要注意的是，尽管这些媒介类型在运作逻辑上基本相同，但不同媒介捕获注意力的方法和特征是截然不同的，因而它们的捕获能力也不尽相同。尽管电影，尤其是好莱坞电影以其无可匹敌的产业规模和市场占有率吸引着全世界观众的眼球，但如果仅参考电影作为一种媒介所展现出来的技术现象学特征的话，其对主体注意力的捕获只能属于浅层捕获，因为在目前已知的媒介中，仅VR和AR技术实现了对主体注意力的深层捕获。显然，此处所说的"深层捕获"并不包括前期的宣传营销，而是纯粹根据媒介的技术特性而言的。事实上，无论是电影、电视还是游戏，其前期营销活动如果宣传得当，往往就可以吊足观众的胃口，激起他们的好奇心和欲望。不过，这种捕获注意力的手段依托的是强大的商业模式和文化工业体系，而不是媒介自身所蕴含的构序力量。与其说是媒介捕获了主体，不如说是资本捕获了他们，人们常常会被各种宣传片和户外广告吸引进影院，观看后发现影片远不及宣传片和户外广告宣传得那样精彩，这样的寻常经历正说明了资本对注意力的捕获力量，在资本的运作下，不同媒介之间天生的"吸引力"差异甚至都将被抹平。因此，本节所讨论的注意力捕获是从观众进入影院，玩家戴上VR头显或AR眼镜的那一刻算起，因为此后观者是否陷入睡眠或主动摘下头盔都取决于媒介自身的捕获能力。

VR艺术的注意力深层捕获技术体现于其显示装置对主体视野的全方位覆盖。与电影、电视等半开放式的传统影像媒介不同，VR头显是全封闭的，它完全遮蔽了主体的对外感知。对于主体来说，由于眼罩和耳机对视听觉的封闭，其所能接收到的所有视听信息都来自VR设备，也就是说，由虚拟现实装置所提供的对内感知已经完全覆盖了使用者的对外感知，因而很少会出现外界信息干扰主体虚拟感知的情况出现，这也是为何VR更容易制造沉浸体验的原因。当然，这一技术思路同样是传统影院电影的发展路径，一直以来，影院电影都在致力于通过扩张画幅来尽可能地覆盖观众的视野，从而捕获他们的注意力，营造出沉浸感。IMAX（Image Maximum，图像最大化）以及DMAX（Digital Max，数字最大化）的出现就是最好的例证，因为二者都在利用巨幕技术来尽可能地增大银幕面积。仔细观察，可以发现，IMAX影厅和中国巨幕影厅的银幕不仅会向观众略微倾斜，且银幕边角也会微微卷起，形成一个曲面，这样可以更好地包裹观众的视线，进而构建出更优质的全景视野。除此之外，这些巨幕在横向维度上也会一直延伸到观众的视觉范围之外，以此实现对观众视觉感知的覆盖。但不可否认的是，影院电影的这种尝试终究是不完全的，因为其半开放式的观看模式已经决定了观者的注意力将会不可避免地发生游移。之所以如此，还是因为无论影院电影的银幕有多大，它终究还是一块安置于影院现实空间中的物性存在，这块闪烁着光亮的幕布除非卷曲成球形，否则它永远存在边界。这就意味着无论边界内映现着多么如梦似幻的光影，边界外依旧是清晰可见的现实。

众所周知，银幕的边界越是明显，其对虚拟世界与现实世界的区隔就越是清晰，观众也就越容易出戏，因为界线的存在本身就内含着越出界线的可能，只要边界仍旧出现在视野中，它的存在似乎就在一直向观众提示着界内画面的幻象性。试想一下，当正在看电影的我们无意间转动脑袋，看见一对坐在前排座位上正在接吻的情侣时，我们很难保证自己不会刹那间将目光从银幕上抽回转而汇聚在那对情侣身上。巨幕技术的核心其实就是通过扩大银幕来消解主体对边界的感知，进而全方位地捕获观者的注意力。但这显然有其极限，因为只要主体对现实空间的知觉没有被阻隔，那么再大的银幕都无法阻止主体视线的游离。相较于电影，屏幕通常更加"迷你"的电视剧艺术则直接将观众注意力的游离融入其自身的艺术特征之中。受限于屏幕大小，比起恢宏绚烂的画面，电视剧通常更加注重情节和台词，因为家庭空间中的观看主体很难集中注意力去仔细欣赏画面本身，通篇对话且极少镜头语言的肥皂剧之所以会具有如此旺盛的生命力也是由于它充分考虑到现实空间对观看主体的干涉性，人们在做家务时也可以通过对话来跟进剧情。也就是说，电视剧的某些艺术形态正是建立在注意力游离的基础上，但我们很难确定，这是不是电视剧艺术做出的无奈妥协。

不过我们必须清楚，注意力的游离现象实质是由主体的内在潜能所决定的，如果按照德勒兹的观点来说的话，银幕上所放映的影片实质上就是一个对影像和意识进行辖域化的"权力空间"，而主体则内含着解域化的力量，因而当电影试图捕获我们的注意力时，解域化的力量也在推动我们的目光进行逃逸。再者，如果从注意力自身的时间性机制来看的话，注意力本身也蕴含着无法控制、难以规训的"逃逸"面向，它永远都是集中与"逃逸"的交替。实际上，从亚里士多德直到奥古斯丁，"注意力"便是一种悖谬性的行为，因为它显现了时间的两面性，即兼具"点"和"线"这看似难以调和的两种形态。首先，注意力是一种持续性的行为，它具有"一种特有的绵延性……在自身之中持续实施的运动"[1]。但同时，注意力必然指向现在，指向当下的某一个分离的、断裂的、孤立的"点"，注意力总是从这一个点到那一个点。"注意力"的此种看似悖谬的本质形态，恰可以用叔本华《作为意志和表象的世界》中的一段话来概括："此刻生动地吸引我注意力的观念，一会儿之后注定（bound）要从我的记忆中彻底消失。"[2]也就是说，注意力之所以总是从"点"的专注模式滑向"线"的延绵模式，不仅是由于眼睛的疲劳乃至体力的消耗，还由于时间必然要流逝，因为时间本身就无法停留在一个当下之点，最终必定要汇聚成线。正因如此，主体的注意度总是从强到弱，从集中到涣散，逐渐衰减，进而它残留的"余像"才会与随后的印象及观念混合在一起，甚至"很快就会彼此交错，变得混沌起来，最终变成模糊一片"[3]。说到底，"注意力"的这种时间的双重性面向决定了其自身必然"包含着自我解体的条件"。

VR艺术的诱惑之处同时是其霸权之处就在于它竟试图克服以上缺陷，希冀实现对主体注意力的全面捕捉和完全控制。尽管目前主流的VR设备也受到FOV（Field of View，视场角）等因素的限制，但由于它对主体视野进行了全方位遮蔽，因而不会出现边界凸显的问题。研究发现，人类双眼的总视野约为190度，而昂贵的VR头显StarVR One以210度的水平视野和130度的垂直视野击败了这个数字。2021年5月底，北京新锐硬核VR设备开发商arpara公司也研发出了一款超高配置的VR头显，它不仅支持瞳距、屈光度的调节，其屏幕PPI[4]还高达3514，刷新率达到120Hz，视场角也能达到95度，显示画

1　黑尔德.时间现象学的基本概念[M].靳希平，译.上海：上海译文出版社，2009：23.

2　克拉里.知觉的悬置：注意力、景观与现代文化[M].沈语冰，贺玉高，译.南京：江苏凤凰美术出版社，2017：44.

3　克拉里.知觉的悬置：注意力、景观与现代文化[M].沈语冰，贺玉高，译.南京：江苏凤凰美术出版社，2017：44.

4　Pixels Per Inch也叫像素密度单位，所表示的是每英寸所拥有的像素数量。因此PPI数值越高，即代表显示屏能够以越高的密度显示图像。当然，显示的密度越高，拟真度就越高。

面不仅没有颗粒感，也不会产生纱窗效应。对于这些VR头显来说，使用者完全感受不到屏幕边界的存在，这就意味着无论用户如何转动头部，转动眼球，其视野都会被虚拟画面所遮蔽，根本没有一个所谓的边界可供出戏，因为主体的视觉注意力已经被完全捕获。

（二）眼动追踪与行动预测

与VR艺术不同，在视野包裹问题上，AR艺术似乎并不存在所谓的视线遮蔽，因为AR装置的开放式架构设计比电影乃至电视都更加彻底，几乎不存在主体视野的遮蔽问题。作为一种增强现实技术，AR艺术的核心就是现实与虚拟的融合与交互，开放的现实空间正是其施展拳脚的基础，虚拟与现实并非对立的存在，而是两种互为补充的信息。也就是说，在AR所构建的增强现实中，虚拟非但不是对现实的遮蔽，反而是为了将真实世界予以敞开并对其进行拓展和"增强"。或者说，在AR艺术中，虚拟的本体地位其实要低于现实，因为在通常情况下，虚拟只是现实的增补，它不能也不应该遮蔽现实世界。总之，一切似乎都表明：AR装置并不封闭主体的外界感知，也不意在营造所谓的沉浸体验。

但新的问题出现了，难道对视野的放开就一定意味着对"逃逸"的默许吗？答案是否定的，因为AR这个看似与VR装置截然不同的"自由"媒介实质上也是一种深层的注意力捕获装置，在看似自由的视线背后实质是AR装置对眼球的直接禁锢。目前市场上主流的AR设备多采用佩戴式眼镜的造型设计，但镜片般的屏幕大小实际上很难提供清晰的数字化显像，因此，AR设备多会将影像进行"一级放大"，在人眼之前形成一个足够大的虚拟屏幕。以谷歌眼镜和微软VR头显Hololens 2为例，这两种设备都并不直接在显示屏上显像，它们实质上是利用光学反射投影原理（HUD），直接将光影放大，然后折射到人的眼球之上，以此形成一个虚拟的屏幕。但是，人类为了环顾四周，其眼球难免不停转动，那么AR装置又如何能够保证影像能够精准地折射到用户的眼球上？为了更好地应对以上情况，最新AR设备以及尖端VR设备基本采用了眼动追踪技术。这种技术通过一个或多个摄像头对佩戴者的眼睛拍摄一系列的图像，然后通过处理器进行图像视频分析，以此定位瞳孔位置，进而计算出佩戴者眼睛的注视点或凝视点。其他一些基于眼睛视频分析的"非侵入式"眼动追踪技术，如眼动仪 EyeLink 1000 Plus 会将一束光线（近红外光）和一台摄像机直接对准用户的眼睛，然后通过光线和后端来分析、推断主体注视的方向。更夸张的是，通过精心挑选的内置光学传感器，虚拟现实装置不仅可以测量目光所及的位置，还能测量瞳孔的变化。不仅能测量变化的眼皮形状，还能测量眼睛周围皮肤的透明度。[1]如此来看，VR 确实是"一种测量比显示更重要的媒介技术"[2]。

通过眼动追踪技术，VR 与 AR 装置完全可以知道你正在看哪里，何时看的乃至为什么看。AR 装置在监控用户的视觉注意力的同时，直接精准地将影像投向用户的眼球，丝毫不用顾及用户的眼神是否游离。如果说传统影像装置在极力捕获主体注意力的同时为其预留了逃逸空间，那么 AR 和 VR 装置在完全捕获主体注意力的同时甚至试图违背人的生物性限制，不允许其注意力有所涣散，因为虚拟影像早已精准地向你眼球不断投来。也就是说，虚拟现实装置已经不关心用户是否注意，而是强迫用户注意。如同用牙签撑开用户的眼皮，用户根本没有逃逸的可能。

事实上，这种眼动追踪技术在 VR 装置中也早已被广泛运用。这首先是出于 VR 交互技术的需要，如由美国 WorldViz 公司推出的"SightLab VR"就是一款眼球追踪工具，借助这款工具，VR 系统就可以准确观测和判断用户的注视方向和注视点，从而更好、更准确地实现交互。除了监测主体的视觉注意力，VR 装置还会利用眼动追踪技术主动预测用户的视线和注视点。就实际的使用情况而言，为了减少 CPU 的计算压力以及显卡的负载，VR 系统并不会构建整全的场景画面，而是根据主体在虚拟空间中的具体位置来显示相应

1　拉尼尔.虚拟现实：万象的新开端[M].赛迪研究院专家组，译.北京：中信出版集团，2018：258.

2　拉尼尔.虚拟现实：万象的新开端[M].赛迪研究院专家组，译.北京：中信出版集团，2018：212.

场景。也就是说，所谓的虚拟世界并不是一个被安置在某处等玩家慢慢探索的世界，它其实只是玩家眼前所显现的世界。对于大多数的VR作品（尤其是VR游戏）而言，它们都会事先创建一个位置信息图，当用户开启VR设备的那一刻，系统就会开始跟踪并记录玩家的位置信息，如同GPS定位一样时刻监测着每个信号源的所处位置，然后再根据这一位置信息以及眼动追踪技术所收集的眼部信息与头部运动数据来判定玩家的身之所处与目之所向，最终以此来显现相应画面。如此看来，VR世界倒真像是一个唯心的世界，世界依主体目之所及而存在，又依主体目之不所及而不复存在。然而，这看似如梵天梦境般的唯心世界的背后并不是主体中心地位的凸显，而是主体的被压迫与被规训，因为这虚拟世界的精准显现恰恰建基于其对主体注意力的精准捕获。

除此之外，一些VR装置还具备行动预测系统，它会根据玩家目前的行动轨迹和眼动信息预测玩家接下来的行为动向，从而提前计算可能要显现的画面，进而避免出现画面显现延迟等问题。这不仅降低了设备的运算压力，同时也能够更好地保证画面的高清显现。但问题就在于，主体的行动与注意力不仅被监控了，还被预测了，如同电影《少数派报告》（史蒂文·斯皮尔伯格，2002）所讲述的故事那样，即便你尚未实施犯罪，但"先知"如果侦查出你的犯罪企图，那么你就是有罪并将因此受到惩罚。在VR装置中，主体就正在被各种算法的"先知"侦查着，他的凝视与欲望早已被预知。如果遵循上文所提及的"注意力捕获—欲望诱导—意识控制"的操作路径，当主体的目光被捕获以及预测时，主体的欲望也就早已被设定和安排好了。也许未来的VR游戏是这样的，当系统监测到某玩家看一个美女角色超过两秒并预测他接下来将要转身时，系统便会在画面中又植入另一个美女角色，以此满足玩家的欲望。接下来的一系列游戏（电影）进程可能都将因为刚才那两秒的凝视而发生改变，也许原先的复仇剧情现在就将被英雄救美的支线剧情所取代。事实上，现在已经有很多游戏甚至电影作品采用了类似的设定，即根据玩家做出的选择安排剧情的推进方向，不过在这样的游戏和电影作品中，玩家可能会为了畅玩全部的故事线而刻意做出违背初衷的选择。但在依靠眼动追踪技术来跟进剧情的 VR 艺术作品中,一切选择其实都是玩家真实的欲望反映。也就是说,VR 装置不仅捕获了玩家的注意力,它还以此制造、引诱和控制着玩家欲望的生成。可怕的是,大多数的 VR 玩家并不知晓这一切,当他们以为自己正在虚拟世界中自由翱翔时,VR 和 AR 装置上的摄像头却从黑暗处投来"狡黠"的凝视,悄悄窥视着你的一举一动。这不禁让人想起了尼采的那句话:"当你在凝望深渊时,深渊也在凝望你。"当我们通过 VR 和 AR 设备凝视一个被创建或被增强的世界时,这个"世界"实质上也正在以一种令人不安的凝视回望着我们。

尽管 VR 装置已经在眼动追踪技术和行动预测技术的协助下实现了对主体注意力的完全捕获和精准预测,但其征服人类目光的步伐却并未停滞,因为尚有一个亟待解决的问题,那就是主体目光的涣散。上文已述,受限于时间机制的束缚,人的注意力必然要从"点"游离向"线",从集中趋向于涣散,注意力的消退是一个不可规避的现实。在这种情况下,仅通过对主体视野的遮蔽以及对其视线的追踪,VR 装置很难监测出主体是否处于走神状态,自然也就难以将其唤醒。对主体身体姿态、头部运动以及瞳孔位置的监测只能判断主体的注视方向以及注视点,很难判断其眼神是否聚焦。即便像 EyeLink 1000 Plus 这样能够监测用户瞳孔大小的"非侵入式"眼动追踪技术,也很难判断被试者是否走神,因为光强、画面亮度、焦距、影像节奏乃至精神状态的变化都会引起瞳孔大小的变化。尽管问题棘手,但 VR 装置并非就束手无策,因为视觉交互技术的出现与应用正是 VR 装置所采取的应对策略之一。

目前市面上有很多 VR 游戏和 VR 应用为了避免手部操作对整体沉浸感的破坏而采用了视觉交互技术。例如,当游戏(应用)中出现需要玩家进行选择的选项时,游戏画面中就会出现一个可视化的虚拟视点,它会紧随玩家视线的移动而移动,玩家只需将这个虚拟视点停留在某个选项上超过两秒,系统便会默认玩家进行了选择和点击。很显然,这与上述注意力的被动捕获不同，这是对主体凝视（视觉注意力）的一种主动捕获，它让凝视本身成为一种选择，如果想要继续操作或往下推动剧情，那玩家唯有凝视，唯有将自己的目光主动献上。VR装置的高明之处就在于它将注意力的捕捉内化于视觉的交互之中，它巧妙地将系统的反馈机制与信息收集机制融合在一起，用一种"伪互动"掩盖了"真控制"。表面上是主体在利用凝视进行自由选择，实则是凝视主动踏入了VR装置所提前设置好的陷阱之中。在精密算法的辅助下，VR装置几乎可以预知所有玩家容易走神的时间点，于是它便可以在那些节点设置视觉交互选项。在主体的缕缕凝视中，VR装置不仅洞悉了那目光中所蕴含的潜在欲望，还最大化地避免了注意力涣散的可能。这与大数据时代的主体生存情状是基本一致的，每一次看似寻常的鼠标点击背后实则都有一双隐匿的眼睛正监视着我们的每一次选择，它在响应我们选择（点击）的同时通过大数据分析捕捉着我们的需求与欲望，进而它便可以不时地、持续地将相关的欲望产品向我们推送，而这又引诱着我们再次进行点击。如此发展的话，主体终将被囚禁于系统所构建的"欲望茧房"之中。用户鼠标的每一次点击、玩家的每一次主动凝视实则都是控制装置在引诱主体为自己铐上枷锁，也就是说，表象自由的背后其实是更精密、更隐秘、更深层的主体控制。

比起这种主动的注意力诱导，更为可怕的是已经有科研机构开始在VR头显中安装脑电检测装置，以此时刻监测、捕获佩戴者的脑活动情况。以VR游戏《觉醒》（*The Awakening*）为例，在这款由美国Neurable公司于2017年推出的游戏中，玩家需要佩戴一款特制的VR头显，该头显装配了专门用于读取脑波的头戴式电极。通过专门的EGG（Electroencephalogram）测算软件，该VR装置不仅能捕捉混乱的脑电波变化，还能将玩家自主发出的大脑信号转化为计算机指令以及游戏行为，这便让玩家可以在游戏中不需要借助手柄、控制器或身体移动，仅仅只要"动动脑筋"就可以进行简单的选择、捡起和投掷物品等操作。虽然VR技术与EGG技术的全新结合似乎为人类潜能的开发带来了无限可能，但对脑电波的信号转化必然建立在其对人脑进行全面监控的基础上。也就是说，主体是否走神，其注意力是否涣散，乃至此刻主体所思为何物，VR装置都了如指掌。面对虚拟影像的包围与侵蚀，我们本以为即便肉体被束缚、感官被封闭、眼睛被追踪、瞳孔被投射，但我们至少还可以通过"走神"这一自主的意识活动来拒绝它们，但很显然，就连这最后的且极其微弱的倔强与抵抗也将不再可能，因为VR装置彻底封锁了主体逃逸的所有路线，主体已经无处遁形、无路可逃。

（三）大数据与精神政治

表面上看，VR艺术对主体的这种监控与跟踪不过是对边沁全景监狱的一次升级，它无非是让权力者看得更清、盯得更紧了。然而，人们忽略了，对观众/玩家进行监测的不是一双眼睛，而是一台计算机。当实时监控与数据运算相配合时，VR艺术所捕获的就不光是注意力了，人的意识、思维乃至潜意识都将被这一装置所掌控。在边沁的全景监狱里，"老大哥"只是监视着那些沉默不语的囚犯们的外部表现，但在VR装置这一数字全景监狱中，"老大哥"却通过数字监控将"囚犯们"的精神也洞穿了。VR对主体的跟踪不只是一种监视，它也包含着对主体行为数据的收集与分析。通过这些数据，权力者便能够透视主体的微观行为，进而找出其行为模式，而这些行为模式的背后则是主体的心理活动轨迹。因此，VR在监视观众/玩家的同时完全可以绘制出他们的心理图析（Psychogram），并对其精神活动进行准确把握。

相较于网络大数据技术，这无疑是对数字监测技术的一大推进。传统的网络大数据所捕获的其实并不是主体最真实的自己，因为当我们进行搜索、点击或者书写时，这些行为其实在一定程度上已经是意识规整过后的"理性行为"了。这就意味着，它们实质上是具有自我意识的行为，如我进行某一词条的搜索其实就是因为我想要获得这一词条的相关信息。但VR装置所监测的却是观众/玩家所有的微动作，他们的每一个眼神，每一个微表情，每一次瞳孔放大甚至脑叶区的每一次活动，一举一动全都尽收眼底，就连观众/玩家自己都不知道的无意识行为也全部被VR装置捕获。因此，VR所关注的不仅是由意识编织的行为空间，更是其背后那个由潜意识所编织的无意识行为空间。VR装置所捕获的不仅是主体的有意识，更是其无意识。可以想象一下，当VR如手机、计算机一样成为一种全民性的媒介工具之后，人们的集体潜意识也将因此被权力者所掌控。在传感器和CPU的注视与分析下，VR中的观众/玩家完全就是透明的。

更重要的是，对无意识的捕获其实也意味着，主体的行为不仅会被监测，更会被预测，甚至被干扰。VR装置的处理器完全可以建立一套数据分析模型，以此推断观众/玩家接下来的行为活动。换言之，通过VR，我们便可以凭借主体的心理图析来评估其精神和人格，进而预测主体的一切意识与行为。那么，权力者在这种数字监控的基础上对主体的潜意识主动施加影响便也不是不可能的了。既然VR与大数据的结合能够有效地预测观众/玩家的潜意识，那么它也许就可以在速度上超越自由意志，赶在主体的自由意志发挥作用前用图标、影像、声音、震动等信号对其进行干扰。在一些VR电影和VR游戏中，主机完全可以在一瞬间更改剧情发展或任务线，以此迎合或干涉观众/玩家的潜意识。例如，在一部西部题材的VR游戏中，当处理器通过玩家的眼神、行动与微表情分析出观众/玩家对美国驱逐并屠杀印第安人持有相当强烈的抵触情绪时，系统便自动添加关于印第安人野蛮、凶恶的备选剧情，甚至安排追捕印第安人罪犯的任务，以此潜在地干扰观众/玩家的意识与行动。或许，正是因为这一剧情或任务，玩家最后选择站在了印第安人的对立面。可见，VR实质具备着侵入大众的潜意识思维逻辑，并影响人们社会行为的能力，而这无异于宣告了人之自由意志的终结。

以上的分析与阐述让我们发现了一个真相，那就是，在VR时代，一种超越生命政治的精神政治可能出现了。如果福柯式生命政治的监视是不可靠的、无效率的、隔岸观火的目光，那么精神政治的数字监视则是实时的、高效的、非远景的。如果福柯的生命政治是对人们肉体的规训，那么精神政治则是对人们灵魂的干涉。它不仅可以借助数字监视读懂人们的行为，也可以通过程序设计，以知觉引导、信息灌输、剧情转换等手段控制人们的行为与思想。总之，在一个VR技术与大数据技术紧密结合的时代，主体的生存状态似乎确如韩炳哲所说那般："我们随之陷入更深层次的自由危机。现在，就连自由意志本身也被操控了。"[1]

三、思想的无产阶级化：虚拟现实时代的"伪我们"

当VR悄无声息地捕获着主体的注意力，控制着主体欲望的生成，形塑着主体的无意识本我之时，这一所谓的数字艺术或娱乐设备显然不是单纯的影像生成装置，而更像是一种主体生成装置。影像的生成与显现似乎只是其达成目的手段，它的真正目标其实是利用虚拟影像对使用群体进行全方面的规训和形塑，从而实现对主体的标准化"生产"。尽管这一"黑客帝国式"的技术隐喻略显夸张，但后工业时代的技术客体往往独立于人的发明意向却是不争的事实。这些义肢性的技术客体在替人类实现特定目的、完成特定任务的同时作为一种构架性力量重塑着人类世界。上文已经提及，人类的后种系生存方式决定了其所发明的物性第三持存终将作为一种先天架构式的"先在"形塑人类自身。如果采用斯蒂格勒的说法，那就是"'谁'的生命负熵存在之外在化、客观化却由'什么'的重新主体化外部持存"[2]。易言之，人在发明技术的同时，技术也在作为一种"座架"反作用于人类。主体与技术的这种双向关系虽然符合历史唯物主义，但它也在向我们揭示这样一个事实：技术的发展服从于一种不可测的必然性，人类作为技术客体的造物主显然并没有十足的把握能够驾驭技术。

（一）个体性丧失

事实上，在第二次工业革命之后就已经开始有人感慨人类已经成为机器的奴隶，工业革命4.0时代的人类面对技术显然更无还手之力。人工智能技

1　韩炳哲.精神政治学[M].关玉红，译.北京：中信出版集团，2019：16.
2　张一兵.斯蒂格勒《技术与时间》构境论解读[M].上海：上海人民出版社，2018：121.

术的成熟更是让许多人陷入了莫名的惶恐，当 AlphaGo 在围棋这一原先被视为人类智能"最后一块壁垒"领域内相继战胜李世石、柯洁等世界冠军后，人们原先那略带调笑和自嘲的技术批判现在已经切切实实地变成了技术恐慌，一种关于技术客体的恐怖主义幻象开始萦绕在许多人的心头。黑格尔的主奴辩证法似乎正是这个技术时代人机关系的形象总结，一方面，作为主人的人类无论是在客观方面还是在主观方面都已经离不开作为奴隶的机器，因为机器没有自己的独立性和个体目的，仅仅只为完成主人的目的而运转，它切实地解决着人类的特定需求、满足着人类的欲望，一些复杂且具有难度的工作唯有依靠机器才能得以完成。另一方面，机器在漫长的发展中已经开始作为一种本质性力量形构主人的生活世界，原先的奴役关系逐渐变为一种依附关系，而这一机器奴隶也在其对主人的恐惧中觉醒出自我意识，最终成为自己命运的主人。美剧《西部世界》（乔纳森·诺兰，2016）正是这一技术隐喻的形象呈现，剧中那些纯粹用于发泄欲望的奴隶机器人正是在漫长的虐待和折磨中觉醒出了自主意识，进而才开始向人类吹起反攻的号角，试图反转两者之间的主奴关系。这样的技术幻想虽显科幻，但如果从未来学的视角对人类的生存前景进行合理推测，那么我们会发现，这一切可能并非危言耸听。事实上，今天的我们在面对日常生活中那些先进的高精度电子机械装置时已经微显无措。在这样的技术环境中，大部分人类的生存行动仅仅是打开开关或者按动遥控器，或许这也是为什么比起相对专业且操作复杂的单反相机，傻瓜相机才更符合大众市场的原因，因为"人不再是技术动力的发动者，而是它的操纵者"[1]。

必须清楚的是，这不仅是一个主奴关系翻转的过程，也是一个体性翻转的过程，因为人机之间主奴关系的倒置正是由于二者之间发生了个体性的转移，这种个体性首先体现于生存的技能与能力。用通俗的讲法就是，当放

1　斯蒂格勒.技术与时间：爱比米修斯的过失[M].裴程，译.南京：译林出版社，2000：78.

牧、耕种、烹饪、缝纫等日常生活实践不再需要主人亲力亲为，奴隶便可以一手包办之后，奴隶便掌握了各种生活技能，并在丰富的劳动实践中实现了个体性的增加，而主人却因为无所事事而日益变得精神萎靡、空洞无趣。也就是说，技术和机器正是通过对人类个体性的剥夺挖空了他的内部，从而让他变成了一个丧失任何抵抗能力的"空洞的我"。所以，技术的发明过程实质上就是一个主体的技能与个体性外在化的过程，当机器掌握了所有技能并开始掌控我们的生活，构序我们的世界时，人类便只能屈从于这种构序节奏。表面上看来，技术世界的有效运转是机器对人类所发指令做出正确反馈的结果，实则是人类服膺于机器的技术规则的结果，技术越是先进、机器越是精密，其作为座架的架构力量就越是强大。正因如此，我们见证了一个讽刺的现实，那就是"'谁'的个性化丧失了，而'什么'的个性化增长了"[1]，在工具和机器系统越来越具有特殊性的今天，人的主体性和个体性却日益消退，变得像是一台毫无生机、规律运作的机器，"人是机器"这一口号的出现或许就是这种本体存在丧失的最早表征。

可以发现，主体的个体性丧失正始于其知识、技能以及记忆的外在化，而这种外在化过程与其说是一种主体能力和个体性的复制或存储的过程，不如说这其实是主体掏空自我的过程。严格来说，这一过程从第三持存第一次出现便已开始，但工业机器的出现加快了这一进程，因而我们可以说，技术的义肢化直接导致了个体性的溃散，第三持存作为一种记忆与意识的义肢将致使主体的思维与记忆被抽空，这就是斯蒂格勒所说的"思想的无产阶级化"和"文化的贫瘠"[2]。需要指出的是，斯蒂格勒所说的"无产阶级化"与马克思主义的无产阶级化是两个概念。前者的"无产"更倾向于思想方面而不是物质方面的无产，如刚才所提及的工匠的工艺技能和精神个性化的被中

1 斯蒂格勒.技术与时间：2.迷失方向[M].赵和平，印螺，译.南京：译林出版社，2010：82.
2 斯蒂格勒.技术与时间：3.电影的时间与存在之痛的问题[M].方尔平，译.南京：译林出版社，2019：5.

断和被掏空。这事实上是对劳动主体的进一步剥削，资产阶级在夺取劳动者的物质财富之后，机器技术又在某些阶级的受命下夺取了他们的工艺技能和精神财富，也就是说，劳动者甚至连最后的营生技艺都已不再具备，终将成为一个一无所有、一无所长的"空心人"。值得注意的是，这种情况在数字第三持存出现之后更加严重。当我们选择将主体记忆予以外在化和数字化时，我们实质上可能连"自我"都被剥夺了。因为记忆正是自我的重要构成物，记忆的构序往往就是自我人格的构序，个体记忆和集体记忆共同决定着"我"是谁和"他"是谁。但当人类开始用电子备忘录提醒自己所要做之事，开始将所有的重要记忆都用影像记录并上传至网络空间时，数字化的后种系义肢已经替代人类向前进化，人类自身的记忆能力则在用进废退中逐渐弱化。电影、电视、游戏、VR等数字化影像媒介作为一种具备娱乐性质的第三持存用海量的他性记忆不断冲击主体的大脑和精神世界，由它们所构建的意识形态大他者更是将其规训秩序的触角延伸至影像之外，而主体则在无意识中接受着他性记忆的洗礼。

数字化第三持存对主体记忆的剥夺实质上分为两个步骤。第一步，剥夺主体的记忆能力，清空其记忆库。如19世纪的工业机器剥夺手工业者的技艺和知识一般，数字化第三持存也正在剥夺主体的记忆能力。当一切事件、一切经历都由电子机械装置这一数字化"奴仆"来记录和保存时，作为主人的人类自然不再需要用心牢记，他只需询问自己的奴仆便可，但这显然给了奴仆欺瞒主人的机会。第二步，用他性记忆重新填充主体空洞的记忆库，以此抹平其个体性，赋予其虚假人格。VR所构建的虚拟世界便是通过对记忆之场的显现更彻底、更深化地将某种他性的生存情境植入主体的大脑，从而将这种他性记忆深埋于主体的意识深处，而不是像肥皂剧和喜剧电影一样，仅仅是在现时状态中灌输进主体的大脑，根本难以给那些记忆退化的人们留下太多深刻印象。

（二）系统性愚昧

事情远远没有就此结束，因为人工智能等编程技术所剥夺的不仅是主体的想象力，它还剥夺了其知性思维和意识能力，当勒鲁瓦·古兰（André Leroi-Gourhan）提出人类主体的神经系统外在化阶段时，他一定已经想到，人类的精神器官以及大脑活动也终将外在化于机器之中。如果从人类的后种系生成这层意义上来说的话，这种情况的发生可以说是人类进行义肢化生产的必然结果和最终阶段，一旦"人类成功地外在化大脑的所有运动，从人类直立姿势开始的大脑运动皮层区域的解放过程就会完成。除此之外，可以被想象的外在化过程，就剩下知性思维的外在化了"。[1]事实上，知性能力的第三持存化最早在算盘这类工具上就能发现端倪，因为算盘本身就是人类简单算数能力的义肢性工具，它帮助主体更快速地进行思维计算。伴随计算器、计算机和手机的出现和发展，人类知性能力中越来越多的部分开始予以第三持存化，未来的人工智能技术更是可能取代大脑的所有功能，甚至舍弃掉机器所认为的人类思维意识中那些冗余的部分。试想一下我们当前的生活情境就会发现，这一切正在悄然降临。今天，大数据成了世界的主人，控制和支配我们，因为在知识逐渐外移到各种电子数据库中后，人们最常做的事情就是"百度一下"，2021年引起热议的武汉高考作弊学生甚至在考场使用"小猿搜题"。可以发现，人类确如斯蒂格勒所说的那样正在变得"无产化"，只是这种无产化是整个社会理论认知能力的无产化，是所有人不再"知道怎么做"的知识"废人化"。面对机器卓越的计算能力和决断能力，这样的"废人"不仅不再拥有可以自给自足的知识，他们的综合理性能力也已经完全短路，他们甚至不再拥有获取知识的欲望和本能，他们所需要做的仅仅是对机器以及人工智能表现出完全的信任。或许，这也是斯蒂格勒将数字化第三持存对主体知性能力的剥夺称之为"系统化愚昧"的原因，因为绝对的数据化认知等同于回到精神原点的绝对无知，"知"的主体早已从人向机器发生了转移，人类不过是一个服从的听命者而已。

试想一下人类未来的虚拟化生存和虚拟化娱乐，当人工智能系统像《钢

1 LEROI-GOURHAN A. Gesture and Speech[M]. Cambridge: The MIT Press，1993:248-249.

铁侠》（乔恩·费儒，2008）里那个智能助手贾维斯一样，可以以全息投影的形态出现在我们的日常生活中，那意志力薄弱的我们确实很可能一步步地走向废人化。这种全息影像形态的人工智能系统可以说是当前 AR 技术的终极增强版，增强现实的核心就是用虚拟影像增进现实、辅助现实，谷歌眼镜和微软 Hololens 2 等 AR 设备对数字虚拟图形的显示不仅仅是单纯地为了达到一种混合现实的效果。在大多数情况下，这些虚拟影像更多是为了显示出人类肉眼所无法直接观测到的信息内容，以此构成现实的不同面向，使现实显露出其内在维度。例如，当我们来到某个城市，我们便可以使用谷歌眼镜调出这个城市的数字立体视图，直接观察城市的整体结构。当一个工程师用微软 Hololens 2 观察一栋建筑时，他可以将该建筑的三维设计图调出、放大再重叠，从而进行对比监测，于是，该建筑的虚拟维度便与其现实维度一同显现。凭借 AR 设备，主治医师甚至可以直接看到患者的身体透视图，可以更有效地拟订手术方案。

　　然而，虚拟现实一旦与大数据技术、人工智能技术相结合，那么虚拟影像就不仅仅是对现实的增强，而是对现实的完全掌控了。这一问题在当前的辅助驾驶系统中就已经可见一斑。通过这一技术，驾驶者可以通过屏幕看到智能系统为车辆规划好的行驶路线，驾驶员只需跟随这些图像进行操作即可。尽管这一技术为人们带来极大的便利，但是它也剥夺了驾驶员自身的驾驶能力。伴随人们对这一系统的信赖，驾驶操作的依据就不是实际路况本身，而仅仅是那些屏幕上闪动的图像了。如此一来，影像便超越了现实，成为主体行动的根基。我之所以向右转，不是因为前方有个路口，而是因为图像显示向右转。在辅助驾驶和导航系统出现之前，每个驾驶员的大脑中都有一套关于驾驶的理论知识，依靠这些理论知识，驾驶员可以轻松地应对各种路况。但是随着大数据与影像技术的结合，种种理论模型都被影像和数据所取代。理论是一种构想、一个辅助手段，用来补偿数据的不足，然而人们一旦有了足够的数据，理论就变得多余了。于是，数据取代了理论，指令取代了分析，影像取代了现实，数据直接以影像的形式告诉人们应该怎么做，而不告诉人们为什么这么做，"就是这样"让"为什么"这个问题变得多余。他为什么是30岁？因为我的谷歌眼镜显示，他的年龄是30岁！没有人会关心为什么他看着饱经沧桑，但却只有30岁，人们只知道，影像显示他就是30岁。以至于他经历了什么样的苦痛人生都不重要，因为只要有足够的数据，数字就会自圆其说。

如此看来，虚拟现实与大数据技术、人工智能技术的结合真的有可能使虚拟全方位地覆盖乃至替代现实，因为在未来，虚拟现实将为每个人定制一个最理想、最智能、最便利也最"无脑"的虚拟世界。表面上看，是人类在向装置发出指令，使其显示影像，服从主体的自由意志，但实际上，人类所发出的指令其实早已被机器与技术图像所引导和预设，人类的一切行动与决策都已在机器的监控与预测之下，所以它们总能快人类一步。因此，与其说这样的虚拟影像是服务于人类的工具，不如说它们是人类的"先知"或引导者。一切似乎都印证了弗卢塞尔在其《技术图像的宇宙》中对"技术图像"（technical images）的某种预测："'人类'和'装置'的原始角色就颠倒了——人类成了装置的功能。人给装置发出指令，但这个指令实际上是装置指示人发出的指令。这样一来，程序与软件的洪流倾泻而下。期间，人们不再追求任何特定的意图，而是作为一个原初程序的功能来发布指令，随后，这些程序变得越来越复杂和狡黠。"[1]我们原来使用AR装置是为了显示现实的虚拟维度，以此实现对现实的更好把握，而未来我们使用全息影像式的人工智能系统则是利用虚拟的现实维度去更好地数字化生存。试想一下，如果生活中的一切都可以由贾维斯这个智能管家安排妥当，任何问题都可以直接询问它而不用自己操心，那么在未来的生活中，最常出现的人机问答将会是："嗨，贾维斯，我的眼镜放在哪里了？""嗨，贾维斯，今天是星期几，天气怎么样？""嗨，贾维斯，我这周有什么安排？"在现实空间中，肉身的束缚让有些事情还必须人类自己亲力亲为，

1　弗卢塞尔.技术图像的宇宙[M].李一君，译.上海：复旦大学出版社，2021:52.

一旦人类进入虚拟世界开始了真正的虚拟化生存，那么人工智能便完全有能力为人类代劳一切事项，一场终极的"废人化运动"就将在人类群体中开展。恰如古兰所说："这一过程中，所出现的机器不仅可以进行判断（这一阶段已经出现），而且能够被注入情感：偏袒，热情，或者失望。一旦人类将自我繁殖的能力添加于机器身上，将不会有任何留给人类去做的事情……"[1]可以预见，对于大多数人来说，这样的人工智能系统不像是生活的助手，反而更像是生活的操纵者。这就是人工智能时代彻底的废人化，一旦人类真的变成废人后，贾维斯也许就会摇身一变，成为那个想要毁灭人类、创造机器世界的"奥创"。

很显然，这种发生在所有人身上的智性的整体无产阶级化远比生产资料的无产阶级化更加恐怖，因为在机器和第三持存将主体的诸种内在能力剥夺之后，人类终将成为一具毫无精神内核的空洞躯壳。这样的躯壳不再具有任何精神和意识层面的个体性特征，所有主体都在一次次的人格打磨中变成了任由第三持存所构建的幻象共同体构序支配的"伪我们"。也就是说，在个性化丧失的背景下，"我"成了一个空泛的概念，成了隐匿于"伪我们"之中的乌合之众。很显然，这个丧失了个体性的"伪我们"不过是马尔库塞所说的"单向度的人"的集合而已，它们已经彻底失去了其否定性维度，成为永恒沉沦的"常人"。法兰克福学派曾将文化工业视为资本主义国家施行其政治统治的外在手段，文化产品的规模化生产的深层目标实质上是通过与社会控制手段的结合来维持资本主义社会的"超稳定"结构。以这种思路来看，虚拟现实也正在成为一种软性政治，它以隐秘的心理操纵取代了强硬的专制高压，最终主体"仅仅是一种材料物质的存在，它自身没有自己支配自己运动的权利"。[2]

1　LEROI–GOURHAN A.Gesture and Speech[M].Cambridge: The MIT Press，1993:248–249.
2　江天骥.法兰克福学派：批判的社会理论[M].上海：上海人民出版社，1981：196.

第三节
虚拟现实装置中的身体治理

　　蓝江教授曾经说过，当政治权力直接作用于我们的生命性身体时，生命政治就诞生了。尽管本书对福柯式的"生命"进行了改写，但这一生命并没有舍弃其身体维度，VR时代的"生命政治"仍内含着"Bio-politics"（生物政治）这一向度。从词根上来看，Bio-politics的前缀"Bio-"已经揭示了它的生物性维度。最早的生命政治是一种权力直接施加于肉体之上的刑罚处置，从《汉谟拉比法典》的"以眼还眼"到君主对生命的直接杀戮和残害，生命政治最初的治理理念就是"让人死"。此后生命政治重点关注的就是疾病以及人的生理性症状，如法国微生物学家路易斯·巴斯德在发现细菌的同时也在军队中做黄疸治疗，替国家做防疫，有效保证了军队的战斗力，这便出现了现代生命治理的雏形——"让人活"。但无论是"让人死"还是"让人活"，无论是赤裸裸的生命杀戮（权力布展）还是柔性的生命规束（隐秘政治），生命总是身体性的生命，生命政治不可避免地指向生命性的身体。甚至说，"身体—主体"其实比"意识—主体"更具优先性，因为相较于意识，身体在认知过程中往往起着更为核心和奠基性的作用，德国哲学家赫尔曼·施密茨就认为，在所有感知中，身体感知具有一种优先性。

　　"身体—主体"在认知方面的重要性也决定了这样一个事实：对主体意识的形塑必须以主体的身体为媒介。布莱恩·马苏米曾提出，图像以及语言对主体的作用不能脱离其身体而发生，所谓的话语秩序、图像秩序的生效其实也必须经由主体感官综合的刺激，是以"社会权力想要利用规范控制主体，那就必须在改变外在刺激和调控主体身体反应的技术上做文章"[1]。也就是说，包括意识形态在内的话语秩序对主体的规训不是单纯的观念控制或意识干涉，而是全方位的综合刺激，它必须作用于身体，并对身体产生作用力。现代主体往往会对VR游戏、VR电影及计算机游戏产生一种难以抑制的"瘾"。在很多人看来，这种"瘾"只是一种隐喻，是对主体习惯的一种描述，因为主体的上瘾对象不是实在的物，而是符号性的影像内容。但是，这种"瘾"其实"是在身体层次所不断形成的'自动化'的惯性，是生命本身不断陷入被技术所操控的机械循环的重复节律之中"[2]。也就是说，这种"瘾"不正是主体被技术所捕获乃至囚禁的症候吗？由此可见，权力装置和社会装置并非仅仅运作于主体的意识之中，它们对主体的身体同样施加着深入的规训与操控。因此，虚拟现实装置对主体生命的治理以及对主体意识的形塑必然要以身体作为切入点。

一、视觉改造与"媒介化赛博格"

VR装置和AR装置等虚拟影像艺术装置对主体肉身所施加的生命治理技术直接体现在它们对主体视觉器官的限制和改造上。美国技术哲学家伊德曾指出，技术对于主体的意义不仅仅是工具论层面上的，更是存在论层面上的，因为主体对世界的"介入"依靠最多的就是技术，此在越是熟练地运用技术操劳于世，那么这项技术就越是"上手"，越是"透明"。就VR头显目前的基本媒介技术形态以及实际的使用情况来说，大部分用户在进行VR体验时几乎都感觉不到装置本身的存在，因此，它们对于主体的身体来说已经足够的"透明"，被使用时完全处于一种海德格尔所说的"上手"状态中，仿佛这些影像装置已经内在化于主体的身体感知之中，外在

1 姚云帆.一种从身体出发的技术—政治诗学——马苏米《虚拟的寓言》对当代文化研究范式的反思[J].文艺理论研究, 2016, 36（4）: 175–184.
2 姜宇辉.蛇之舞：语言、代码与肉身[J].中国图书评论.2017（11）: 99–106.

的物性负载已伴随身体的"操劳"抽身而去。但由于这些虚拟影像装置本身的负重问题仍有改进空间以及虚拟影像市场也仍有很大的发展空间等问题，目前的虚拟影像设备在具身性上并不能做到完全地融入身体感知。但随着近几年虚拟现实领域大量的科研投入和资金注入以及其在各领域的广泛应用，相信在未来，VR等虚拟影像装置将如法国人类学家莫斯所说的那样内化为"身体技术"[1]的一部分，彻底融到主体自身的知觉——身体经验中。那么原来"人—技术—世界"的现象学关系则将被改写为全新的"（人—虚拟影像设备）—（虚拟）世界"关系，VR头显将作为主体的感觉器官直接架构其视听经验。

但人体感觉器官的技术"进化"没有就此停止，现代技术已经不能满足于对那些作为义肢的技术外设进行简单升级，而是直接介入人类感性层面的修改和再造。从心脏支架到仿生眼，再到意念义肢，可以发现，技术客体已经进入身体之内，而不再滞留于身体之外。尽管仍有不少人将肉身视为人性的最后堡垒抑或人类最后的荣光，但他们一直以来视为人之本质的生物性基础很可能将不再具有过多的实际意义。人类已经开始进入"赛博格"时代，马斯克等商业巨头以及全世界的前沿科研机构都开始着力研发脑机接口技术以及植入式人体感官装置等全新义体技术。例如，马斯克的Neuralink公司通过将新版芯片LINK V0.9植入一头猪的大脑，已经能够采集、解读甚至预测其大脑信号和关节运动。莫纳什大学的研究人员也开发出了一套名为Gennaris仿生视觉系统，这套系统通过对人类大脑视觉皮层的电流刺激来恢复盲人的视觉能力。在这些新型技术义肢的介入乃至改造下，人的身体仿佛变成了如同机器一般的输出/输入端口，让盲人能够看见光明这种原先仿佛天方夜谭一般的幻想如今只是通过对信号输入端口的改变（视觉信号从原来的眼部接收变成了直接的脑部接收）就解决了，一切都印证了法国学者梅特里早在18世纪就在其《人是机器》中所下的论断：科技已经让人的身体变成

1　莫斯.人类学与社会学五讲[M].林宗锦，译.桂林：广西师范大学出版社，2008：85.

可解剖和可操纵之物。

如果从端口的视角来看这些赛博格技术的话，那么这种"媒介化赛博格"其实就是增强现实以及虚拟现实的内嵌升级版，换句话说，VR头显和AR眼镜其实是外设版的赛博格媒介。按照安迪·克拉克（Andy Clark）在其《天生赛博格》中的说法，审视一种媒介技术是否真正地构成了"媒介化赛博格"，我们绝不能简单地看它是否被植入身体内部，也不能仅看它是否在功能上对身体有所延伸和拓展，而是要考察它是否真正在"脑—身—世界"的认知循环之中起到能动作用。这就意味着，赛博格式的技术原件或技术假体已经不是对人类肢体的一般性延伸，而是对其神经系统的有所延伸，因此它们需要与人脑之间形成一种信息的反馈系统或环路系统，此种形式的人机耦合才能被称为媒介化赛博格。如此来看，VR头显和AR眼镜已经属于是一种赛博格媒介，上文已经提及，脑电波监测技术以及在此技术基础上的行为预测技术正在成为虚拟影像装置的重要组成，这意味着它们不再仅仅将人体外在的感知器官作为唯一的信号输入端，而是将人脑也视作了重要的输入端口，因而它们已经不是对人体感知器官的简单延伸，而是通过脑机互联技术成为"意识自身"的媒介，它们直接侵入"对……的意识"（consciousness of）的空白之处，"占据'对'（of）的位置，而不仅仅成为某种对象"[1]。因此，虚拟现实技术事实上正在通过对"身体—主体"的直接介入而与有机体相融为一种新的生命形态——赛博格。

面对赛博格，尤其是视觉的赛博格，主体其实是很难抗拒的，因为面对日益错综复杂的环境，人类的自然视觉已经不够用了，更重要的是，人类肉眼的自然限度已经无法负载他们希冀洞悉万物的熊熊野心，如哈拉维所说："我们的机器令人不安地蠢蠢欲动，而我们自己却迟钝得令人恐

---

1 伊德.让事物"说话"：后现象学与技术科学[M].韩连庆，译.北京：北京大学出版社，2008：30.

惧。"[1]因此，"各种虚拟现实技术极尽所能地以人之肉眼作为改造和延展对象，增强现实技术更是着力于开拓眼睛的感知觉能力，对极致沉浸性体验的追求也表明了深度契合肉身与技术的意图"。[2]可见，包括 VR 和 AR 等虚拟影像装置在内的"视觉赛博格"对人类视觉感知的介入已经呈现出不可逆转的趋势。

不过，对人体视觉器官的赛博格化不仅是对其视觉能力的提升，它还意味着，在虚拟现实装置的介入下，主体将迎来视觉感知的重新配置（感性再分配）。神经生物学早已证实，我们称为现实的东西，仅仅是对我们能够观察到的事物的一个陈述。"任何观察都取决于我们的个人身体和精神以及理论科学的假设。只有在这个机制之下，我们才能获取这些基于认知系统所允许我们观察的事物。"[3]所以，伴随虚拟现实技术对人类视觉器官的改造，主体的认知系统已经发生了根本性的变化。一些原来看不见的东西可能会进入我们的视野（增强现实将数字虚拟影像投入我们的眼球），一些原来能看见的东西又可能自此消失于我们的视野之中（VR 头显对现实世界的隔绝）。但问题在于，"可见与不可见"原先对于肉眼来说是一个生理问题，但现在对于赛博格主体来说却是一个政治问题和权力问题，因为技术的介入在为人类带来非凡视觉的同时使人眼不再是原初那个完全受自我掌控的肉眼，哪些事物能够出现在"视界"中，哪些事物不能出现在"视界"中已经变成了一个极为复杂的问题。雅克·朗西埃就曾指出，作为对可感结构的划分，感性分配首先是在可见/不可见、可感/不可感之间进行的界限厘定，但它同时对应着在整体/部分之间建立可共度之标准的社会治理技术。尽管他将电影视为一种能够结构性地挑战日常秩序，让日常生活的感性边界崩塌的审美政治典

1　哈拉维.类人猿、赛博格和女人：自然的重塑 [M].陈静，译.郑州：河南大学出版社，2016：321.

2　林秀琴.后人类主义、主体性重构与技术政治——人与技术关系的再叙事 [J].文艺理论研究，2020, 41（4）：159–170.

3　格劳.虚拟艺术 [M].陈玲，等译.北京：清华大学出版社，2007：12.

范，但他显然忽略了这样一个事实，那就是包括电影在内的各种影像装置恰恰是权力机构进行感性分配的工具，电影正是"视界"的初级形态，它决定着影院中所有观众的可见与不可见。

也就是说，"视界"系统其实内含着一整套的视觉分配系统，因而它实质上也是一整套针对主体的视觉规训装置。借助于自动化图像识别技术，"视觉赛博格"不仅能对所有所见之物进行识别和分类，还能在主体的视界之中实时标注。这种对视觉对象的精准划分事实上也为视觉的感性分配打好了基础，因为自动化图像识别技术一旦与脑电信息技术相结合，那么"视界"系统便拥有了消除视觉对象的能力。既然当今的仿生视觉系统能够通过电流信号的刺激让盲人重新"看见"，那么在未来，脑机接口技术以及脑信号技术的发展也能让某些对象不再能让人"看见"，如同催眠暗示一般，当"视界"系统识别并标识出某些对象之后，植入芯片便通过对大脑输入信号阻碍主体的视觉感知，从而使我们的眼睛对这些对象"视而不见"。于是，这些视觉装置"成为一种针对视觉——空间的隔离技术，既可定向屏蔽指定的事物，也可让那些被标注为'怪物'的对象在空间中寸步难行"。[1]如此说来，那些虚拟现实装置让我们看到的不过是一个你可以看到，且别人允许甚至希望我们看到的世界，而这种对可见与不可见的分配实质上是一个复杂的权力问题。

除了对可见对象的再分配之外，"视觉赛博格"显然还可以将虚拟对象与现实直接融合，使虚拟之物直接降生在现实之中，进而实现自然视觉与虚拟视觉的合成。事实上，AR便是典型的非侵入式合成视觉系统，它通过外设视觉装置将自然视野与人工界面进行融合，呈现出一种全新的"视界"形态。从生理层面来看，"视觉赛博格"无非是将AR装置"内在化"了，但从效果上来看，这种内在化却很可能使主体彻底丧失其对现实与虚拟的识别能力。以科幻短篇电影《奇幻宠物》为例，在影片中，为了缓解现代人的焦虑与孤

---

1 施畅.赛博格的眼睛：后人类视界及其视觉政治[J].文艺研究，2019（8）：114-126.

独，科技公司研发了一款具有交互能力的宠物游戏，它直接作用于视网膜之上，给人最"真实"的游戏体验。但随着剧情的深入，我们发现，男主角最疼爱的女儿其实也只是映现他眼睛中的"虚拟宠物"。他的女儿早就去世了，但男主角依然让她以虚拟影像的姿态生活在他的视界中。显然，对于男子来说，他已经分不清现实与虚拟了。可见，以增强现实为核心技术的视界系统完全可以颠倒虚拟与现实的相互关系，于是，虚拟不再是对现实的辅助，而是直接构成了对现实的侵蚀与破坏，虚拟与现实的界限也会被打破，虚拟与现实的区分不仅会变得没有意义，还会引起主体生存的灾难。或者说，在假想的未来世界，虚拟就是现实的一部分，因此，虚拟化生存的真正图景就是虚拟与现实的完全融合，海姆就曾说过："虚拟的消逝意味着虚拟的成功。"[1]也就是说，当虚拟遁入现实，当虚拟本身不再被视为虚拟，而是被视为一种实在，甚至说当虚拟与现实的区分变得不再有意义时，一个虚拟化的时代就真正地来临了。

但在虚拟大获全胜之时，权力的规训也在大展拳脚，因为虚拟对现实的侵蚀不仅是个技术问题，更是个政治问题。今天的我们无法体会增强现实的可怕之处，因为这些虚拟影像装置对于我们来说只是某种前沿科技，而当它在未来社会成为主体的日常必需品时，虚拟便彻底侵入了现实，那么一切都变得可以驯服。事实上，AR、VR以及"终端视觉"等"视觉赛博格"确实能够极大地拓展、丰富着主体的视觉能力，使主体产生了一种放眼万物的错觉，然而获得这一能力的代价很可能是自由。从这种层面上来看，内嵌版的虚拟现实技术远比我们现在所使用的外设版的虚拟现实装置要可怕得多，因为当虚拟视觉内化为一种"自然能力"的时候，人类就彻底丧失了对真实与虚拟的区分能力。而对虚拟的这种误解就会使主体自以为自己的所有行动都是自主的，都是在服从个人意志，殊不知他其实正在被虚拟所欺骗。更重要

---

1 MARK G.The Oxford Handbook of Virtuality[M].New York:Oxford University Press, 2014:111–125.

的是，这些"视觉赛博格"技术完全成了一套成熟的自我技术，在这套技术的笼罩下，所有人都将自发地自己进行重塑，以适应这一新的价值体系。

二、动作捕捉与身体规训

身体对于认知、对于主体以及对于生命的重要意义已经无须赘言，前文已经有所累述，不过讽刺的是，一直以来，身体都没有受到足够的重视，直至以梅洛–庞蒂为代表的身体现象学的出现，身体才正式进入哲学的视野。不过，虽然身体现象学阐述和强调了身体在认知与意向活动中的重要性，但是没有重视身体的社会化问题。更关键的是，身体现象学视野中的身体是一个本源性与主观能动的身体，它似乎蕴藏着充足的潜能与可能。不得不承认，梅洛–庞蒂不仅让身体从一种"隐身"状态中"显身"了，也消解了身体一直以来受心灵支配的被动性，使身心二元论发展为身心一元论。但恰恰是这样的身心观使我们忽略身体的社会被动性，尽管身体并非意识所支配之物，但身体却终究是社会化的产物，甚至是政治的产物，我们在忽略了身体的可塑性的同时也忽略了身体的被塑性，因为身体既是自然的，更是被生产的。事实上，直至福柯的微观权力理论出现异化，关于身体的生产与规训问题才成为人们研究的新视角。

（一）监视：身体追踪与空间定位

在福柯的理论体系中，"规训"是一种"近代产生的一种特殊的权力技术，既是权力干预、训练和监视肉体的技术，又是制造知识的手段。……规范化是这种技术的核心特征"。[1]因此，所谓"规训"其实是一种直接作用于人之身体的技术，规训总是对身体的规训。福柯在《惩罚与规训》中借用了梅特里的《人是机器》一书的身体观，但他关注的显然不是作者对灵魂的唯

---

1 福柯.规训与惩罚：监狱的诞生[M].刘北成，杨远婴，译.北京：生活·读书·新知三联书店，1999.

物主义还原论，而是借用他的解剖学论述证明身体的可"驯顺性"："肉体是驯顺的，可以被驾驭、使用、改造和改善。但是，这种著名的自动机器不仅仅是对一种有机体的比喻，他们也是政治的玩偶，是权力所能摆布的微缩模型。"[1]这段话显然不是拉美特利的观点，而是福柯最为核心、凝练的身体观阐述，因为在他看来，根本没有什么纯粹的生理性身体，有的只是被政治和权力驾驭、驯顺、改造的身体，规训只是近代社会驯顺身体的一种新型手段而已。

如果从福柯这一身体规训的视角来看的话，我们其实早已进入"技术规训"的时代，一个由虚拟影像技术规训主体意识和身体的时代。在这样的时代，权力不再直接施加于肉身，甚至不通过真理和话语间接地作用于主体，而是利用包括虚拟影像技术在内的各种现代技术来规训主体及其肉身，从而得以大规模生产"驯顺的人"。在富兰克林看来，技术可以分为两种：规范性技术和整体性技术[2]。如果参照这种划分，现代计算机技术、网络信息技术以及虚拟影像技术实质上都是一种规范性技术，并且这种规范性已经不仅是对技术生产者的规范，更是对技术使用者的规范了。在现代社会，技术本身的发明与生产仅仅掌握在少数人手中，大多数的技术使用者对技术本身一知半解，他们仅仅是使用者，甚至是某一技术的部分功能的使用者而已，当某些技术硬件、技术标准抑或技术参数发生调整和改变时，主体唯一能做的只能是不断地调整自己以适应技术的变化。然而，正是在这些技术装置对主体

---

1 福柯.规训与惩罚：监狱的诞生[M].刘北成，杨远婴，译.北京：生活·读书·新知三联书店，1999：154.

2 富兰克林在其《技术的真相》一书中将技术分为整体性技术和规范性技术。整体性技术一般与手工制作的概念有关，如制陶工、织工、厨师，从头至尾都会控制着自己的工作过程，而规范性技术则是另一种组织模式，在规范性技术的运作过程中，工人在生产过程中并没有多少自行判断的空间，控制权掌握在组织者、设计者手中，其他都是由独立的、可执行的步骤构成的，而这具有很强的可替换性。在富兰克林看来，近代以来尤其是现代社会中，我们的世界正在迎来一轮基于规范性技术的重塑，规范性技术大量取代整体性技术。虽然规范性技术的高度发达极大地释放了生产力，提高了效率，但也让越来越多人失去了做决策和判断的自主权。

的不断"调试"中，主体被规训了。换言之，包括VR、AR技术在内的虚拟影像技术完全可以在权力的控制下作为一种规训工具，对主体的身体进行规范化驯服。

VR对主体肉身的规训直接体现于其对VR使用者身体的监测与训练。在福柯看来，规训实质上意味着一种不间断的、持续的控制模式，它要求施与规训者必须尽可能严密地划分时间、空间和活动内容。所以，规训其实是一种精心计算的、持久的运作机制，它意味着对人体运作的精心控制，因而它在关注规训结果的同时非常关注规训的过程，这便需要一双无处不在且隐形的眼睛能够时时凝视一切的发生与运行。也正因如此，在福柯认为致使规训权力能够成功的三种手段中，其中两种（层级监视和检查）都直接与监测相关："规训权力的成功无疑应归因于使用了简单的手段：层级监视，规范化裁决以及它们在该权力特有的程序—检查—中的组合。"[1]VR装置就是典型的监测装置，其对用户身体的虚拟显现与行为导引无不建立在对身体实时监控的基础上，甚至可以说，缺乏身体与运动信息的VR装置只不过是移动升级版的爱迪生视镜而已。就目前的VR市场来说，几乎所有的VR装置都内置了陀螺仪，其中的多数设备又可以装配可进行身体捕捉与运动捕捉的技术性外设，如操纵手杆、眼球追踪器等，一些厂商和科研机构甚至已经将《头号玩家》中的虚拟现实装备现实化了，开发出了可配套使用的触感手套与全身穿戴的触感服，以此实时反馈虚拟世界中触觉信息。

对凝视视点和观看视角的精准监测不仅要依靠眼球追踪技术，也要依靠陀螺仪传感器对头部以及身体的运动捕捉。陀螺仪又叫角运动检测装置，不管是光纤陀螺仪还是激光陀螺仪抑或MEMS陀螺仪，其运作原理都是利用高速回转体的动量矩敏感壳体的角度变化来测量装置的倾斜和翻转情况。当佩戴VR头显的用户倾斜头部、转动脖子抑或扭动身躯时，装置便会将头显中

1　福柯.规训与惩罚：监狱的诞生[M].刘北成，杨远婴，译.北京：生活·读书·新知三联书店，1999：183–184.

陀螺仪所产生的角运动变化数据信号自动传输给控制系统，从而实时改变显示器的画面呈现，以此模拟人的主观视觉效果。显然，这与自然视觉的景随目转完全不同，因为在自然视觉中，景是被动的，身体是主动的，景随身动是因为"怎么看"与"看什么"都是由主体而定。但VR装置中那具看似自主的身体其实是伪自主的，"看什么"其实根本不由身体决定，甚至在很多时候，"怎么看"都已经由VR装置为用户规划好了。真正在这一虚拟的视觉活动中掌握主导的其实是控制系统，因为效果上的景随目转仅仅是VR装置控制系统的运作结果，这恰恰建立在对身体进行实时监测与记录的基础上。如果从更极端的视角来看，身体的运动恰恰是VR装置欺骗大脑的关键。身体的真实运动与视觉的虚假画面既是身心的区隔，也是身心的配合，正因为身体的真实运动带来了画面的切实改变，所以主体才会产生感知上的真实体验。如此说来，身体成了幻觉得以成效的关键。

不过，VR头显中的陀螺仪只是一种传统的惯性传感器，它只能对用户头部以及身体的转动与倾斜活动进行追踪，对躯体的平移这种不涉及角度变化的位置运动则无能为力。所以，要想对主体的身体进行全方位的捕捉与监测，VR装置还必须引入光学追踪系统。光学追踪技术涉及追踪器和定位器两个部分，通常来说，所谓追踪器其实就是信号源，而定位器则是信号接收装置，与GPS（定位系统）类似，定位器通过对追踪器信号的接收来确定用户的位置信息以及运动信息。但也有很多定位器采用的是智能图像识别技术，即定位器通过对玩家身体节点图像的识别来计算其位置。首先来看追踪器，与内置于VR装置的陀螺仪不同，Vive Trackers、PrioVR以及Perception Neuron等追踪器均属于佩戴式身体追踪器。以Vive Trackers为例，除了头显和两个可以被追踪的手持操作杆之外，玩家的脚部、膝盖以及腰部也可以佩戴追踪器，通过这些追踪器对人体关键部位的定位与追踪，VR装置基本实现了全身跟踪，游戏中的虚拟身体因此可以准确地同步玩家的真实动作。除了佩戴式追踪器，非佩戴式运动追踪系统也正在积极开发中。2019年F8开发者大会的第二天，Meta公司就展示了一个没有标记或跟踪器的身体追踪演示。

更让人吃惊的是，该系统不仅能够通过外部摄像机跟踪人体的关节和骨骼，甚至还能够捕捉其肌肉形态，以此对用户的身体结构以及身体姿态进行更为精准的监测和把握，进而实现更好的身体捕获效果。

显然，对身体的捕捉与监测不仅是对身体结构与身体姿态的捕捉，还是对运动以及运动得以生发的运动空间的捕捉，因为一切基于身体的行动都是空间中的行动，它必然涉及空间的布展以及位置信息的变动等问题。也正因如此，对 VR 装置追踪器的使用必须建立在空间定位技术的基础上。目前主流的 VR 空间定位技术有 Lighthouse、OCRift、从内向外图像识别（微软 MR 系列和 OC 新一代的 quest/rift S）以及从外向内图像识别（PSVR）等。以目前相对最为成熟且最适合游戏的 Lighthouse 为例来说明这类定位技术的运作原理。Lighthouse 本质是基于一组传感器，能监测配套基站激光束的跟踪系统，它由两个对角放置配备了红外线发射器和 LED 灯的基站构成，而头显、手柄或者其他定位器里也有大量对应的激光接收器。当系统开始运作时，两个基站发射器会以 3600 rpm 的速度不断旋转，如同老式的雷达系统一样，不断地使用水平和垂直激光交替扫描 VR 头显和追踪器，而头显和追踪器里面的小型传感器则会检测经过的激光。通过两者的配合，Lighthouse 系统每秒大概可以完成 15~30 次定位，能够极为精准地捕捉用户的身体运动以及其在三维空间中的位置信息，且其延迟率非常低，追踪范围还大（通常能够进行房间规模的运动追踪）。

通过这一技术，VR 和 AR 设备便可以测量和响应我们在空间中的运动，以此实现任务或创造预期的体验。对于 VR 来说，对用户的虚拟位置进行定位和记录是非常重要的，系统唯有知道用户身处何方及其目之所向，它才能有效地为他/她进行虚拟世界的实时渲染。当玩家朝某个方向看或运动时，系统就会通过空间定位迅速地做出反应，并以适当的视角绘制/显示相应的虚拟图像。当我们伸手或是伸出控制器抓取虚拟物品时，装置也可以通过对我们手部/控制器在空间中位置信息的识别与解读使我们拿起虚拟物体。在 AR 空间中，通过蜂窝数据、GPS 以及 SLAM（同步定位和制图），虚拟信息和虚拟图像便可以在正确的时间出现在正确的地方，如导航对虚拟路径的显示便是基于此。

当然，在这种高频率的空间扫描与空间定位中，VR 和 AR 装置不仅对空间中运动主体的位置进行了锚定，还对空间本身进行了识别与计算。事实上，增强现实的基本运作原理就是通过 AR 设备上那个观察世界的摄像头，将虚拟图像与它们正在摄录的现实图像进行了协调与"绑定"。它通过对空间以及空间中各种事物的分析与识别，对桌面、道路、墙体等各种平面进行了表面检测。在此基础上，建模的生成与显现才能够更加准确。Quest VR 头显则使用了由内向外的图像识别技术，通过其设备上的摄像头，便可以对用户的所在空间进行识别，并创建一张简易的数字地图。在这种数字空间的构建及其对物理障碍的显现中，空间本身被数据化了，而玩家也以虚体的姿态被纳入这一数字化世界之中。在未来，这种空间识别将更加精确和智能，VR和 AR 装置也将对主体的各种生活场景进行更好地理解与处理。不过这意味着，当我们使用 VR 和 AR 装置时，我们自己乃至我们真实的生活空间都将暴露无遗。试想一下，如果一个精通计算机技术的盗贼入侵了我们的 VR 或 AR设备，那么他便可以通过摄像头与云端数据掌握我们的所有生活空间与财产位置，甚至还能以此推断出我们在某个特定时间是否正在家中。

可见，尽管这些运动捕捉技术以及空间定位技术的开发初衷是为了更好地实现虚拟交互以及虚体构建，以此为玩家带来逼真的沉浸体验，但在客观意义上，空间定位技术确确实实地对主体的身体施行着极为严密、精准的监控。拉尼尔曾多次强调，比起视觉显示本身的质量，跟踪来得更为重要，因为跟踪正是 VR 交互性的关键，但很显然，这种跟踪如今很有可能从一种艺术或媒介手段变成一种政治手段。如果虚拟化生存在未来真的如同许多电影作品所构想的那样成为一种现实，那么运动捕捉技术以及空间定位技术就将成为虚拟时代的"全景敞视监狱"，让所有的虚拟生存者在身体的"可见性"下无处遁形，而这种可见性正是福柯对"全景敞视监狱"的关键评价："充分的光线和监督者的注视比黑暗更能有效地捕捉囚禁者，因为黑暗说到底是保证被囚禁者的。可见性就是一个捕捉器。"[1]每秒15~30次的超高定位频率如同一个定时巡查的狱警一般，在被囚禁者身上造成一种有意识的和持续的可见状态，使犯人每一瞬间的身体运动都尽收眼底，任何一个小动作都不可能逃过它们的凝视。超大的跟踪范围则在理论意义上消除了所谓的"死角"，被跟踪者即便匍匐在地抑或躲在角落都能够被精准捕捉。VR与AR实质将空间本身化身成了一个监视装置，无形且周密。如果说传统摄像机也是一种监视装置，那么它对主体与事物的监视只能是朝向性的，或者说是视野性的，即在同一时间只能出现在一个地点。但VR和AR的跟踪和传感技术却将整个空间都用于感知与监视，它们将主体与空间连接起来，使主体成为一个相互感应和反应的统一系统，因而主体的一举一动都将被实时监测，并予以反馈。于是，我们不仅可以被某个看守者监视，还可以被空间本身监视。

更重要的是，VR头显作为重要的头部追踪器却遮蔽了主体的对外感知，这使主体对外部身体的"暴露"浑然不知。虚拟空间中的"虚体"越是自由且无所限制地开展行动，玩家的真实身体就越是精准地被收集和捕捉。试想一下，如果未来的某个监狱开始使用这类身体捕捉和空间定位技术来监视犯人，在他们体内植入追踪器，那么所有犯人的身体都将在一种更为隐秘的凝视中被更彻底地规训，因为即便是黑暗也无法隐匿犯人的一举一动，所有人不再思考如何规避凝视，而是不断地调整自己的身体行动，避免出现可疑的肢体动作。如果监控摄像头像一双双凝视的眼睛将权力施加于主体之上，使他们注意自己的表面言行，那么运动捕捉技术则像X光一样透过其伪装的皮囊，从主体的身体内部去训诫他的一举一动。在这样的规训情境中，虚拟的媒介具备了真实的效应，"一种虚构的关系自动地产生出一种真实的征服"[2]。

---

1 福柯.规训与惩罚：监狱的诞生[M].刘北成，杨远婴，译.北京：生活·读书·新知三联书店，1999：225.

2 福柯.规训与惩罚：监狱的诞生[M].刘北成，杨远婴，译.北京：生活·读书·新知三联书店，1999：227.

（二）操练：人机交互与触感装置

在福柯看来，对主体的层级监视是对其身体进行规训的前提条件，因而对 VR 用户身体的监视与捕获实质上也是为了能够对主体进行更准确和更严密的规训。所以，运动捕捉和空间定位技术也是在为被监视者身体的"操练"做准备，因为虚拟现实空间本身也在对主体的身体进行着不间断的强制"操练"。事实上，用户沉浸体验的获得除逼真和极具想象力的景观构建之外，在很大程度上依赖于 VR 系统的人机交互设计。在很多情况下，用户之所以感到真实，是因为他的每一个操作都能得到及时且逼真的反馈。电子游戏的物理引擎之所以重要也是同样的道理，因为这直接决定玩家在游戏中的行动能否得到真实的反馈，当玩家在游戏中挥拳击打某个对象时，虚拟角色是否遵循真实的物理规律就显得很重要，如果对象毫无反应，没有任何交互与反馈，那么玩家显然就缺少了很多真实感。运动追踪与空间定位技术对主体身体的捕获以及在此基础上的"虚体"构建都是为了进行更好的人机交互，只有 VR 装置精准地把握玩家的身体信息，虚拟对象才能对玩家的游戏行为做出准确的交互反馈。然而，这种以身体为基础的交互设计必然会涉及玩家身体的行动规划问题。

"游戏"之"游"字的本义即为交游和来往，因此游戏本身就是一种强调互动性的娱乐行为，目前大多数的 VR 游戏都采用身体交互的体感游戏形式也就不足为怪了。VR 体感游戏极为常见的类型就是射击类和打击类，如《亚利桑那阳光》（Arizona Sunshine）和《节奏光剑》（Beat Saber），这类游戏的核心玩法就是通过玩家真实的身体动作来对虚拟内容进行反应与反馈，面对迎面扑来的水果或僵尸，玩家只需要挥动双手或者抬起双臂按动控制器就能"真实"地对这些虚拟对象实施打击。不得不承认，这类 VR 体感游戏相较于传统的按键式游戏（掌机游戏或计算机游戏）往往能够给玩家带来极为爽快的打击感，玩家可以尽情地挥动肢体，左突右进、闪展腾挪，并以此对敌人进行"切实打击"。然而，看似张扬的身体行动的背后其实是 VR 装置对主体肉身的持续操练。乍看之下，VR 游戏中的打击和射击操作是玩家自主的身体行为，但它们实际是游戏对象引诱的结果，因为游戏中的一切行为严格来说都是诱发性的，即便是自由度极高的游戏。按照游戏的交互逻辑来说，主体的所有行为其实都是对虚拟对象的某种反馈，只要游戏本身是一个完成品，那么所有看似主动的行为实则都是已经被设计好的被动交互，即便是俄罗斯方块，玩家也必须根据掉落的方块来采取具体行动。也就是说，在《亚利桑那阳光》这类VR射击类游戏中，恰恰是丧尸的出现诱发了我们的射击行为，而不是我们主动消灭丧尸。每一个怪物出现的时间、方位、速度乃至姿态其实都是VR装置提前设计好的，而这便意味着主体的每一个身体动作也都是被设计好的，因为主体唯有准确地完成射击动作才能消灭丧尸，所以身体的每一次挥臂、每一次移动、每一次转身其实都已经被规划好了。不过严格来说，射击类VR游戏的这种规划不仅仅是对肉体的规划，还是对"肉体—武器"或"肉体—工具"的规划，因为主体的身体动作必须以工具或武器为基础，如同士兵训练射击一样，身体与充当枪支的操作杆在游戏过程中发生了联结，一并成了规训对象，"在肉体与其对象之间的整个接触表面，权力被引进，使二者啮合得更紧密。权力造就了一种肉体—武器、肉体—工具、肉体—机器复合"[1]。

除此之外，与强制性的暴力压迫不同，VR游戏会通过一种计算积分的奖励机制来催动或引诱主体主动地练习和调整自己的身体动作、身体节奏乃至身体机能，以此获得更高的积分奖励。这实质上就是福柯所讲的规训中的"驯顺—功利关系"[2]，这种关系的存在让主体在被规训的同时获得了些许功利性的好处，进而能够更驯顺地被规训。如果玩家的动作不规范，转身不够快抑或移动速度不够的话，玩家就无法击打到对象，自然也就不能获得分数。那么，玩家就会在这种奖励机制的催动下不断地训练自己，更为准确地按照

1 福柯.规训与惩罚：监狱的诞生[M].刘北成，杨远婴，译.北京：生活·读书·新知三联书店，1999：173.
2 福柯.规训与惩罚：监狱的诞生[M].刘北成，杨远婴，译.北京：生活·读书·新知三联书店，1999：155.

VR装置的设定来完成肢体动作。这种任务—奖励的游戏模式实质上就是福柯所说的"操练"，在福柯看来，"操练是人们把任务强加给肉体的技术。这些任务既是重复性的又是有差异的，但总是被分成等级的"[1]，VR游戏对玩家身体完成度的评分以及在此的基础上所开放的不同任务难度便是操练的等级。如此看来，VR游戏确实是一种新型的操练，如同练兵一样，VR装置不断地规范着玩家的每一个肢体动作，直至他们完美地完成："它规定了人们如何控制其他人的肉体，通过所选择的技术，按照预定的速度和效果，使后者不仅在'做什么'方面，而且在'怎么做'方面都符合前者的愿望。这样，纪律就制造出驯服的、训练有素的肉体，'驯顺的'肉体。"[2]于是，整个虚拟世界在运动捕捉装置的凝视下成了一个隐形的权力空间，一种变形了的权力形式（分数）无形中催动着主体不断地进行自我规训。

未来，一旦触感手套与触感服投入使用，那么除了主体的身体行动，就连身体的触觉本身都可能会被规训。事实上，目前世界上已经出现了不少实验性质的触感手套，其中的少部分甚至已经投入市场。例如，2016年在科隆游戏展上正式亮相的PowerClaw，这款手套除了能够让用户感知振动，手套内的热电元件还能让用户拥有冷和热的温感体验。美国Plexus Immersive Corp公司开发的名为Plexus的VR手套则注重于触感本身的反馈，因而它的触觉敏感度非常高，高精度的触觉反馈甚至能够让玩家感受到虚拟物体的大小区别。由美国HaptX公司开发的高级触觉反馈手套——HaptX Gloves DK2，每只手套上装备了高达130多个的高精度触觉反馈区，并且这个手套每根手指的阻力值就能达到2.5kg，它不仅可以让用户在VR空间中"切身"触摸虚拟物体，还能让他们感知到手上一切物体的材质、温度乃至硬度，几乎接近于一种"现实触觉"。除此之外，VR鞋子、VR背心也都在陆续开发的过程中。不过，

1 福柯.规训与惩罚：监狱的诞生[M].刘北成，杨远婴，译.北京：生活·读书·新知三联书店，1999：181.
2 福柯.规训与惩罚：监狱的诞生[M].刘北成，杨远婴，译.北京：生活·读书·新知三联书店，1999：156.

无论功能和造型上有何差异，这类触觉装备的运作核心其实都是基于虚拟对象的物理反馈机制，只是反馈形式与反馈内容有所差异。当 VR 系统判定玩家的虚体与虚拟对象发生"接触"时，触感装备就会通过触觉反馈点向玩家的身体施加压力与震动、输送热量甚至发出电流来模拟真实的触觉体验。

也就是说，VR 触觉装备仍是一种基于身体运动的交互系统，玩家每一次的触觉感知实质都是 VR 系统的一次设定，触觉反馈的强度、延时乃至质感都可以被设定。从某种意义上来说，这类设备的重点其实不是触感的真实模拟，而是交互反馈这一机制本身，因为即便其反馈的触感不够逼真，玩家也会在一番适应之后习惯并默认该装置的触感设定。犹如登月宇航员也会逐渐适应月球的重力与压力感应一样，重要的不是强度与形式，而是反馈与设定。但对设定的强调意味着身体的触觉感知同样也能成为被操练、被规训的对象。在未来，触感装备完全可以用于格斗和作战训练，当士兵被虚拟敌人击打甚至被枪击时，触感套装完全可以对其身体施加更大的冲击力，以此训练其抗击打能力。更激进的是，触感装备理论上能够成为一种刺激激素分泌的触发器，当士兵进行 VR 模拟作战时，敌人一出现，VR 头显就向其头部释放电流，以此刺激其肾上腺素的分泌，增加其作战能力。长此以往，这便会成为一种本能的身体反应，即便不佩戴设备，士兵看见敌人之后身体也会自动分泌肾上腺素。在一系列的触感"操练"之后，主体就如同实验室中那些被不断电击的小白鼠一般，重要的已经不是对象是否实际存在，而是信号何时发出。在巴普洛夫效应的影响下，主体的欲望与生理反馈都被彻底规训了。

福柯在讨论规训机制的时候曾指出，规训的纪律"既增强了人体的力量（从功利的经济角度看），又减弱了这些力量（从服从的政治角度看）"[1]，VR 装置不正是这样吗？一方面，它与电视、游戏这些容易让人成为"沙发土豆"

1 福柯.规训与惩罚：监狱的诞生[M].刘北成，杨远婴，译.北京：生活·读书·新知三联书店，1999：156.

的娱乐产品截然不同，它通过趣味化的游戏形式在这个缺乏运动的影像娱乐时代让大量的主体重新投入运动，以此获得了一具具健康、强壮的身体，进而在一定程度上保证了生产力与战力储备。但另一方面，装置对玩家身体的操练与规训又制造了一具具仅在虚拟世界具有行动力量的驯顺身体，而这样的身体根本不具备政治上的行动可能。也就是说，VR世界中的身体行动几乎都是无效行动，无论玩家在现实空间中如何闪展腾挪，这些身体行动都无法对现实产生任何影响，不会泛起任何政治层面上的涟漪，因为这些在现实空间中生发的身体动作所面向的恰恰不是现实，而是虚拟。更重要的是，即便是面向虚拟，主体的身体也早已被规训成了一具驯服的肉体，VR装置杜绝了主体一切政治行动的可能。

结　语

　　海德格尔曾在《林中路》中指出："世界成为图像和人成为主体这两大进程决定了现代之本质。"[1]换句话说，世界的图像化和人的主体化进程是同一个进程，世界越是作为"图像"被此在所表象，人的主体性就越是得到了确证，因为"对世界作为被征服的世界的支配越是广泛深入，客体之显现越是客观，则主体也就越是主观地，亦即越迫切地凸显出来"[2]。但海德格尔没有预料到的是，在他没有机会见证的虚拟化时代，世界的影像化进程却很可能伴随着主体性的陨落与异化。就目前的技术水平来说，世界的虚拟化即是世界的影像化过程。VR构建的虚拟世界的基本原理就是利用数字影像、立体声、人机交互等计算机技术营造一个虚拟的视觉空间，如果从海德格尔的视角来看，VR时代正是人之主体性最为张扬的时代，因为作为一种影像生成技术乃至"世界"生成技术，VR不仅能使自然世界处于一种被主体"摆置"的状态，还能使作为可能世界的虚拟世界处于这种"摆置"状态。然而，随着VR技术的快速发展，它很可能成为一种僭越性力量对主体进行反向摆置，使人之主体性陷入危机。

　　这是因为对于主体来说，VR既是一种摆置世界的影像工具，也是人类用以虚拟化生存的"世界"本身。也就是说，对于未来人类来说，虚拟现实绝不仅是人类将自然世界对象化的结果，它也可能替代自然世界，成为此在新的"被抛"世界。事实上，主体感知框架的等效性原则已经说明，在虚拟世界，主体不是在看这个虚拟世界，而是实实在在地存在于虚拟世界之中。因此，VR既是主体经验世界的中介，又是主体所经验的世界本身。这种"二合

1　海德格尔.林中路[M].孙周兴，译.上海：上海译文出版社，2004.
2　蒋邦芹.世界的构造：论海德格尔的"世界"概念[M].北京：中国社会科学出版社，2012：94.

一"可能意味着一个可怕的事实，即主体的"被投"可能是人为的，是他者强加于主体的，如同上帝决定了我们的"被投"一般，VR背后的生产者与操纵者也决定了未来人类的"被投"，那么人之主体性终将岌岌可危。在海德格尔看来，技术作为一种"座驾"本身就是一种格式化和体制化的力量，它以一种主导姿态"促逼"着、规约着主体的所想所思，所以人在技术面前只能是一种被动性的存在，其主观能动性自然也就被技术所压抑了，这或许也正是为什么本研究认为VR的种种技术特征大概率将导致主体异化的原因。不过，技术的"座驾"属性不是来源它自身，而是来源于人之主体性的过渡弘扬，"以至于人们征服和控制事物的欲望无限膨胀，成为人生中主要甚至唯一的目标"[1]。也许，我们越是自主地发展VR，我们可能就越发受到它的奴役。显然，这样的技术在解蔽世界的同时限制了世界向此在敞开的其他方式，就像VR在为我们构建和呈现世界的同时却屏蔽了可能世界的其他面貌。技术成了主体理解世界的唯一向度，技术理性成为主体关照世界的唯一标准，这显然与马克思所说的"自由全面发展的人"背道而驰。因此，如果不对VR技术的发展进行有效引导，那么技术的异化将使虚拟现实走向它的反面：欺骗、监视、禁锢与死亡，人类则可能迎来一个灰暗的技术统治时代。

阿多诺曾经说过："艺术是批判理性却不离弃理性的理性"[2]，或许，艺术便是主体走出技术牢笼的关键，因为艺术正是对工具理性的最佳修正。当然，这不是"艺术拯救论"的又一次陈词滥调，不是说通过艺术，我们就能纠正技术的"座驾"本质，而是说，面对技术的集置，面对虚拟世界的禁锢，我们应该学会以更加多元的面向和维度去敞开自己，去照亮世界，去在世存在，进而走出技术所设置的先天框架。在海德格尔看来，人与动物的最大区别就在于，人是敞开的，而动物是沉浸的。动物虽然生活在它们的"环世界"之中，但它们却并不具备真正把握其"环世界"的能力。它们"拥

---

1 舒红跃. 海德格尔"座架"式技术观探究[J]. 文化发展论丛, 2017, 2（2）: 46–61.
2 阿多诺. 美学理论[M]. 王柯平，译. 成都：四川人民出版社，1998: 55.

有"世界，但它们却蜷缩在自己封闭性的感官世界与意义网络当中，日复一日，不能自拔，与这一"环世界"相悖的一切因子都遭到了抑制。因此，对动物而言，它们的世界是贫乏的，或者说，世界对它们而言实质上是封闭的。人却是不同的，人是可以认识世界和认识自己的，人是可以打开自己封闭的"环世界"，走向新世界的。他/她可以悬置"环世界"中的"去抑因子"，进而将那个封闭循环的世界逐渐"敞开"。因此，"人，只有真正意义上的人，才能敞开自己，面对那原初没有被意义化的世界"[1]。也正是在"人之敞开"的基础上，艺术或许是主体救赎的一种可能，因为艺术正是虚拟现实时代主体重新敞开自己与敞开世界的一个重要维度，它赋予人类的是一种关照世界和理解世界的全新视角，是此在存在的一种全新面向。

要知道，在现代社会，对技术进行抵制是无效的，因为"对于我们所有人，技术世界的装置、设备和机械如今是不可缺少的，一些人需要的多些，另一些人需要的少些。盲目抵制技术世界是愚蠢的"[2]。对于未来虚拟化生存的人类来说，由于VR的双重属性（作为技术和作为世界），主体势必会以一种更为牢固的姿态嵌入其中，因而对VR的抵制就是对生活和世界的抵制，甚至就是对个人生命的抵制。所以，我们应该做的其实不是拒绝VR技术甚至捣毁VR技术，而是应该以一种艺术的审美视野使自己重新敞开，重新关照VR技术，而不是仅仅从纯粹工具理性的视野将其视为主体改造世界的工具。唯有如此，我们才可能跳出VR技术所预设的先在逻辑，才可能消解技术"座驾"的集置力量，才可能摆脱人类内在的动物性的沉浸状态，虚拟世界也才可能以新的面貌向主体重新敞开，进而展现出其非技术的审美维度。VR本身并不只是一种技术，它也是一种艺术，它既是仿真的技艺，但也是美的创造，其所构建的虚拟世界不仅服从逻辑的推敲，同时更顺应人们对美的需求。只是在VR技术不断发展、VR产业不断崛起、虚拟世界不断侵蚀现实

1　阿甘本.敞开：人与动物[M].蓝江，译.南京：南京大学出版社，2019：xxi.
2　海德格尔.海德格尔选集[M].孙周兴，译.上海：上海三联书店，1996：1238–1239.

世界的过程中，VR逐渐开始以一种霸权技术的姿态遮蔽了主体的视野，封闭了主体的"环世界"，使主体不再澄明，不再敞开，成了禁锢于世界中的囚犯或沉浸于世界中的"木蜉"。如同人们在电影诞生之初忽略了其艺术特性一样，我们如今在审视和使用VR时也习惯放大其技术属性，忽略了它所内涵的艺术魅力。因此，在VR时代，我们应该做的就是重拾此在的艺术维度，重启VR的审美维度，使虚拟世界以一种全新的面貌向人类重新敞开。要知道，VR最初吸引我们的，不正是那充满想象、美轮美奂的艺术灵境吗？

海德格尔的"诗意地栖息"要求技术时代的人们应该以一种审美的、诗意的知觉方式去感知、体验这个世界，但如果我们用艺术化的审美视野去构建我们即将生存于其中的VR世界，那么这一技术化的数字影像世界所固有的内在矛盾：想象与现实、自由与规范或许将因此得到审美化的调和，而这样的虚拟世界一定会成为未来主体的"诗意地栖息"之地。庄子认为，艺术的任务是使人获得精神的自由解放，以建立精神自由的王国，因此，虚拟世界的呈现不应是一个僵化的技术展示过程，而应是心灵迸发与神思飞扬的内在完善过程，是自由精神对技术理性的反叛与对抗过程，是人类希冀挣脱物质束缚，"获得一种'天地与我并生，万物与我为一'的自由的无限性和价值实现的自律性的生命升华过程"[1]。因此，在艺术的敞开面向中，VR并非一定就是主体的囚笼，它也可能成为主体解放心灵、释放想象的精神澄明之所，虚拟存在也不一定就是一种娱乐体验，它也可以成为一种艺术体验，甚至一种哲学体验，正如美国学者海姆所言："虚拟实在的本质最终也许不在技术而在艺术，也许是最高层次的艺术，它的最终承诺不是去控制、逃避或娱乐，而是去改变、去赎救我们对实在的知性。"[2]

---

1 欧阳友权.数字化文艺学的人文承载[J].长江学术，2009（3）：73-78.
2 海姆.从界面到网络空间：虚拟实在的形而上学[M].金吾伦，刘钢，译.上海：上海科技教育出版社，2000：128.

参考文献

一、专著

[1] 阿多诺.美学理论[M].王柯平，译.成都：四川人民出版社，1998.

[2] 胡塞尔.内时间意识现象学[M].倪梁康，译.北京：商务印书馆，2009.

[3] 麦克卢汉，弗兰克·秦格龙.麦克卢汉精粹[M].何道宽，译.南京：南京大学出版社，2000.

[4] 巴赞.电影是什么！[M].崔君衍，译.南京：江苏教育出版社，2005.

[5] 格劳.虚拟艺术[M].陈玲，等译.北京：清华大学出版社，2007.

[6] 北京大学哲学系外国哲学史教研室.西方哲学原著选读（上卷）[M].北京：商务印书馆，1981.

[7] 斯蒂格勒.技术与时间：爱比米修斯的过失[M].裴程，译.南京：译林出版社，2000.

[8] 斯蒂格勒.技术与时间：3.电影的时间与存在之痛的问题[M].方尔平，译.南京：译林出版社，2019.

[9] 斯蒂格勒.技术与时间:2.迷失方向[M].赵和平，印螺，译.南京：译林出版社，2010.

[10] 卡西尔.人论[M].甘阳，译.上海：上海译文出版社，2004.

[11] 冯亚琳，埃尔.文化记忆理论读本[M].北京：北京大学出版社，2012.

[12] 基特勒.留声机 电影 打字机[M].邢春丽，译.上海：复旦大学出版

社，2017.

[13] 韦尔策.社会记忆：历史、回忆、传承[M].季斌，王立君，白锡堃，译.北京：北京大学出版社，2007.

[14] 伊尼斯.传播的偏向[M].何道宽，译.北京：中国人民大学出版社，2003.

[15] 韩炳哲.精神政治学[M].关玉红，译.北京：中信出版集团，2019.

[16] 韩炳哲.他者的消失[M].吴琼，译.北京：中信出版集团，2019.

[17] 韩炳哲.透明社会[M].吴琼，译.北京：中信出版集团，2019.

[18] 韩炳哲.娱乐何为[M].关玉红，译.北京：中信出版集团，2019.

[19] 韩炳哲.在群中：数字媒体时代的大众心理学[M].程巍，译.北京：中信出版集团，2019.

[20] 韩振江.齐泽克意识形态理论研究[M].北京：人民出版社，2009.

[21] 麦克卢汉.理解媒介：论人的延伸[M].何道宽，译.北京：商务印书馆，2000.

[22] 阿甘本.论友爱[M].刘耀辉，尉光吉，译.北京：北京大学出版社，2016.

[23] 阿甘本.神圣人：至高权力与赤裸生命[M].吴冠军，译.北京：中央编译出版社，2016.

[24] 德勒兹.差异与重复[M].安靖，张子岳，译.上海：华东师范大学出版社，2019.

[25] 贾英健.虚拟生存论[M].济南：山东大学出版社，2023.

[26] 江天骥.法兰克福学派：批判的社会理论[M].上海：上海人民出版社，1981.

[27] 蒋邦芹.世界的构造:论海德格尔的"世界"概念[M].北京：中国社会科学出版社，2012.

[28] 拉尼尔.虚拟现实：万象的新开端[M].赛迪研究院专家组，译.北京：中信出版集团，2018.

[29] 金枝.虚拟生存[M].天津：天津人民出版社，1997.

[30] 德波.景观社会[M].王昭凤，译.南京：南京大学出版社，2006.

[31] 荣格.原型与集体无意识[M].徐德林，译.北京：国际文化出版公司，2011.

[32] 凯利.导读福柯《性史（第一卷）：认知意志》[M].王佳鹏，译.重庆：重庆大学出版社，2016.

[33] 海勒.我们何以成为后人类：文学、信息科学和控制论中的虚拟身体[M].刘宇清，译.北京：北京大学出版社，2017.

[34] 康德.纯粹理性批判[M].邓晓芒，译.北京：人民出版社，2004.

[35] 黑尔德.时间现象学的基本概念[M].靳希平，译.上海：上海译文出版社，2009.

[36] 格尔茨.文化的解释[M].韩莉，译.南京：译林出版社，1999.

[37] 梅特里.人是机器[M].顾寿观，译.北京：商务印书馆，2009.

[38] 拉普.技术哲学导论[M].刘武，等译.沈阳：辽宁科学技术出版社，1986.

[39] 温纳.自主性技术：作为政治思想主题的失控技术[M].杨海燕，译.北京：北京大学出版社，2014.

[40] 李超元，等.凝视虚拟世界：网络的社会文化价值[M].天津：天津社会科学院出版社，2004.

[41] 马诺维奇.新媒体的语言[M].车琳，译.贵阳：贵州人民出版社，2020.

[42] 罗德维克.电影的虚拟生命[M].华明，华伦，译.南京：南京大学出版社，2019.

[43] 罗斯.社会控制[M].秦志勇，毛永政，等译.北京：华夏出版社，1989.

[44] 海德格尔.存在与时间[M].陈嘉映，王庆节，译.北京：生活·读书·新知三联书店，1999.

[45] 海德格尔.海德格尔选集[M].孙周兴,译.上海:上海三联书店,1996.

[46] 海德格尔.林中路[M].孙周兴,译.上海:上海译文出版社,2004.

[47] 海德格尔.形而上学的基本概念[M].赵卫国,译.北京:商务印书馆,2017.

[48] 马尔库塞.单向度的人:发达工业社会意识形态研究[M].刘继,译.上海:上海译文出版社,1989.

[49] 马克思,恩格斯.马克思恩格斯选集:第四卷[M].中共中央马克思恩格斯列宁斯大林著作编译局,译.北京:人民出版社,1995.

[50] 马克思,恩格斯.马克思恩格斯选集:第一卷[M].中共中央马克思恩格斯列宁斯大林著作编译局,译.北京:人民出版社,1995.

[51] 马克思.资本论:第三卷[M].中共中央马克思恩格斯列宁斯大林著作编译局,译.北京:人民出版社,2004.

[52] 霍克海默,西奥多·阿道尔诺.启蒙辩证法:哲学片段[M].渠敬东,曹卫东,译.上海:上海人民出版社,2006.

[53] 莫斯.人类学与社会学五讲[M].林宗锦,译.桂林:广西师范大学出版社,2008.

[54] 帕拉蕾丝-伯克.新史学:自白与对话[M].彭刚,译.北京:北京大学出版社,2006.

[55] 海姆.从界面到网络空间:虚拟实在的形而上学[M].金吾伦,刘钢,译.上海:上海科技教育出版社,2000.

[56] 福柯.规训与惩罚:监狱的诞生[M].刘北成,杨远婴,译.北京:生活·读书·新知三联书店,1999.

[57] 梅洛-庞蒂.知觉现象学[M].姜志辉,译.北京:商务印书馆,2005.

[58] 米尔佐夫.视觉文化导论[M].倪伟,译.南京:江苏人民出版社,2006.

[59] 诺拉.记忆之场:法国国民意识的文化社会史[M].黄艳红,等译.南

京：南京大学出版社，2017.

[60] 克拉里.知觉的悬置：注意力、景观与现代文化[M].沈语冰，贺玉高，译.南京：江苏凤凰美术出版社，2017.

[61] 博德里亚尔.完美的罪行[M].王为民，译.北京：商务印书馆，2000.

[62] 布希亚.拟仿物与拟像[M].洪凌，译.台北：时报文化出版企业公司，1998.

[63] 齐泽克.欢迎来到实在界这个大荒漠[M].季广茂，译.南京：译林出版社，2012.

[64] 齐泽克.幻想的瘟疫[M].胡雨谭，叶肖，译.南京：江苏人民出版社，2006.

[65] 齐泽克.实在界的面庞[M].季广茂，译.北京：中央编译出版社，2004.

[66] 齐泽克.自由的深渊[M].王俊，译.上海：上海译文出版社，2013.

[67] 孙伟平.信息时代的社会历史观[M].南京：江苏人民出版社，2010.

[68] 哈拉维.类人猿、赛博格和女人：自然的重塑[M].陈静，译.郑州：河南大学出版社，2016.

[69] 伊德.让事物"说话"：后现象学与技术科学[M].韩连庆，译.北京：北京大学出版社，2008.

[70] 童天湘.点亮心灯：智能社会的形态描述[M].哈尔滨：东北林业大学出版社，1996.

[71] 汪成为，祁颂平.灵境漫话：虚拟技术演义[M].北京：清华大学出版社，1996.

[72] 汪成为.人类认识世界的帮手：虚拟现实[M].北京：清华大学出版社，2000.

[73] 汪广荣.虚拟社会与人的主体性[M].合肥：合肥工业大学出版社，2015.

[74] 王鸿海，刘戈三.数字电影技术论[M].北京：中国电影出版社，

2011.

[75] 弗卢塞尔.技术图像的宇宙[M].李一君，译.上海：复旦大学出版社，2021.

[76] 莫斯可.数字化崇拜：迷思、权力与赛博空间[M].黄典林，译.北京：北京大学出版社，2010.

[77] 乌申斯基.人是教育的对象[M].李子卓，等译.北京：科学出版社，1959.

[78] 吴伯凡.孤独的狂欢：数字时代的交往[M].北京：中国人民大学出版社，1998.

[79] 普特南.理性、真理与历史[M].童世骏，李光程，译.上海：上海译文出版社，2005.

[80] 谢俊.虚拟自我论[M].北京：中国社会科学出版社，2011.

[81] 卡拉-穆尔扎.论意识操纵[M].徐昌翰，等译.北京：社会科学文献出版社，2004.

[82] 徐世甫.虚拟生存论导论[M].上海：上海社会科学院出版社，2013.

[83] 拉康.拉康选集[M].褚孝泉，译.上海：上海三联书店，2001.

[84] 卡斯蒂.虚实世界：计算机仿真如何改变科学的疆域[M].王千祥，权利宁，译.上海：上海科技教育出版社，1998.

[85] 穆尔.赛博空间的奥德赛：走向虚拟本体论与人类学[M].麦永雄，译.桂林：广西师范大学出版社，2007.

[86] 曾国屏，等.赛博空间的哲学探索[M].北京：清华大学出版社，2002.

[87] 翟振明.有无之间：虚拟实在的哲学探险[M].孔红艳，译.北京：北京大学出版社，2007.

[88] 张明仓.虚拟实践论[M].昆明：云南人民出版社，2005.

[89] 张一兵.斯蒂格勒《技术与时间》构境论解读[M].上海：上海人民出版社，2018.

[90] 张怡，郦全民，陈敬全.虚拟认识论[M].上海：学林出版社，2003.

[91] 郑元景.虚拟生存研究[M].北京：社会科学文献出版社，2012.

[92] 周若辉.虚拟与现实：数字化时代人的生存方式[M].长沙：国防科技大学出版社，2008.

二、论文

[1] 陈胜云.网络社会的主体性危机[J].现代哲学，2001（1）：36-39.

[2] 陈志良.从现实性哲学到虚拟性哲学——哲学思维方式的时代转换[J].中国人民大学学报，2000（2）：9-11.

[3] 陈志良.虚拟：人类中介系统的革命[J].中国人民大学学报，2000（4）：57-63.

[4] 丁立群.实践观念、实践哲学与人类学实践论[J].求是学刊，2000（2）：9-12.

[5] 窦爱兰.对虚拟实在的本体论思考[J].理论学刊，2004（2）：83-84.

[6] 范增钜.近年来虚拟哲学研究综述[J].甘肃理论学刊，2004（1）：78-81.

[7] 丰子义.马克思"世界历史"思想辨析[J].哲学研究，1990（4）：10-18.

[8] 丰子义.马克思主义人学视野中的虚拟生存研究——《虚拟生存论》评介[J].东岳论丛，2013，34（5）：190.

[9] 德利奇，陈源.记忆与遗忘的社会建构[J].第欧根尼，2006（2）：74-87，118.

[10] 郝建.错位困境与艰难抉择——面对数字影像的思考[J].当代电影，2001（2）：89-93.

[11] 胡春阳.从接近沟到使用沟"数字鸿沟"的转向及跨越[J].人民论坛，2018（24）：130-132.

[12] 胡敏中.论"虚拟"的哲学涵义[J].求索，2002（2）：81-83.

[13] 胡心智.虚拟技术与马克思的实践观[J].江淮论坛，2005（1）：68-70.

[14] 黄红生，陈凡.虚拟技术的本质及其对哲学的影响[J].东北大学学报（社会科学版），2006（4）：243-247.

[15] 黄雁玲，管金标.虚拟实践及其哲学[J].玉林师范学校学报，2003，24（1）：3.

[16] 姜宇辉.蛇之舞：语言、代码与肉身[J].中国图书评论，2017（11）：99-106.

[17] 姜宇辉.时间为什么不能是点状的？[J].上海大学学报（社会科学版），2020，37（4）：74-84.

[18] 姜宇辉.致一个并非灾异的未来——作为后电影"效应"的"残存"影像[J].电影艺术，2018（4）：29-36.

[19] 蓝江.环世界、虚体与神圣人——数字时代的怪物学纲要[J].探索与争鸣，2018（3）：66-73，110，145.

[20] 蓝江.一般数据、虚体、数字资本——数字资本主义的三重逻辑[J].马克思主义哲学，2018（3）：26-33，128.

[21] 李红文.数字鸿沟与社会正义[J].云梦学刊，2018，39（5）：112-117.

[22] 李娟芬，茹宁."虚拟社会"伦理初探[J].求是学刊，2000（2）：31-33.

[23] 李岚.齐泽克论网络社会主体的自由与意识形态[J].内蒙古师范大学学报（哲学社会科学版），2017，46（3）：30-34.

[24] 李艺，钟柏昌.论虚拟社会中的多重人格[J].江西社会科学，2004（2）：31-35.

[25] 林秀琴.后人类主义、主体性重构与技术政治——人与技术关系的再叙事[J].文艺理论研究，2020，41（4）：159-170.

[26] 刘同舫.虚拟实在——网络社会新范畴对传统哲学的挑战[J].天府新论, 2002（1）：56-59.

[27] 刘友红.人在电脑网络社会里的"虚拟"生存——实践范畴的再思考[J].哲学动态, 2000（1）：14-17.

[28] 倪志娟.对虚拟生存的哲学思考[J].学术论坛, 2002（3）：32-34.

[29] 潘家森.外国学者的异化概念[J].国内哲学动态, 1981（4）：24-28.

[30] 施畅.赛博格的眼睛：后人类视界及其视觉政治[J].文艺研究, 2019（8）：114-126.

[31] 舒红跃.海德格尔"座架"式技术观探究[J].文化发展论丛, 2017, 2（2）：46-61.

[32] 宋建丽.数字资本主义的"遮蔽"与"解蔽"[J].人民论坛·学术前沿, 2019（18）：88-95.

[33] 孙伟平.论虚拟实践的哲学意蕴[J].教学与研究, 2010（9）：31-36.

[34] 孙伟平.虚拟文化问题沉思[J].社会科学家, 2001（4）：25-29.

[35] 索引，文成伟.从现象学的视角看虚拟现实空间中的身体临场感[J].自然辩证法研究, 2018, 34（2）：26-30.

[36] 冈宁，范倍.吸引力电影：早期电影及其观众与先锋派[J].电影艺术, 2009（2）：61-65.

[37] 王金福.马克思"人的自由全面发展"思想的学科视界和历史观视界[J].山东社会科学, 2014（4）：25-32.

[38] 王晓升.从异化劳动到实践：马克思对于现代性问题的解答——兼评哈贝马斯对马克思的劳动概念的批评[J].哲学研究, 2004（2）：21-28, 95.

[39] 吴冠军，胡顺.陷入元宇宙：一项"未来考古学"研究[J].电影艺术, 2022（2）：34-41.

[40] 吴冠军.神圣人、机器人与"人类学机器"———20世纪大屠杀与当代人工智能讨论的政治哲学反思[J].上海师范大学学报（哲学社会科学版）, 2018, 47（6）：42-53.

[41] 肖峰.虚拟实在的本体论问题[J].中国社会科学，2003（2）：117-125，207.

[42] 谢永鑫，寇鸿顺."虚拟生存"的内在矛盾论略[J].南阳师范学院学报（社会科学版），2002（3）：22-24.

[43] 徐世甫.主体技术·拟象·公共领域——论虚拟社区[J].南京社会科学，2006（5）：106-113.

[44] 姚云帆.一种从身体出发的技术—政治诗学——马苏米《虚拟的寓言》对当代文化研究范式的反思[J].文艺理论研究，2016，36（4）：175-184.

[45] 殷正坤."虚拟"与"虚拟"生存的实践特性——兼与刘友红商榷[J].哲学动态，2000（8）：25-28.

[46] 余国辉.论实践形式与形态之分及实践形态演进[J].社科纵横（新理论版），2010，25（3）：165，184.

[47] 袁祖社，高扬.虚拟与实在二重景观下多元交互主体价值存在的探讨——网络生活场景的公共性价值理想的反思与呼求[J].江苏社会科学，2011（3）：59-63.

[48] 曾国屏.虚拟现实——一项变革认识方法的技术[J].自然辩证法研究，1997（7）：20-24.

[49] 翟振明.虚拟实在与自然实在的本体论对等性[J].哲学研究，2001（6）：62-71.

[50] 张竑.虚拟实践的哲学透视[J].天府新论，2018（2）：15-20.

[51] 张世英，陈志良.超越现实性哲学的对话[J].中国人民大学学报，2001（3）：1-8.

[52] 张世英.现实·真实·虚拟[J].江海学刊，2003（1）：12-21.

[53] 张一兵.败坏的去远性之形而上学灾难———维利里奥的《解放的速度》解读[J].哲学研究，2018（5）：38-46.

[54] 张一兵.伪"我要"：他者欲望的欲望——拉康哲学解读[J].学习与探索，2005（3）：50-54.

[55] 张一兵.远程登录中的新地缘政治——维利里奥的《解放的速度》解读[J].求是学刊，2018，45（3）：20-31.

[56] 张怡.虚拟实在论[J].哲学研究，2001（6）：72-78.

[57] 张昱.论虚拟条件下主体的生存方式[J].吉林大学社会科学学报，2001（3）：80-86.

[58] 张之沧.虚拟空间与"人、地、机"关系[J].南京师大学报（社会科学版），2015（1）：5-12.

[59] 章铸，吴志坚.论虚拟实践——对赛博空间主客体关系的哲学探析[J].南京大学学报（哲学，人文科学，社会科学版），2001（1）：5-14.

[60] 章铸，吴志坚.虚拟现实：必须面对实践的追问——兼与陈志良先生商榷[J].科学技术与辩证法，2001（1）：49-52.

[61] 郑永廷，银红玉.试论人的信息异化及其扬弃[J].教学与研究，2005（6）：72-75.

[62] 周甄武，余洁平.论实践在虚拟性上的分化与融通[J].辽宁师范大学学报，2005（3）：8-11.

三、外文文献

[1] BIOCCA F, DELANEY B.Immersive Virtual Reality Technology[C]//Communication in the Age of Virtual Reality,1995.

[2] CALCUTT A.White Noise:An A–Z of the Contradictions in Cyberculture[M].London: Palgrave Macmillan, 1999.

[3] CAMERON A. The Future of An Illusion:Interactive Cinema[J].Millennium Film Journal,1995（28）:32.

[4] CHALMERS D J.The Virtual and the Real[J]. Disputatio,2017,9 (46):309-352.

[5] DEVLIN K.Logic and Information[M].Cambridge:Cambridge University

Press,1995.

[6] JACQUES E.The Technological Society[M].JohnWilkinson, trans.New York: Vintage Books,1964.

[7] EMMECHE C.The Garden in the Machine: The Emerging Science of Artificial Life[M].Princeton:Princeton University Press,1994.

[8] STEINICKE F.Being Really Virtual:Immersive Natives and the Future of Virtual Reality[M]. Berlin: Springer, 2016.

[9] AGAMBEN G.The Open:Man and Animal[M]. Kevin Attell, trans.Red wood: Stanford University Press, 2003.

[10] MARK G.The Oxford Handbook of Virtuality[M].New York: Oxford University Press, 2014.

[11] NOWOTNY H.Time:The Modern and Postmodern Experience[M]. Cambridge:Polity Press,1996.

[12] DAVID H. Virtual Politics: Identity and Community in Cyberspace[M]. London:Sage,1997.

[13] AUMONT J, BERGALA A, MARIE M, et al.Aesthetics of film[M]. Austin:University of Texas Press,1992.

[14] UEXKÜLL J V.An Introduction to Umwelt[J].Semiotica,2001,134（1/4）: 107–110.

[15] UEXKÜLL J V.A stroll through the Umwelten of animals and humans[M]. Minneapolis:University of Minnesota Press,2010.

[16] BOLTER J D, ENGBERG M,MACINTYRE B.Reality Media:Augmented and Virtual Reality[M]. Cambridge: The MIT Press, 2021.

[17] JOYCE M.Of Two Mind:Hypertext Pedagogy and Poetics[M].Ann Arbor:The University of Michigan Press,1995.

[18] LEROI–GOURHAN A.Gesture and Speech[M].Cambridge:The MIT Press, 1993.

[19] MERLEAU-PONTY M.Phenomenology of Perception[M]. Donald A.Landes, trans. London: Routledge Press, 2012.

[20] HOWARD R. Virtual Reality[M]. New York:Summit Books,1991.

[21] ST.AUGUSTINE.The Confessions[M].John K.Ryan,trans.New York:Image Books,1960.

[22] KERN S.The Culture of Time and Space 1880-1918[M]. Cambridge:Harvard University Press,1983.

[23] STIEGLER B. Symbolic Misery-Volume 1:The Hyperindustrial Epoch[M]. Cambridge: Polity Press,2015.

[24] ZIZEK S.Living in the End Times[M]. London: Verso, 2010.

[25] ZIZEK S.The Universal Exception[M]. New York: Continuum International Publishing Group, 2006.

[26] ZIZEK S.The Fragile Absolute:or,Why is the Christian Legacy Worth Fighting For?[M]. London:Verso, 2000.

[27] ZIZEK S.What Can Psychoanalysis Tell us About Cyberspace[J]. Psychoanalytic Review, 2004, 91（6）：801-830.

四、报纸杂志

[1] 朱嘉明."元宇宙"和"后人类社会"[N].经济观察报，2021-6-21（33）.